国家自然科学基金面上项目(51874297、51474212)资助

煤矿井上下联合抽采瓦斯理论与技术

王海锋　程远平　著

中国矿业大学出版社
·徐州·

内 容 提 要

我国煤炭资源丰富、分布广泛,不同矿区之间煤层瓦斯赋存差异大。本书以我国最具代表性的"两淮"煤层群开采和晋城单一煤层开采条件的瓦斯治理为背景,详细阐述不同煤层的瓦斯成藏过程及影响因素、瓦斯运移产出机理、井上下联合抽采瓦斯方法及应用实践等内容。本书共8章,主要包括绪论、煤层瓦斯成藏及运移产出机理、井上下联合抽采瓦斯方法及典型模式、地面钻井瓦斯抽采、井下原始煤层瓦斯抽采、井上下卸压瓦斯抽采、采煤工作面开采期间井上下瓦斯抽采、井上下联合抽采瓦斯实践等内容。

本书可作为普通高等学校安全工程、采矿工程和煤层气工程等相关专业学生的教材,还可作为煤矿相关企业技术人员和科研院所研究人员的参考资料。

图书在版编目(C I P)数据

煤矿井上下联合抽采瓦斯理论与技术/王海锋,程
远平著.—徐州:中国矿业大学出版社,2023.6
ISBN 978 - 7 - 5646 - 5545 - 7

Ⅰ. ①煤… Ⅱ. ①王… ②程… Ⅲ. ①煤矿—矿井—
瓦斯抽放 Ⅳ. ①TD712

中国版本图书馆 CIP 数据核字(2022)第 166988 号

书　　名	煤矿井上下联合抽采瓦斯理论与技术	
著　　者	王海锋　程远平	
责任编辑	黄本斌	
出版发行	中国矿业大学出版社有限责任公司	
	(江苏省徐州市解放南路　邮编221008)	
营销热线	(0516)83884103　83885105	
出版服务	(0516)83995789　83884920	
网　　址	http://www.cumtp.com　**E-mail**:cumtpvip@cumtp.com	
印　　刷	苏州市古得堡数码印刷有限公司	
开　　本	787 mm×1092 mm　1/16　**印张** 9.75　**字数** 243 千字	
版次印次	2023 年 6 月第 1 版　2023 年 6 月第 1 次印刷	
定　　价	42.00 元	

(图书出现印装质量问题,本社负责调换)

前　言

　　煤层瓦斯,又称煤层气,属于洁净能源,但同时又是引发煤矿事故的主要灾害源。近年来随着相关瓦斯抽采先进理念、技术的推广应用及大功率钻机、定向钻机等先进打钻装备的普及,煤矿安全状况明显好转。根据 2020 年全国矿山安全生产工作会议披露信息,2020 年共发生煤矿事故 122 起、死亡 225 人,同比下降 28.2% 和 28.8%,其中共发生煤矿瓦斯事故 7 起,死亡 30 人,与 2019 年相比分别下降 74.1% 和 74.6%,全年未发生重特大瓦斯事故,是中华人民共和国成立以来首次。2020 年的煤炭安全形势较 2019 年有较大提升,但进入2021 年,新疆、山东、贵州陆续发生了多起重大以上事故,且包括几起煤与瓦斯突出事故。由此看出,虽然煤矿相关职能管理部门开展了瓦斯"零超限"、煤层"零突出"的目标管理,在一定程度上遏制了煤矿瓦斯事故的发生,但由于煤矿开采的复杂性及瓦斯抽采的困难性,煤矿瓦斯事故很难在短期内消失,因此煤矿瓦斯治理工作任重道远。我国煤炭资源丰富,资源分布比较广泛,且矿区煤层赋存差异较大。在淮南、淮北、平顶山及贵州地区等高瓦斯矿区,可采煤层达 5~6 个,甚至更多。而晋城、焦作、郑州、永城等矿区,可采煤层只有 1~2 个。每个矿区、甚至同一个矿区不同矿井之间煤层地质、瓦斯赋存都差异明显,这就造成在一个矿区应用很成熟的瓦斯治理技术很难直接移植、复制到另外一个矿区或是煤矿。且我国的含煤盆地地质历史复杂,经历过多期地质构造运动。多数高瓦斯、突出矿区构造煤发育,煤层渗透率低。即使在渗透率较高的晋城地区,也只有 0.5~2 mD,远低于美国的各产煤盆地,不利于瓦斯抽采。

　　煤层瓦斯抽采是解决瓦斯爆炸、煤与瓦斯突出等瓦斯灾害的根本出路。目前煤层瓦斯抽采的主体有两类:一类为中石油、中石化、中联煤层气及蓝烟煤层气等煤层气开采企业,全部采用地面钻井进行瓦斯抽采,将瓦斯作为能源销售给利用企业加以利用;另一类主体为煤炭生产企业,瓦斯抽采手段主要为井下钻孔、巷道瓦斯抽采,还包括少量地面钻井抽采,瓦斯抽采的目的主要是瓦斯灾害防治,最终是实现煤炭的安全高效开采。

　　2000 年以来,随着国家对煤矿安全的重视,各地方政府及科研院所加大了对煤矿瓦斯灾害防治的攻关力度。结合不同矿区的煤层地质条件,开发了有针对性的瓦斯治理技术体系。截至 2010 年,逐渐形成了以淮南、淮北矿区为背景的煤层群开采"两淮"瓦斯治理模式和以晋城单一煤层开采为背景的"晋城"瓦斯治理模式。"两淮"瓦斯治理模式的核心是煤层群开采卸压瓦斯抽采,"晋城"瓦斯治理模式的核心是单一煤层三区联动瓦斯抽采。"两淮"瓦斯治理模式是充分利用首采煤层(保护层)开采过程中的岩层移动对顶底板内煤岩层产生的卸压增透作用,采取地面钻井或是井下钻孔对邻近煤层(被保护层)的卸压瓦斯进行抽采,消除其突出危险性,也称为保护层开采技术。"晋城"瓦斯治理模式是基于晋城西区煤层瓦斯含量高、煤体硬度大、渗透率高等特点,在煤田规划区选用地面钻井进行瓦斯抽采,在开拓准备区采用井上下联合抽采,在生产区以井下抽采为主的三区联动瓦斯开发模式。虽然两种模式的瓦斯抽采方式方法不同,但均体现出井上地面钻井和井下钻孔、巷道联合抽采瓦斯的思想。尤其是近年来,随着矿用大功率钻机、千米定向钻机、地面钻井卸压区抽采、地面钻井采空区抽采、井上下联合抽采、以钻代巷、水力造穴、顶板水力压裂、二氧化碳爆破增透等技术、装备的推广应用,上述两种瓦斯治理模式得到了进一步发展和完善,促进了煤与瓦斯共采。

为了更系统地阐述不同煤储层条件下的瓦斯成藏过程及我国最具代表性、最成功的"两淮"和"晋城"瓦斯治理模式,充分展示近年来我国煤矿瓦斯治理方面的科技进步及相关成果,特撰写了《煤矿井上下联合抽采瓦斯理论与技术》一书。全书共分为 8 章,由绪论、煤层瓦斯成藏及运移产出机理、井上下联合抽采瓦斯方法、地面钻井瓦斯抽采、井下原始煤层瓦斯抽采、井上下卸压瓦斯抽采、采煤工作面开采期间井上下瓦斯抽采、井上下联合抽采瓦斯实践等部分组成。本书可作为普通高等学校安全工程、采矿工程和煤层气工程等相关专业学生的教材,还可作为煤矿相关企业技术人员和科研院校研究人员参考资料。本书由王海锋教授和程远平教授撰写。研究团队的商郑、张兴华、李彦鹏、赵飞、周刘强、张晓、田坤、胡慧敏、董雪健等研究生参与了本书部分图表的绘制工作和校对工作。

本书编写过程中得到了淮北矿业集团、淮南矿业集团、原晋城煤业集团、郑州煤业集团、原阳泉煤业集团等企业的大力支持和帮助。国家自然科学基金委员会对我们的科学研究工作给予了资助和鼓励。在此谨向他们表示衷心感谢!

书中不足和疏漏之处,恳请广大专家学者批评指正。

著　者

2022 年 10 月

目　　录

第1章　绪　　论

在我国地质历史上聚煤期有 14 个,其中早石炭世、晚石炭世-早二叠世、晚二叠世、晚三叠世、早-中侏罗世、早白垩世、古近纪和新近纪为我国的主要聚煤期[1]。瓦斯(又称为煤层气)作为煤层的伴生气体,伴随着煤炭的形成而形成。按其成因机制,可分为生物成因和热成因[2-3]。瓦斯一方面作为煤矿的重大危险源可能造成瓦斯爆炸、煤与瓦斯突出等灾害事故,另一方面瓦斯作为一种洁净能源可以利用,同时瓦斯还是一种强烈的温室气体,瓦斯的排放会对大气臭氧层造成破坏[4]。从上述三方面考虑,对于高瓦斯、突出矿井必须进行煤层瓦斯抽采并加以利用,消除安全隐患,并尽可能降低煤矿瓦斯排放对大气层的破坏作用。煤矿瓦斯抽采包括井下(钻孔、巷道)瓦斯抽采和地面钻井瓦斯抽采两大类。井下钻孔瓦斯抽采具有灵活方便、抽采效果好等优势,但需要提前施工巷道;地面钻井抽采可提前在地面进行瓦斯抽采,但对于大多数矿区而言地面钻井瓦斯抽采效果欠佳,所需抽采时间长。两者结合,优势互补,进行煤矿井上下联合抽采瓦斯,便可实现煤矿瓦斯抽采效果的最大化。近十年来发展形成的"两淮"矿区煤层群卸压瓦斯抽采模式和晋城矿区单一煤层三区联动瓦斯抽采模式是井上下联合抽采瓦斯的成功典范,取得了良好的瓦斯抽采效果和社会经济效益,获得了大家一致认可。本章最后对该书的特点及结构作了简要概述。

1.1　煤中瓦斯的生成

1.1.1　煤层瓦斯概念及成分

通常来讲,煤层瓦斯是以甲烷为主的混合气体的总称,是煤层的伴生气体,易燃易爆,又称煤层气。在井工煤矿开采中,煤矿瓦斯亦是井下有害气体的总称,一般包括四类来源[5]。第一类来源是在煤层与围岩内赋存并能涌入矿井中的气体;第二类来源是煤矿生产过程中生成的气体;第三类来源是煤矿井下空气与煤、岩、矿物和其他材料之间的化学或生物化学反应生成的气体;第四类来源是放射性物质衰变过程生成或地下水放出的放射性气体氡及惰性气体氦。对于高瓦斯矿井或是煤与瓦斯突出矿井而言,第一类来源即煤层与围岩内赋存的气体为矿井瓦斯的主要来源。

国内外对煤层瓦斯组分进行的大量测定结果表明[6],煤层瓦斯有 20 余种组分,包括甲烷及其同系烃类气体(乙烷、丙烷、丁烷、戊烷、己烷等)、二氧化碳、氮气、二氧化硫、硫化氢、一氧化碳和稀有气体(氦气、氖气、氩气、氪气)等,其中甲烷及其同系物和二氧化碳是成煤过程中的主要产物。当煤层赋存深度大于瓦斯风化带深度时,煤层瓦斯的主要组分($>80\%$)是甲烷。

1.1.2 煤层瓦斯成因类型及形成过程

在煤化作用过程中,成煤物质发生了复杂的物理化学变化,挥发分含量和含水量减小,发热量和固定碳的含量增大,同时也生成了以甲烷为主的气体。煤体由褐煤转化为烟煤的过程中,每吨煤可生成 $280\sim350\ m^3$(甚至更多)的甲烷及 $100\sim150\ m^3$ 的二氧化碳[7]。煤层气按其成因机制可分为生物成因和热成因两类。生物成因的甲烷碳同位素组成很轻,一般认为甲烷的 $\delta^{13}C$ 值 $-55‰$ 可作为生物成因气与热成因气的甲烷 $\delta^{13}C$ 组成的特征分界值,即小于 $-55‰$ 为生物成因气,大于 $-55‰$ 为热成因气,甲烷的碳同位素值分布于 $-55‰$ 两侧的属于上述两者的混合成因气[8-11]。根据文献资料[12-14],晋城郑庄区块碳同位素值分布区间为 $-31.8‰\sim-29.6‰$,均值为 $-32.7‰$,属于热成因气;海拉尔矿区碳同位素值为 $-72.9‰$,属于生物成因气;淮南矿区碳同位素值分布区间为 $-65.5‰\sim-48.1‰$,均值为 $-59.0‰$,属于混合成因气。

生物成因气是在低温条件下,通过厌氧微生物分解有机物而在煤层中生成的以甲烷为主并含少量其他成分的气体,按生气时间和母质以及地质条件的不同,生物成因气又可分为原生生物成因气和次生生物成因气两种[8,15]。原生生物成因气是指在有机质成岩作用早期阶段,泥炭沼泽环境中的低变质煤在还原条件下由专性厌氧的细菌群体对其有机质发酵分解并合成以甲烷为主以及含少量的二氧化碳和氮气的气体,微含或不含重烃类气体。原生生物成因气生成时间早、埋藏浅、生气量小、早期泥炭或低变质煤对气体吸附作用弱、其孔裂隙又多被水分子占据等特点,使得原生生物成因气很难在煤储层中保存下来[16]。次生型生物气是指经过一定热演化程度的烃源岩,由于构造抬升而再次进入微生物作用带内,在适当的条件下由于微生物的作用而再次生成的生物气,即二次埋深变浅,适宜于厌氧细菌的活动,属于再生型生物气[17-18]。这类生物气的形成与活跃的地下水系统密切相关。次生型生物成因气也可以在区域水动力系统发育的各种煤级的煤层中生成,这是由于水的活动将氧及一些喜氧细菌带入煤层,使煤层中的复杂有机化合物经过喜氧菌氧化作用变为能被厌氧的产甲烷菌利用的简单化合物,并随着水中溶解氧的消耗形成厌氧环境而生成生物气。

热成因瓦斯的存在较为普遍,是全球范围内已开采和发现瓦斯气藏的最主要成因类型,是在相对较高温度($>50\ ℃$)和压力作用下,煤中的有机质在煤化作用过程中生成的由烃类(甲烷和 $C_2\sim C_5$)、非烃气体(二氧化碳、氮气)和一氧化碳等组成的混合气体。生成的气体类型取决于煤的煤化程度,在褐煤至长焰煤阶段,煤中生成的气量多,但主要以二氧化碳为主,烃类比例较低[8];长焰煤至焦煤阶段,烃类气体迅速增加,占 $70\%\sim80\%$,且以甲烷为主,但含较多的重烃;瘦煤至无烟煤阶段,烃类气体占 70%,其中甲烷占绝对优势($97\%\sim99\%$),几乎没有重烃成分。随着埋藏深度的增加,当温度超过 $50\ ℃$,煤化作用增强,煤中碳含量丰富起来,煤的基本结构单元的芳香核苯环数增加,侧链和官能团逐渐分解、断裂,在核缩聚、侧链分解引起的分子结构改造和重建过程中,伴随有气、液态产物不断形成,其主要成分为甲烷、二氧化碳和水等[19-20]。

1.2 煤矿瓦斯的灾害、能源及对环境影响的三重特性

1.2.1 煤矿瓦斯灾害

煤矿瓦斯灾害是煤矿安全生产的第一杀手。煤矿瓦斯事故可分为瓦斯爆炸、煤与瓦斯

突出、瓦斯燃烧和瓦斯窒息四类事故。瓦斯爆炸事故和煤与瓦斯突出事故较为多发,造成的后果较严重。

1.2.1.1 瓦斯爆炸

煤矿瓦斯爆炸是以甲烷为主的可燃性气体和空气组成的混合气体在火源的引发下发生的一种迅猛的氧化反应。通过对煤矿瓦斯爆炸灾害事故现场勘察资料分析发现,瓦斯爆炸所形成的冲击波以极大的速度冲击遇到的人或其他障碍物,不仅造成大量的人员伤亡,而且还会严重摧毁矿井设施、破坏矿井的通风系统,还能引发煤尘爆炸、火灾、井巷垮塌和顶板冒落等次生灾害。表 1-1 为近年来我国发生的重大以上瓦斯爆炸事故统计情况。

表 1-1 近年来我国发生的重大以上瓦斯爆炸事故统计

时间	煤矿名称	事故发生地点
2013 年 3 月 29 日	吉林八宝煤矿	−416 m 采区采空区
2013 年 4 月 20 日	吉林庆兴煤矿	＋214 m 标高三段十一路
2013 年 5 月 11 日	四川桃子沟煤矿	3111 采煤工作面
2013 年 6 月 2 日	湖南司马冲煤矿	＋168 m 1# 煤层采煤工作面
2013 年 12 月 13 日	新疆白杨沟煤矿	B4-03 综采放顶煤工作面
2014 年 4 月 21 日	云南红土田煤矿	121701 炮采工作面
2014 年 6 月 3 日	重庆砚石台煤矿	4406S2 采煤工作面
2014 年 8 月 19 日	安徽东方煤矿	−520 m C13 采掘工作面
2014 年 11 月 27 日	贵州松林煤矿	1705 工作面改造巷
2014 年 12 月 14 日	黑龙江兴运煤矿	二段 4# 煤层左七采煤工作面上山
2015 年 10 月 9 日	江西永吉煤矿	−228 m 上山以西采空区
2015 年 12 月 16 日	黑龙江向阳煤矿	副井三段底部弯道密闭处
2016 年 9 月 27 日	宁夏林利煤矿	三号矿井采煤工作面
2016 年 10 月 31 日	重庆金山沟煤矿	北一运输平巷 1# 采煤工作面
2016 年 12 月 3 日	内蒙古宝马煤矿	6040 综放工作面
2017 年 9 月 13 日	黑龙江裕晨煤矿	3 号上山工作面
2019 年 11 月 18 日	山西二亩沟煤矿	9102 工作面

注:截至 2019 年年底,数据来源于国家矿山安全监察局统计。

一般认为,煤矿瓦斯爆炸的甲烷浓度界限为 5.0%～16.0%,理论爆炸最猛烈的甲烷浓度为 9.5%。其他可燃气体的掺混、引火源温度和环境中的氧气浓度变化都可能导致瓦斯爆炸界限的改变。根据对近年来瓦斯爆炸事故的原因分析,认为瓦斯爆炸主要是由于煤矿开采条件差、瓦斯积聚的存在、引爆火源的存在、安全装备失效或配置不足等因素造成的[21]。

1.2.1.2 煤与瓦斯突出

煤与瓦斯突出是煤层中储存的瓦斯能和应力能的失稳释放,表现为在极短的时间内向生产空间抛出大量煤岩和瓦斯。抛出煤岩从几吨到上万吨,瓦斯从几百立方米到上百万立方米,并可能诱发瓦斯爆炸。我国是世界上煤与瓦斯突出灾害最严重的国家之一。但是随着对瓦斯治理方面的持续投入,技术装备水平显著提升,煤矿安全生产水平显著提高,重特大突出事故得到显著遏制,突出表现为近年来煤与瓦斯突出事故发生次数与伤亡人数显著下降。然而,鉴于我国煤层地质赋存条件的复杂性,部分矿区由于各种原因(如瓦斯抽采不到位、煤层赋存不稳定等)造成的突出事故时有发生。表 1-2 为近年来我国发生的重大以上煤与瓦斯突出事故统计情况。

表 1-2　近年来我国发生的重大以上煤与瓦斯突出事故统计

时间	煤矿名称	事故地点	突出强度
2013 年 1 月 18 日	贵州金佳煤矿	金一采区 211 运输石门	特大型突出
2013 年 3 月 12 日	贵州马场煤矿	13302 底板抽采巷	特大型突出
2013 年 9 月 30 日	江西曲江煤矿	西二采区掘进工作面	大型突出
2014 年 6 月 11 日	贵州新华煤矿	1601 回风平巷	特大型突出
2014 年 10 月 5 日	贵州新田煤矿	1404 回风平巷	特大型突出
2015 年 8 月 11 日	贵州政忠煤矿	12172 下山掘进工作面	次大型突出
2016 年 3 月 6 日	吉林松树镇煤矿	4112 运输巷掘进工作面	次大型突出
2016 年 12 月 5 日	湖北辛家煤矿	+617 m 采煤工作面	次大型突出
2017 年 1 月 4 日	河南兴峪煤矿	−190 m 泵房管子道上山掘进工作面	次大型突出
2018 年 8 月 6 日	贵州梓木戛煤矿	110102 切眼掘进工作面	大型突出
2019 年 12 月 17 日	贵州广隆煤矿	21202 运输巷掘进工作面	次大型突出

注:截至 2019 年年底,数据来源于国家矿山安全监察局统计。

煤与瓦斯突出是一种非常复杂的动力现象,影响因素众多,发生原因复杂。综合作用说认为煤与瓦斯突出是地应力、瓦斯、煤的力学性质等因素综合作用的结果。认为煤与瓦斯突出是由煤的变形潜能和瓦斯内能引起的,当煤层应力状态发生突然变化时,煤体发生剪切破坏,引起煤层高速破碎,在变形潜能和煤中瓦斯压力的作用下煤体发生移动,瓦斯从已破碎的煤中解吸、涌出,形成瓦斯流,把已破碎的煤抛向采掘空间。通常巷道从硬煤带进入软煤带、顶板岩层对煤层的动力加载、爆破时工作面突然向深部推进、石门揭开煤层、巷道进入地质破坏区,以及在急倾斜煤层中煤的倾出均能引起煤层应力状态突然变化[21],在上述地点作业,极易引起煤与瓦斯突出的发生。

1.2.1.3　瓦斯燃烧

当甲烷浓度大于 16.0%,并有火源存在的条件下,将发生瓦斯燃烧。煤矿瓦斯燃烧可能发生在工作面煤壁、瓦斯抽采管路和甲烷浓度大于 16.0% 的区域。2015 年 11 月《中国煤炭报》报道,山西等地近几年发生了多起井下 PE 或 PVC 瓦斯抽采管路燃烧事故,造成了较大损失。在专家建议下将井下瓦斯抽采管路全部更换为不锈钢管,防止管道内部的瓦斯燃烧引发巷道瓦斯燃烧事故。个别矿井还出现过采空区高浓度瓦斯涌出后在上隅角侧发生瓦斯燃烧的事故。

1.2.1.4　瓦斯窒息

瓦斯窒息事故多发生在停风的煤巷或不通风的盲巷中,这些地点由于长时间无新鲜风流供给,再加上瓦斯涌出,致使环境中氧气浓度降低,从而引起窒息事故。正常大气中氧气浓度约为21%,当空气中氧气浓度低于15%时,人的肌肉活动能力将明显下降;降低到10%～14%时,人的判断能力将迅速降低,出现智力混乱现象;降低到6%～10%时,短时间内将会晕倒,甚至死亡。当井巷中的瓦斯浓度达到28%时,氧气浓度将降低到15%;瓦斯浓度达到43%时,氧气浓度将降低到12%[21]。在停风的煤巷或不通风的盲巷中涌出的瓦斯可能不是甲烷,而是二氧化碳和氮气,采用普通的甲烷检测仪器无法检测上述气体的浓度,因此具有更大的危险性。《煤矿安全规程》规定,采掘工作面进风流中氧气浓度不低于20%,二氧化碳浓度不超过0.5%。瓦斯窒息事故统计表明,多数瓦斯窒息事故往往不是发生在突出矿井和高瓦斯矿井,而是发生在低瓦斯矿井,这主要是因为低瓦斯矿井的干部职工安全意识淡薄、现场管理不到位、缺乏必要的安全技术培训等造成的。

1.2.2 煤矿瓦斯作为洁净能源的利用现状

煤矿瓦斯是一种清洁能源,1 m^3 纯甲烷的发热量为35.9 MJ,相当于1.2 kg标准煤的发热量。煤矿瓦斯的抽采方式类型多样,各种抽采方式的瓦斯抽采浓度也不尽相同,其利用方式也不相同。地面钻井抽采浓度高,可达90%以上;井下钻孔抽采瓦斯浓度普遍偏低,瓦斯浓度大多在50%以下,甚至不到20%。另外,矿井通风也要排放出大量的超低浓度瓦斯,矿井风排瓦斯浓度一般在0.2%～0.3%以下。

对于浓度高于90%的瓦斯可直接进行瓦斯压缩和液化,还可用于生产化工产品。压缩瓦斯和液化瓦斯均是理想的车用替代能源,具有成本低、效益高、无污染的优点。压缩瓦斯能将瓦斯增压至20 MPa,使瓦斯体积缩小200倍。液化瓦斯是将瓦斯经净化处理后在常压下深冷至-162 ℃由气态转变成液态,使瓦斯体积缩小为气态时的1/625。压缩瓦斯多用于公交车、出租车及私家车,而液化瓦斯多用于大型运货卡车。高纯浓度瓦斯还可作为化工原料,生产合成汽油、甲醇、瓦斯制氢等。井下抽采的浓度高于30%的瓦斯一般用于高浓度瓦斯发电和民用燃气。大多数煤矿选用燃气内燃机发电,为确保瓦斯发电机组气源稳定可靠,一般对于高浓度瓦斯设储气罐或缓冲罐。另外作为生活燃气,可以为矿区职工及周边村镇广大人民群众提供生活用气。

根据统计,抽采瓦斯中浓度低于30%的占矿井抽采总量的六至七成。为了减少温室气体排放,提高矿井瓦斯利用率,需要加大低浓度瓦斯的利用。低浓度瓦斯利用主要包括低浓度瓦斯发电和瓦斯提纯两种途径。低浓度瓦斯发电是利用低浓度瓦斯爆炸原理代替瓦斯燃烧,推动活塞产生动力驱动发动机曲轴旋转,发动机曲轴将动力传至交流发电机,进而将动力转换成电能输出。瓦斯浓缩提纯技术方法较多,其中深冷液化分离和真空变压吸附技术相对成熟[22-23]。通过提纯技术可将低浓度瓦斯的浓度提高,达到30%以上即可做民用燃料和工业燃料,达到90%以上时可做汽车燃料、工业原料。

据统计,全国约55%的煤矿为高瓦斯矿井或煤与瓦斯突出矿井,其中风排瓦斯(也称为乏风)占矿井瓦斯涌出量的30%～40%,但其浓度极低(瓦斯浓度一般低于0.3%)。对于矿井风排瓦斯,目前能以较低成本利用的技术手段是利用其微量甲烷与氧气进行氧化反应产生热量,为矿井提供热水和供暖等服务。其处理装置从原理上分为逆流式煤矿瓦斯热氧化装置和逆流式煤矿瓦斯催化氧化装置两种[24-25]。

1.2.3 煤矿瓦斯对环境的负面影响

在长生命周期的温室气体中,甲烷是仅次于二氧化碳的第二大辐射强迫的温室气体。

甲烷在大气中的生命周期为12年,足够使各种途径排放到大气中的甲烷在全球范围实现输送和混合,因而对于气候变化有着深远的影响。自从联合国政府间气候变化专门委员会(IPCC)在2001年发布第三次气候变化报告后,甲烷促使平流层水蒸气含量增加而引起的辐射强迫显著增大。根据联合国政府间气候变化专门委员会在2007年发布的第四次气候变化报告,甲烷在大气中的含量为1 774 ppb(1 ppb=10^{-9}),其辐射强迫达到0.48 W/m^2,为此将100年时间跨度的甲烷的全球变暖潜势从23提高到了25,这意味着单位质量的甲烷的辐射强迫是二氧化碳的25倍,即单位质量的甲烷产生的温室效应是二氧化碳的25倍[26]。

根据甲烷的氧化反应,可以计算出燃烧1单位甲烷相当于减少CO_2的当量:

$$CH_4 + 2O_2 \longrightarrow CO_2 + 2H_2O$$

$$A = (GWP_{CH_4} - CEF_{CH_4})\rho_{CH_4}$$

式中　　ρ_{CH_4}——甲烷的密度,取0.716 kg/m^3;

GWP_{CH_4}——甲烷的全球变暖潜势,根据IPCC的AR4,其值为25;

CEF_{CH_4}——单位质量甲烷燃烧后释放的CO_2质量,按照分子式44/16计算,值为2.75;

A——单位体积甲烷对应减少CO_2的排放量。

根据以上公式和数据计算可得,燃烧1 m^{3}甲烷相当于减少15.93 kg的二氧化碳排放,即燃烧1 kg甲烷相当于减少22.25 kg二氧化碳排放。

在过去的几十年中,大气中甲烷含量有着剧烈的波动变化[27]。在20世纪90年代之前,甲烷具有较高的增长率;步入90年代后,在1992年全球甲烷出现了负增长,之后自1995年起的10多年时间里,全球甲烷含量处于较为稳定状态。但到2006年以后,大气中甲烷含量急剧增长,这可能是由于人类活动的影响造成的[28]。

中国目前的人为甲烷排放源主要包括废弃物甲烷排放、废水甲烷排放、畜牧甲烷排放、稻田甲烷排放、生物质燃烧甲烷排放、煤炭开采甲烷排放。根据国家温室气体清单,2014年我国人为源甲烷排放11.61亿t二氧化碳当量,其中能源活动排放5.2亿t二氧化碳当量,约占45%,主要来自煤炭开采、分选加工运输和废弃矿井,以及油气系统逃逸[29]。因此,为了降低煤炭开采的甲烷排放量,应进一步加强煤层瓦斯抽采,提高煤矿瓦斯抽采量和抽采率,并同时提高抽采瓦斯的利用量和利用率,将抽采的甲烷充分利用转化为二氧化碳再进行排放,则可显著降低煤矿甲烷对大气环境的负面作用。

1.3　我国煤矿瓦斯赋存特点及瓦斯抽采的技术发展历程

1.3.1　我国煤矿瓦斯赋存特点

我国煤炭资源丰富,煤层主要以薄煤层和中厚煤层为主,90%以上的煤层为井工开采。我国煤矿的开采深度越来越大,平均每年以10～30 m的速度增加。东北及中东部地区的煤矿开采历史长,开采深度相对较大,500余座矿井开采深度超过600 m,千米深井已达47座。随着深度的增加,地应力、煤层瓦斯压力及含量也不断增加[30-31]。

我国晚古生代聚煤期后的多期次地质构造运动,不仅使得我国大多数煤田构造复杂,而且对煤层产生了不同程度的破坏作用。在一些地区形成大量的构造煤,透气性低,煤质松软,主要发育在豫西～两淮、太行山以东以及西南和东北的大部分地区。我国煤层渗透率普遍较低,除抚顺、晋城等少数矿区渗透率相对较高外,一般在 $10^{-4} \sim 10^{-2}$ mD 之间

我国煤矿煤层具有瓦斯压力大和含量高、地应力高、地质构造复杂、构造煤发育、煤层渗透率低、煤与瓦斯突出灾害严重等特点,决定了我国的大部分煤层瓦斯抽采困难,常规方式抽采效果不好,无法彻底消除煤层的突出危险性,严重制约着煤矿的安全生产和煤炭工业的健康发展。

1.3.2 近年来煤炭产量、瓦斯抽采量及利用量

经济发展状况与能源的需求息息相关,而我国能源结构又具有富煤、少油、少气的特点,这就造成我国的经济形势变化对煤炭产量的影响很大。在经济快速发展期,能源需求量大,相应需要的煤炭产量大;经济下行期,能源需求不足,对煤炭的需求也相应下降。另外,煤矿瓦斯治理的理论、技术、装备的发展与推广也受到煤炭产能的影响。国家对煤炭的需求量大时,企业需要具备足够的煤炭产能,对于高瓦斯矿井、突出矿井而言,则需要足够的瓦斯抽采达标煤量即回采煤量来保证。为此,煤炭企业需要投入资金,与科研院所开展技术合作,提高煤矿的瓦斯治理技术水平与装备水平,确保矿井抽采达标煤量能够满足矿井产能,矿井瓦斯抽采量及利用量也会相应提高,进而煤炭行业的瓦斯治理水平也会相应提高[32]。反之,社会对煤炭的需求不足,企业经济效益下滑,煤炭产能过剩,则企业主体没有积极性和经济实力进行瓦斯治理方面的投入,则会进一步影响煤炭行业的安全稳定。

20 世纪 90 年代中后期我国遭遇经济危机,能源需求不足,煤炭产量由 1996 年的峰值 13.97 亿 t 下降为 2000 年的 9.98 亿 t。但 21 世纪初以来,随着我国经济的快速复苏和持续发展,对能源需求逐年增大,致使我国的煤炭产量呈现逐年快速增长的态势,造成瓦斯抽采量与利用量逐年增加。2013 年,我国煤炭产量达到 36.8 亿 t,瓦斯抽采量在 2015 年达到 180 亿 m^3,其中井下瓦斯抽采达到 136 亿 m^3,地面抽采量为 44 亿 m^3。随着关井压产政策的实施,矿井总数大幅降低,煤炭产量相应下降,瓦斯抽采量也基本稳定在 180 亿 m^3 左右,但地面抽采量逐年小幅增加,2019 年达 59 亿 m^3。瓦斯利用量由 2013 年的 43 亿 m^3 提高到 2019 年的 110 亿 m^3,利用率由 2013 年的 27.6% 提高至 2019 年的 57.3%。2013 年至 2019 年我国的瓦斯抽采量及瓦斯利用量情况见表 1-3 和图 1-1。

表 1-3 2013—2019 年我国煤矿瓦斯抽采量及利用量统计 单位:亿 m^3

年份	井下瓦斯抽采量	地面瓦斯抽采量	瓦斯抽采总量	瓦斯利用总量
2013	126	30	156	43
2014	133	37	170	77
2015	136	44	180	86
2016	128	45	173	90
2017	128	50	178	93
2018	129	55	184	99
2019	133	59	192	110

注:数据来源于国家能源局统计。

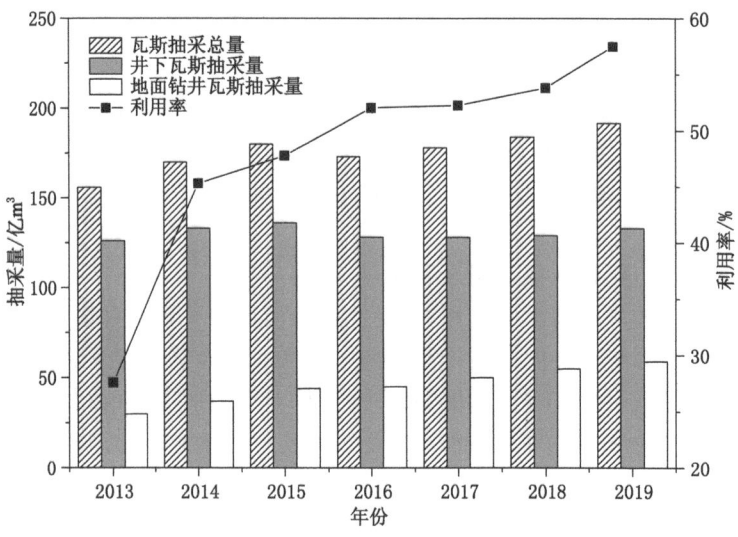

图 1-1　近年来我国瓦斯抽采量和利用量统计图

1.3.3　井下瓦斯抽采和地面钻井瓦斯抽采发展历程

从中华人民共和国成立至今,随着瓦斯治理理念、技术及装备的发展,我国的瓦斯治理经历了多个发展阶段,也形成了相关技术规范、标准,其中最具代表性的是 2009 年《防治煤与瓦斯突出规定》(以下简称 2009 版《防突规定》)的颁布实施。2009 版《防突规定》中明确提出了"区域防突措施先行、局部防突措施补充"的两级"四位一体"综合防突措施,明确规定严禁在未采取区域综合防突措施并未达标的区域进行采掘作业,做到"不掘突出头,不采突出面"。多年的实践表明,两级"四位一体"的综合防突措施可以提高采掘工作面的防突可靠性,确保矿井的安全生产,因此两级"四位一体"的综合防突措施已经成为突出矿井确保安全生产的行动指南和路线图。在前期理论与实践的基础上,2018 年对 2009 版《防突规定》进行了补充修订,再次更名为《防治煤与瓦斯突出细则》(以下简称 2019 版《防突细则》),并于 2019 年颁布实施。2019 版《防突细则》继续坚持两级"四位一体"的综合防突措施,并提出了"先抽后建、先抽后掘、先抽后采、预抽达标"的新要求,明确要求突出矿井建立突出预警机制,最终达到煤层"零突出"目标。

在 2000 年之前,矿井瓦斯治理主要以井下瓦斯抽采为主。21 世纪初以来,地面钻井瓦斯抽采取得了飞速发展,井田范围内与井下钻孔联合抽采,在多个高瓦斯突出矿区形成了井上下联合抽采瓦斯的良好格局,并逐渐形成了以高瓦斯煤层群开采为代表的"两淮"瓦斯治理模式和以高瓦斯单一煤层开采为代表的"晋城"瓦斯治理模式。

1.3.3.1　井下瓦斯抽采发展历程

瓦斯是煤炭开采的伴生气体,只要开采煤炭便会有瓦斯向采掘场所涌出。当瓦斯涌出量大于合理的风排瓦斯量上限时,瓦斯便会在采掘场所积聚,瓦斯浓度随之升高,存在发生瓦斯爆炸的隐患。因此,当煤层瓦斯含量或矿井瓦斯涌出量达到一定值时,便需要采取瓦斯抽排措施。我国有文字记载以来最早的有关煤矿瓦斯抽排记录出现在 1637 年宋应星所著的《天工开物》中,记载了"利用竹管引排煤中瓦斯"的方法。工业革命以来,英国一家煤矿在 1733 年首次进行了煤矿瓦斯抽采和管道输送的尝试。19 世纪后期,英国的威尔士煤矿开始开展从煤层中抽排瓦斯的试验[6]。

我国的煤矿瓦斯抽采可追溯到 20 世纪 50 年代。中华人民共和国成立以后,随着煤炭工业的发展,煤矿瓦斯问题日趋严重。为了解决这一问题,煤炭企业在瓦斯治理技术方面开展了初步的试验研究。50 年代初,针对当时抚顺矿区特厚高透气性煤层的瓦斯问题,我国首次采取抽放瓦斯措施,利用密闭巷道和钻孔预抽开采层瓦斯,为抚顺矿区的生产恢复与发展提供了技术保障。50 年代后期,在阳泉矿务局首次采用井下穿层钻孔、顶板岩石巷道、地面钻孔和工作面尾巷等方法抽采了邻近层瓦斯,使由于受到瓦斯威胁而被迫停产的矿井恢复了生产。同一时期,在北票、重庆、白沙等突出严重的矿务局开展了保护层开采技术的试验研究工作。70 年代至 90 年代末,为了提高低透气性煤层的瓦斯抽采效果,在鹤壁、白沙、焦作等矿务局开展了突出煤层网格式密集穿层钻孔、顺层钻孔大面积预抽瓦斯等试验,并开展了煤层注水、水力割缝、水力压裂、水力扩孔和深孔预裂控制爆破等煤层增透技术试验研究,成功研制了钻深上百米的专用系列全液压钻机和钻具[33]。在上述研究结果及实践的基础上,原煤炭工业部于 1988 年制定颁布了第一个瓦斯治理指南——《防治煤与瓦斯突出细则》(以下简称 1988 版《防突细则》),并于 1995 年对该《防突细则》重新进行了修订,该《防突细则》的实施对防治煤与瓦斯突出起到了积极的指导作用。截至 1997 年年底,我国煤矿数量 6.4 万处,产量 13 亿 t,平均开采深度 450 m,瓦斯抽采矿井数量增加到 80 个,瓦斯抽采量为 7.28 亿 m³。

21 世纪初,随着我国经济的复苏及煤炭产量的大幅提升,煤矿安全形势日趋严峻,我国煤矿接连发生了多起百人以上的特大瓦斯爆炸事故,造成重大人员伤亡和财产损失,产生了恶劣影响。为了保障煤矿安全及煤炭的持续供应,从国家层面引导企业加大安全投入,鼓励企业与科研院所开展瓦斯灾害防治的科研合作,进行技术攻关。针对我国不同矿区的地质条件,采取"一矿一策、一面一策"的策略,研发针对性的瓦斯治理技术与装备。21 世纪初的前 10 年,是我国煤矿瓦斯治理理念、标准、技术与装备大发展的 10 年。在 1988 版《防突细则》的基础上,并结合 21 世纪初前 10 年的成果与实践,于 2009 年 8 月 1 日颁布实施了 2009 版《防突规定》,2009 版《防突规定》的颁布实施标志着我国煤矿的瓦斯治理水平达到了一个新的高度。在瓦斯治理理念方面,先后提出了先抽后采、抽采达标、区域防突措施先行、"三区联动"抽采、煤与瓦斯共采等理念,为煤矿的瓦斯治理工作指明了方向。在技术与装备方面,随着大扭矩履带钻机、大功率地面抽采泵站、金属抽采管网、"两堵一注"钻孔封孔工艺、顺层孔筛管防塌孔等先进装备、工艺的出现和推广,密集穿层钻孔抽采、顺层钻孔抽采、保护层开采卸压瓦斯抽采、顶板高位钻孔裂隙带(又称裂缝带)抽采、高抽巷抽采、采空区埋管抽采等技术得到了进一步发展和完善,瓦斯抽采效果显著提升。千米定向钻机的引进以及国产化,为煤层赋存条件较好的矿区开展煤层区段条带长钻孔递进抽采、煤巷条带抽采及顶板裂隙带瓦斯高效抽采提供了可能和便利。21 世纪初的 10 年,瓦斯抽采浓度、抽采量、利用量逐年提高,取得了良好的瓦斯治理效果。矿井瓦斯事故及死亡人数大幅下降,死亡人数由 2005 年的 2 171 人下降为 2010 年的 623 人。

2010 年以来,各矿井为了满足瓦斯抽采达标的要求,在用好常规瓦斯治理技术的同时,科研院所陆续研了水力造穴增透、机械扩孔卸压增透、二氧化碳相变爆破增透、普钻轨迹随钻测量、履带超大扭矩钻机、普通钻机改造定向钻机、小型定向钻机、水平井分段压裂增透、高效孔口防喷装置等先进技术与装备,在现场取得了良好的瓦斯治理效果。钻机也具备了远程操作功能,降低了强突出煤层打钻的安全风险。安徽、贵州等地部分突出矿井为了降低瓦斯治理成本,开展了"以钻代巷"的试验研究,即利用千米钻机在煤层顶、底板开孔,平行于煤层施工长距离定向钻孔,然后在预定位置按一定间距开分支孔进入煤层,形成类似于穿层钻孔的模式进行煤层瓦斯抽采,相比于容易塌孔堵孔的顺层钻孔抽采,瓦斯抽采效果显著。

随着煤矿瓦斯治理技术的发展与推广,我国煤矿安全形势显著提升,煤矿百万吨死亡率持续、显著下降。2019年,我国的煤矿百万吨死亡率下降为0.083,说明煤矿安全形势有了根本性转变。结合2009—2018年的瓦斯治理新理论及新成果,于2019年颁布实施了2019版《防突细则》。该《防突细则》对突出矿井管理及瓦斯抽采提出了更高要求,《防突细则》的顺利实施,将保证今后突出煤层"零突出"目标的尽早实现。

1.3.3.2 地面钻井瓦斯抽采发展历程

美国是世界上最早开始地面开发煤层气的国家,1977年第一口煤层气地面井在黑勇士盆地投产,1980年圣胡安盆地的煤层气田建成并投产。从20世纪70年代初至21世纪初,通过政府投资及优惠税收政策等措施的激励,美国煤层气工业发展迅速。截至2004年,形成了相对成熟的煤层气抽采理论、技术及完善的勘探开发设备。2008年,全美煤层气产量达到557亿 m^3 ,之后煤层气产量相对保持稳定[34]。在美国煤层气工业开采成功的鼓舞下,中国、澳大利亚、加拿大等煤层气资源大国都积极开展了煤层气地面抽采工业化试验。

从20世纪70年代末至90年代末,我国开始参考美国的有关理论进行瓦斯地面开发的研究和试验,原地矿部华北石油地质局、煤炭科学研究总院西安分院、晋煤集团等单位分别在开滦、柳林、铁法、沈北、阜新、晋城、淮南、淮北等地区施工了数十口瓦斯探井[35],并开展了瓦斯可采性方面的理论探讨。90年代中期以来,我国瓦斯勘探开发主要集中在沁水盆地、鄂尔多斯盆地东缘、铁法盆地和阜新盆地,且沁水盆地东南部的晋城地区瓦斯勘探开发最具代表性,在我国也最为成功。

原晋煤集团为解决西部煤田矿井的瓦斯灾害问题,从1992年开始与原中美能源公司合作在沁水盆地南部晋城矿区潘庄井田开展了瓦斯勘探与试验工作,1993—1997年间共施工了一个7口井组成的井组。经压裂、排采,单口井产气量为1 000~3 000 m^3/d ,其中潘一井经过十多年的排采,日产气量仍稳定在2 000 m^3/d 左右。该试验井组的开发成功为后续的大面积瓦斯勘探开发奠定了基础[36]。

2003年是我国瓦斯勘探开发的一个转折点,主要体现为中联煤层气公司、晋煤集团、中石油华北油田分公司等实施了瓦斯开发大井网试验,并取得了新突破,启动了国家级沁南瓦斯开发高技术产业化示范工程,开始了瓦斯规模化商业性开发。2005年,国务院成立了煤层气国家工程研究中心,国家发改委决定支持示范工程,出台了一系列优惠政策;蓝焰煤层气公司、中联煤层气公司在潘庄气田分别形成了151口井和53口井的规模化生产格局。此后,瓦斯地面钻井抽采量快速增长,2008年为5亿 m^3 ,2009年突破10亿 m^3 大关。从2009年起,瓦斯勘探开发迈入了规模化商业性生产阶段,2010年,沁水盆地南部地面钻井瓦斯产量14.22亿 m^3 ,鄂尔多斯盆地东缘约1亿 m^3 ,分别约占全国地面钻井产量的90%和6%。截至2018年年底,国内各有关部门、单位以及一些外国公司出资,在我国施工各类瓦斯井17 000余口,多个瓦斯开发区块已取得较好的产气效果,形成了沁水盆地南部和鄂尔多斯盆地东缘两大瓦斯产业基地。

上述瓦斯开采属于原始煤层的地面钻井瓦斯抽采。此外,在我国很多含煤地区的煤层中发育有构造煤,构造煤的存在造成煤层煤质松软、渗透率低,不利于地面瓦斯开发。我国的构造煤主要发育在豫西—两淮、太行山以东以及西南和东北的大部分地区,占全国瓦斯可采资源总量的 12%。例如,20 世纪 90 年代末,两淮矿区开展了地面瓦斯勘探开发方面的试验,先后施工了 14 口测试井、8 口生产井,并对生产井进行了压裂。但由于两淮矿区构造煤发育,煤质松软、渗透率低,产气效果均不理想,日产气量均达不到商业开发标准,随后停止了原始煤层地面瓦斯勘探开发试验工作。

在淮南、淮北、平顶山、铁法等高瓦斯矿区,构造煤发育,地质构造复杂,但煤炭储量大、煤层多,且为多个煤层联合开采。我国经过近 20 年的煤层群开采瓦斯治理研究与实践,逐渐形成了以保护层开采及卸压瓦斯抽采技术为主的煤层群开采模式,即选择无突出煤层或是弱突出煤层作为保护层首先进行开采,对上、下邻近突出煤层进行卸压增透,并对其进行高效抽采,进而实现突出煤层消除突出危险性和安全高效回采。对于被保护层卸压瓦斯抽采措施,前些年大多采用井下穿层钻孔进行瓦斯抽采,虽然井下穿层钻孔瓦斯抽采比较可靠、效果好,但施工巷道、钻孔所需要的工期长、工程量大。近年来随着地面钻井施工技术的发展,采用地面钻井抽采被保护层工作面卸压瓦斯越来越普遍。通过保护层开采,被保护层的透气性系数增加数百倍甚至上千倍,地面钻井单口井瓦斯抽采量可由卸压之前的每天不到 200 m³ 增大到卸压之后的每天 20 000 m³ 以上,抽采期 3～5 个月,瓦斯抽采效果显著。地面钻井抽采与井下穿层钻孔瓦斯抽采相比具有工期短、成本低,且在施工时间、空间上与井下工程不冲突等特点。地面钻井抽采煤层卸压瓦斯可以认为是地面瓦斯开采的一个特例,仅适用于煤层群联合开采的高瓦斯或突出矿井。

1.3.4　井下钻孔抽采与地面钻井抽采各自优势与不足

煤层瓦斯抽采方式主要包括地面钻井抽采、井下钻孔抽采、井下高抽巷抽采、采空区插管和埋管抽采等几种。从抽采形式来看,主要为地面钻井抽采和井下钻孔抽采两大类。

井下钻孔主要包括顺层钻孔和穿层钻孔,一般来说井下钻孔比较短,便于施工,瓦斯抽采的可靠性高;钻孔施工过程中可以根据煤层变化的实际情况调整钻孔参数,缩小钻孔间距,或者调整钻孔角度,确保钻孔对煤层能够实现全覆盖和有效抽采。但井下钻孔抽采所需的钻孔数量多,工程量大,施工周期长;钻孔施工需要施工空间,即首先需要施工巷道、钻场,然后才能进行钻孔的施工,特别是底板穿层钻孔施工前需要专门施工一条底板岩石巷道,巷道施工周期长,有可能造成抽掘采的失衡;穿层钻孔的施工成本若将岩石巷道成本考虑在内,则施工钻孔的成本较高;钻孔施工过程中还存在喷孔、顶钻等动力现象,可能造成瓦斯超限、煤渣伤人等事故,具有一定的安全隐患;受到封孔质量等因素影响,钻孔瓦斯抽采浓度偏低,特别是顺层钻孔瓦斯抽采,不利于后期的瓦斯利用。

地面钻井抽采方式优势比较明显,煤层采掘前便可施工地面钻井,抽采系统布置在地面,抽采工程与井下工程不冲突,不受井下巷道工程进展影响;瓦斯抽采及输送系统布置在地面,方便管理;抽采的瓦斯浓度高,一般可达 60% 以上,甚至更高,能够直接利用。地面钻井最大问题是井身稳定性问题,其受到地质条件、储层条件、井位布置和井身结构等因素影响,若出现断孔、错位、孔径减小等问题,修井比较困难,补充施工地面钻井从时间和资金两方面考虑均不大现实,这样会造成受破坏钻井控制的煤层范围内瓦斯无法得到有效抽采,为后续工作面的安全开采埋下隐患。另外,地面钻井间距大,每个钻孔控制的区域大,单个钻井的抽采能力有限,因此需要的抽采时间长,且抽采效果不均匀,即距钻井越近抽采效果越好,反之抽采效果越差。

  井下钻孔抽采实用性强,各种煤层条件均可采用。但若煤矿赋存煤层多,煤层厚度大,煤层的瓦斯含量和压力高,井下采掘接替紧张,且地面较平坦便于施工地面钻井时,应优先选取地面钻井煤层瓦斯抽采方法。在不具备施工地面钻井条件下,井下钻孔抽采方式可以单独采用。但采用地面钻井抽采时,往往需要井下钻孔配合抽采。井下钻孔施工比较简单,而地面钻井施工技术含量相对较高,因此在选择瓦斯抽采方式时,应从煤层瓦斯赋存、采掘接替、巷道布置、技术水平、经济效益等多方面综合考虑后选定。

1.4 我国煤矿井上下联合抽采瓦斯的必要性

1.4.1 煤矿井上下联合抽采瓦斯的内涵及实现途径

  不论是井下抽采方式,还是地面抽采方式,都有各自的适用条件,在不同的条件下各种抽采方式表现出各自独有的优势,同样也具有各自不足的地方。基于此,不同煤层地质条件的矿区,在煤矿瓦斯治理发展过程中逐渐形成了适合各矿区煤层瓦斯特点的煤矿井上下联合抽采瓦斯方式。该方式是在时间、空间维度上将地面钻井抽采和井下瓦斯抽采方式有效组合,最大可能发挥各种抽采方式优势,实现瓦斯抽采效益最大化,且在人员安排、工期、投入等方面满足既经济又合理的要求。以一个采煤工作面为例,在工作面的整个瓦斯抽采全生命周期内,瓦斯抽采工作由井下抽采方式和地面钻井抽采方式共同完成。由于各种采煤工作面的实际情况不同,造成上述两类抽采方式对工作面煤层瓦斯的抽采功能、在整个抽采周期内的抽采区间不尽相同。例如,地面钻井抽采在不同的工作面可体现出采前预抽、采中和采后三种不同的抽采功能及抽采区间。

  煤层瓦斯抽采方式的选择与煤层开采条件息息相关,在开采方式方面主要分为煤层群联合开采和单煤层开采两类。煤层群联合开采以安徽、东北、贵州等部分煤矿为代表,单一煤层开采以山西等部分煤矿为代表。井上下联合抽采瓦斯在不同的矿区、不同的煤层开采条件下,其实现途径不尽相同。

  对于煤层群联合开采条件,以淮南、淮北矿区为例,首先施工井下巷道,在巷道内施工煤层钻孔,对保护层工作面进行瓦斯抽采,消除其突出危险性;其次在保护层开采前施工被保护层工作面的地面钻井,保护层工作面开采过程中采用地面钻井对被保护层卸压瓦斯及保护层采空区瓦斯进行抽采。从空间上来看,井下钻孔与地面钻井抽采的不是同一个目标煤层。从时间上来看,先施工井下钻孔进行瓦斯抽采,后采用地面钻井进行瓦斯抽采。单个地面钻井抽采时间较短,一般为2~3个月。在保护层与被保护层工作面开采过程中还需要根据瓦斯涌出情况,施工部分顶板高位钻孔进行裂隙带瓦斯抽采,还需采取上隅角埋管抽采方法防止上隅角瓦斯超限。

  对于单一煤层开采条件,以晋城矿区为例,需要在规划区首先施工地面钻井,对煤层进行长期的地面钻井抽采之后,待条件成熟后掘进井下巷道,施工井下钻孔并与地面钻井一起继续进行瓦斯抽采,直至消除煤层突出危险、满足安全开采要求为止。这种情况井下抽采时间相对较短,而地面钻井抽采时间较长,可达8~10年,甚至更长。工作面开采过程中,还需要施工顶板高位钻孔抽采裂隙带及采空区瓦斯,确保工作面安全开采。对于密闭后的采空区,可对其进行瓦斯储量评估,具备抽采条件时可在地面再次施工地面钻井,对老采空区及顶底板煤岩层进行瓦斯抽采,抽采出的瓦斯作为资源加以利用。

1.4.2 煤层群开采井上下联合抽采瓦斯的必要性

我国煤层群开采的高瓦斯突出矿区较多,例如淮南、淮北、平顶山、铁法及贵州部分矿区。对于高瓦斯突出煤层群开采,2019 版《防突细则》中规定,具备煤层群开采条件的应选用保护层开采技术作为瓦斯治理的措施。保护层开采技术的实施涉及保护层工作面的采前瓦斯抽采、被保护层工作面的卸压瓦斯抽采及保护层工作面开采期间的瓦斯抽采三个抽采环节,每个抽采环节均需施工大量的瓦斯抽采工程,且三个抽采环节在时间上前后互相牵制。

对于保护层工作面的采前抽采和开采期间的瓦斯抽采,其抽采工程主要在井下实施,主要为井下顺层钻孔抽采、底板巷道穿层钻孔抽采,有些矿井还包括高位巷道抽采。对于被保护层而言可以采用井下钻孔抽采,也可以采用地面钻井抽采。保护层工作面的井下瓦斯抽采工程本身工程量大,费时费力,需要占用大量的人员和设备,若被保护层工作面的抽采工程还选择井下钻孔抽采,有时还需要施工专用底板巷道,则井下瓦斯抽采工程量巨大,很可能造成井下抽采工程施工紧张,采掘失调,最终影响到保护层工作面的回采时间。若被保护层工作面瓦斯抽采选择地面钻井抽采,则不存在上述问题,地面钻井施工可与井下工程同时进行,互不影响,可以很好地控制工程进度,按时完成抽采工程。基于上述原因,越来越多的煤层群开采矿井选择地面钻井抽采方式作为被保护层工作面卸压瓦斯抽采的首选,由此可见,今后高瓦斯突出煤层群开采的矿区开展井上下联合抽采瓦斯是必然的发展趋势。

1.4.3 单一煤层井上下联合抽采瓦斯的必要性

在我国常见的高瓦斯单一煤层瓦斯抽采主要为井下顺层钻孔瓦斯抽采,对于突出煤层还需施工井下穿层钻孔抽采煤巷条带瓦斯或是整个区段煤体瓦斯,消除其突出危险性。由于突出煤层的透气性系数普遍偏低,当煤层瓦斯含量达到一定数值后,即使钻孔间距缩小至 2～3 m,甚至 1～2 m,也很难在短时间内将煤层瓦斯含量降至达标含量之下,即为了抽采达标,需要的抽采时间很长。抽采时间过长容易造成"抽、掘、采"的衔接失调。

随着煤矿开采深度的越来越大,煤层瓦斯含量越来越高,很多煤矿的煤层瓦斯含量在 20 m³/t 以上,部分区域甚至达到 30 m³/t 以上,例如沁水盆地南缘的寺河、成庄、玉溪、东大等煤矿。在这种情况下,仅仅依靠井下钻孔进行瓦斯抽采,则需要施工大量的密集钻孔,工程量大,且抽采时间过长,不利于矿井的采掘接替。为了使工作面尽早具备安全开采条件,在工作面井下巷道开拓、准备之前便可在地面对应位置施工地面钻井进行地面瓦斯抽采,施工地面钻井的时间可以与井下巷道工程同时或是提前进行。提前对井下工作面进行瓦斯预抽,经过不低于 5～8 年的地面钻井瓦斯抽采,可提前将煤层瓦斯含量降至一定数值以下。通过这种方式,可以缩短井下钻孔瓦斯抽采时间,为下一步在较短时间内通过井下钻孔瓦斯抽采实现工作面抽采达标提供可能。

一般情况下,当煤层瓦斯含量达到 16 m³/t 以上时,且在煤层地质等条件具备施工地面钻井的情况下,均应提前施工地面钻井进行地面抽采,与之后的井下钻孔抽采相结合,进行井上下联合瓦斯抽采,最终实现单一煤层的抽采达标和安全开采。2019 版《防突细则》第十六条规定,按突出矿井设计的矿井建设工程开工前,应当对首采区内评估有突出危险且含量大于或等于 12 m³/t 的煤层进行地面钻井预抽瓦斯,预抽率应当达到 30% 以上。

因此,对于瓦斯含量较高的单一煤层,为了在工作面采掘巷道施工完成后短时间内实现瓦斯抽采达标,必须进行井上下联合抽采瓦斯。

1.4.4 我国煤矿井上下联合抽采瓦斯的成功实践

进入 21 世纪以来,煤炭行业提出了"先抽后采""煤与瓦斯共采"等理念,注重将煤与瓦斯作为资源一起开发,包括先采气、后采煤协同开发和采煤采气一体化。经过十多年的实践,逐渐形成了以煤层群开采条件为背景的"两淮"瓦斯治理模式,和以单一煤层开采为主的"晋城"瓦斯治理模式。"两淮"模式和"晋城"模式均是井上下联合抽采瓦斯的成功典范。

两淮地区煤田赋存多个煤层,煤层瓦斯压力大、含量高,地质构造复杂,煤体松软,煤层透气性差。在 20 世纪 90 年代至 21 世纪初,两淮矿区发生了多起重大瓦斯爆炸和煤与瓦斯突出事故。从 20 世纪 90 年代末起,淮南、淮北矿业集团经过近 10 年的技术攻关,结合自身的煤层地质赋存条件,逐渐形成了"两淮"瓦斯治理模式,即利用首采煤层(保护层)开采过程中的岩层移动对顶底板内煤岩层的卸压增透作用,实现对邻近煤层(被保护层)的卸压抽采,也称为保护层开采技术,该技术在国内煤层群开采条件的矿区得到了广泛应用[38-44]。保护层开采技术其中之一采用的就是井上下联合抽采瓦斯技术。两淮地区煤质松软、透气性系数低,原始煤层即保护层(首采层)不适合采用地面钻井抽采,但被保护层卸压增透以后,透气性系数显著增加,具备了地面钻井抽采的条件。两淮地区很多矿井的被保护层卸压瓦斯采取地面钻井抽采,可显著降低抽采工程量,节约瓦斯治理成本,提高瓦斯抽采效率。

晋城地区从上至下赋存 3 号、9 号、15 号煤层,3 号煤层为低灰、低硫的特厚无烟煤。晋城地区煤层埋藏浅,开采历史长,所有煤矿首采层均为 3 号煤层。由于历史原因,之前所有煤矿均为单一煤层开采,没有进行多煤层联合布置。随着煤炭开采从浅部向深部的延深,3 号煤层瓦斯压力、含量逐年加大。在晋城寺河、兰花玉溪等矿井,瓦斯含量甚至达到 $20 \text{ m}^3/\text{t}$ 以上。该地区的另一个特点为煤体硬度大、透气性系数高。针对上述特点,晋城地区从 20 世纪 90 年代起,引入地面钻井进行瓦斯地面抽采,经过近 20 年的探索研究,取得了良好的瓦斯抽采效果,并进行了地面瓦斯规模化商业性开发,成为我国第一个成功的地面瓦斯商业化开发地区。但是煤矿井下工作面的瓦斯抽采达标仅依靠地面钻井抽采还远远不够,还需要配合井下大量的密集顺层钻孔进行瓦斯抽采,才能在规定时间内实现抽采达标。经过多年的技术攻关,晋煤集团逐渐形成了单一煤层"三区"联动瓦斯开发模式,即"晋城"瓦斯治理模式,取得了非常好的瓦斯治理效果[45-46]。其核心就是在未形成井下巷道的规划区或是勘探区提前布置地面钻井进行瓦斯抽采,其次在矿井的开拓准备区利用地面钻井和井下钻孔进行联合抽采,进一步降低煤层瓦斯含量,最后在生产区采用井下钻孔进行强化抽采,直至煤层消除突出危险性,实现开采工作面的抽采达标。另外,晋城地区还在老旧采空区进行地面钻井的施工,抽采采空区瓦斯,提高矿井瓦斯抽采量和利用率。可以看出,晋城地区地面钻井抽采贯穿煤炭开采的整个过程,中间环节配合井下钻孔共同抽采,所以说晋城地区西部矿区是单一煤层井上下联合抽采瓦斯技术的应用典范。

1.5 本书的特点与结构

本书主要是以本团队近 20 年来在煤矿瓦斯治理方面的研究成果为基础,并吸收部分煤炭企业的先进管理技术与经验,对现有瓦斯治理相关理论与技术进行了总结与提升,并指出了今后的瓦斯治理发展方向。本书有以下特点:

(1)本书注重理论与实践应用相结合,详细阐述了瓦斯成藏及瓦斯运移产出机理,在此基础上对各阶段的瓦斯抽采方法进行了详细描述,并进行了举例说明。

(2) 对煤矿井上下联合抽采瓦斯的概念、内涵、优势及必要性进行了系统性阐述与分析。

(3) 对以煤层群开采瓦斯治理为代表的"两淮"模式和以单一煤层开采瓦斯治理为代表的"晋城"模式进行了详细总结、归纳与提升,并进行了案例剖析,为今后其他相似类型矿井的瓦斯治理提供了参照样板。

本书第2章主要介绍瓦斯成藏及影响因素、煤的解吸过程及特征、孔隙中瓦斯扩散过程、裂隙中瓦斯渗流过程及相关模型。

本书第3章首先介绍了井上下联合抽采瓦斯方法,并对煤层群开采井上下联合抽采瓦斯模式和单一煤层开采井上下联合抽采瓦斯模式进行详细阐述,最后对各类瓦斯抽采指标进行了详细阐述。

本书第4~7章围绕井上下联合抽采瓦斯技术,分别介绍了地面钻井瓦斯抽采、井下原始煤层瓦斯抽采、井上下卸压瓦斯抽采和采煤工作面开采期间井上下联合抽采瓦斯等内容。其中第4章介绍了瓦斯地面钻井钻进工艺、水力压裂改造增产技术、瓦斯地面钻井排采等内容,并进行了案例分析。第5章首先对不同条件煤层井下瓦斯抽采方法选择进行了分析,之后分别对特厚松软强突出煤层瓦斯抽采方法、中等强度突出煤层瓦斯抽采方法、弱突出硬煤层瓦斯抽采方法和高瓦斯煤层瓦斯抽采方法等进行了详细阐述,并对瓦斯抽采钻孔防塌孔、封孔技术及单一煤层井下增透技术进行了介绍。第6章首先分析了煤层群开采卸压增透原理和被保护层卸压瓦斯抽采方法选择,之后重点对地面钻井卸压瓦斯抽采和井下网格式穿层钻孔抽采进行了论述。第7章首先对瓦斯来源及分源治理思想进行了阐述,之后分别对开采期间的地面钻井瓦斯抽采方法、穿层钻孔瓦斯抽采方法、顺层钻孔瓦斯抽采方法、高抽巷瓦斯抽采方法、采空区埋管瓦斯抽采方法及采煤工作面上下隅角封堵等技术进行了介绍,最后对采煤工作面初采期间防止采空区瓦斯积聚的顶板预裂技术进行了介绍。

本书第8章是我国煤矿井上下联合抽采瓦斯实践,首先以淮北袁店一矿为例,详细阐述了煤层群开采井上下联合抽采瓦斯的应用及效果;其次以晋城寺河煤矿为例,详细阐述了单一煤层开采井上下联合抽采瓦斯的应用及效果。

参 考 文 献

[1] 中国煤田地质总局. 中国煤层气资源[M]. 徐州:中国矿业大学出版社,1998.

[2] RICE D D. Composition and origins of coalbed gas[C]//LAW B E,RICE D D. Hydrocarbons from Coal. Canada:AAPG Special Publication,1993:159-184.

[3] RIGHTMIRE C T,EDDY G E,KIRR J N. Coalbed methane resources of the United States[J]. AAPG studied in geology series,1984,17(Ⅶ/Ⅷ):1-14.

[4] 程远平,等. 煤矿瓦斯防治理论与工程应用[M]. 徐州:中国矿业大学出版社,2010.

[5] 俞启香. 矿井瓦斯防治[M]. 徐州:中国矿业大学出版社,1992.

[6] 于不凡. 煤矿瓦斯灾害防治及利用技术手册[M]. 北京:煤炭工业出版社,2005.

[7] КРАВДОВ А И,ВОЙТОВ Г И. 煤田天然气的几个值得研究的地质及地球化学问题. 戚厚发,译[C]//中国石油学会石油地质学会,中国地质学会石油专业委员会,石油工业部石油勘探开发科学研究院. 石油地质论文集:煤成气译文专辑. 北京:[出版者不详],

1983:89-100.

[8] SCOTT A R. Composition and origin of coalbed gases from selected basins in the United States[C]//University of Alabama College of Continuing Studies. Proceedings of the 1993 International Coalbed Methane Symposium. [S. l. :s. n.],1993:207-222.

[9] 陈英,戴金星,戚厚发. 关于生物气研究中几个理论及方法问题的研究[J]. 石油实验地质,1994(3):209-219.

[10] 秦胜飞,唐修义,宋岩,等. 煤层甲烷碳同位素分布特征及分馏机理[J]. 中国科学(D辑:地球科学),2006,36(12):1092-1097.

[11] FLORES R M,RICE C A,STRICKER G D,et al. Methanogenic pathways of coal-bed gas in the Powder River Basin,United States:the geologic factor[J]. International journal of coal geology,2008,76(1/2):52-75.

[12] 侯晓伟. 沁水盆地深部煤系气储层控气机理及共生成藏效应[D]. 徐州:中国矿业大学,2020.

[13] 万宗启,李平,翟艳鹏,等. 淮南煤田潘北煤矿 4-1 煤层瓦斯组分和碳同位素特征及其成因意义[J]. 中国煤炭地质,2015,27(5):20-23.

[14] 鲍园. 生物成因煤层气定量判识及其成藏效应研究[D]. 徐州:中国矿业大学,2013.

[15] 李先奇,张水昌,朱光有,等. 中国生物成因气的类型划分与研究方向[J]. 天然气地球科学,2005,16(4):477-484.

[16] 戴金星,陈英. 中国生物气中烷烃组分的碳同位素特征及其鉴别标志[J]. 中国科学(B辑),1993,23(3):303-310.

[17] 秦勇. 国外煤层气成因与储层物性研究进展与分析[J]. 地学前缘,2005,12(3):289-298.

[18] 李晶莹,陶明信. 国际煤层气组成和成因研究[J]. 地球科学进展,1998,13(5):467-473.

[19] AYERS W B,Jr,KAISER W R. Thermal maturity of fruitland coal and composition of fruitland formation and pictured cliffs sandstone gases[C]//Bureau of Economic Geology, University of Texas at Austin. Coalbed Methane in the Upper Cretaceous Fruitland Formation,San Juan Basin,New Mexico and Colorado. [S. l. :s. n.],1994:165-186.

[20] 徐永昌. 天然气成因理论及应用[M]. 北京:科学出版社,1994.

[21] 程远平. 矿井瓦斯防治[M]. 徐州:中国矿业大学出版社,2017.

[22] 王长元,王正辉,陈孝通. 低浓度煤层气变压吸附浓缩技术研究现状[J]. 矿业安全与环保,2008,35(6):70-72.

[23] 杨明莉. 煤层甲烷变压吸附浓缩的研究[D]. 重庆:重庆大学,2004.

[24] 兰波,康建东,张荻. 一种新型乏风瓦斯催化氧化发电系统的开发[J]. 矿业安全与环保,2016,43(3):33-36.

[25] 韩金辉,刘永启,尤彦彦,等. 煤矿乏风瓦斯逆流氧化反应技术研究与进展[J]. 能源研究与信息,2011,27(2):69-75.

[26] CHENG Y,WANG L,ZHANG X. Environmental impact of coal mine methane emissions and responding strategies in China[J]. International journal of greenhouse

gas control,2011,5(1):157-166.

[27] SAUNOIS M,JACKSON R B,BOUSQUET P,et al. The growing role of methane in anthropogenic climate change[J]. Environmental research letters, 2016, 11 (12): 512-520.

[28] KIRSCHKE S, BOUSQUET P, CIAIS P, et al. Three decades of global methane sources and sinks[J]. Nature geoscience,2013,6(10):813-823.

[29] 中华人民共和国生态环境部. 中华人民共和国气候变化第二次两年更新报告[EB/OL]. (2019-07-01)[2020-08-10].

[30] 袁亮. 煤与瓦斯共采[M]. 徐州:中国矿业大学出版社,2016.

[31] 袁亮. 我国煤层气开发利用战略研究[R]. 北京:中国工程院,2012.

[32] CHENG Y,PAN Z. Reservoir properties of Chinese tectonic coal:a review[J]. Fuel, 2020,260:116350.

[33] 张铁岗. 矿井瓦斯综合治理技术[M]. 北京:煤炭工业出版社,2001.

[34] 谢克昌,邱中建,金庆焕,等. 我国非常规天然气开发利用战略研究[M]. 北京:科学出版社,2014.

[35] 刘增正. 前言[G]//地质矿产部华北石油地质局. 煤层气译文集. 郑州:河南科学技术出版社,1990:1-2.

[36] 贺天才,王保玉,田永东. 晋城矿区煤与煤层气共采研究进展及急需研究的基本问题[J]. 煤炭学报,2014,39(9):1779-1785.

[37] 刘见中,沈春明,雷毅,等. 煤矿区煤层气与煤炭协调开发模式与评价方法[J]. 煤炭学报,2017,42(5):1221-1229.

[38] 袁亮,薛俊华,张农,等. 煤层气抽采和煤与瓦斯共采关键技术现状与展望[J]. 煤炭科学技术,2013,41(9):6-11,17.

[39] 袁亮. 卸压开采抽采瓦斯理论及煤与瓦斯共采技术体系[J]. 煤炭学报,2009,34(1):1-8.

[40] 李伟,陈家祥,吴建国. 淮北矿区煤层气综合抽采技术[C]//叶建平,傅小康,李五忠. 2011年煤层气学术研讨会论文集:中国煤层气技术进展. 北京:地质出版社,2011:450-455.

[41] 李伟. 淮北矿业集团瓦斯灾害治理综述[J]. 煤炭科学技术,2008,36(1):31-34.

[42] WANG H,CHENG Y,YUAN L. Gas outburst disasters and the mining technology of key protective seam in coal seam group in the Huainan coalfield[J]. Natural hazards,2013,67(2):763-782.

[43] WANG H,CHENG Y,WANG W,et al. Research on comprehensive CBM extraction technology and its applications in China's coal mines[J]. Journal of natural gas science and engineering,2014,20:200-207.

[44] 王海锋,方亮,程远平,等. 基于岩层移动的下邻近层卸压瓦斯抽采及应用[J]. 采矿与安全工程学报,2013,30(1):128-131.

[45] 李国富,李波,焦海滨,等. 晋城矿区煤层气三区联动立体抽采模式[J]. 中国煤层气,2014,11(1):3-7.

[46] 武华太. 煤矿区瓦斯三区联动立体抽采技术的研究和实践[J]. 煤炭学报,2011,36(8):1312-1316.

第2章 煤层瓦斯成藏及运移产出机理

瓦斯是煤的伴生产物,其形成是伴随着煤储层的形成而生成的。瓦斯的成藏过程又受到煤层埋藏、地质构造演化、岩浆热事件、生气历史等多种因素影响,导致各地区的煤层含气资源差别迥异。本章选择最具代表性的淮北煤田和沁水盆地为例,阐述两处煤田的瓦斯成藏过程以及构造演化和岩浆热事件对煤层瓦斯赋存的控制作用。淮北煤田和沁水盆地不同的煤层瓦斯成藏过程,形成了现今不同的煤层瓦斯展布格局。淮北煤田临涣矿区和宿县矿区在喜马拉雅期下降沉积,为瓦斯的保存提供了条件,瓦斯含量高;而宿北断裂以北的濉萧矿区和丰涡断裂以西的涡阳矿区则相对上升,遭受剥蚀,瓦斯逸散严重,使得这两个矿区煤层瓦斯含量很低。沁水盆地的晋城—翼城、临汾—洪洞和沁源—沁县三个地区瓦斯保存条件好,含气量高;而霍州汾西一带保存条件较差,煤层瓦斯逸散消失。

瓦斯作为一种非常规天然气,其储层与常规石油天然气储层相比,具有许多独有的特点。储层为煤、气、水三相共存,为由微孔隙和天然裂隙组成的双重孔隙系统,微孔隙系统非常发育,吸附能力很强。瓦斯的运移过程非常复杂,包含解吸—扩散—渗流三个阶段[1],这三个过程也称为瓦斯流动过程。瓦斯的解吸、扩散及渗流机理是瓦斯抽采的理论基础,因此,加强对瓦斯解吸、扩散、渗流机理的研究具有非常重要的理论及实际意义。瓦斯运移产出机理如图 2-1 所示。

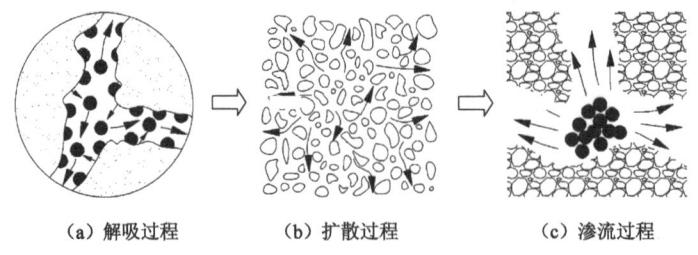

（a）解吸过程　　　　　（b）扩散过程　　　　　（c）渗流过程

图 2-1　瓦斯产出机理示意图[2]

在煤体中,吸附瓦斯和游离瓦斯在外界条件下处于动平衡状态,吸附状态的瓦斯分子和游离状态的瓦斯分子处于不断地交换之中。当外界的瓦斯压力和温度发生变化或给予冲击和震荡、影响分子的能量时,则会破坏其动平衡产生新的平衡状态。当地面钻井或井下瓦斯抽采钻孔进入煤层后,这种动平衡被破坏,形成压力差和浓度差,煤层内瓦斯的渗流和扩散运动便同时开始进行。煤层瓦斯的运移包含解吸—扩散—渗流三个阶段,在煤层瓦斯抽采初期,三阶段正好相反。由于扩散运动是一个十分缓慢的过程,抽采初期,基质块内的瓦斯来不及扩散到裂缝,流出的瓦斯主要是煤裂缝内的游离瓦斯,此阶段是煤层内部渗流流动的第一阶段。第二阶段是过渡阶段,靠近裂隙煤壁基质块中的瓦斯扩散涌出至裂缝壁面处,裂缝内瓦斯流出后逐渐形成由外到内的浓度差,裂缝浓度低于基质块浓度,瓦斯在这种浓度差作用下,从基质块向裂缝扩散,同时使基质块内固有瓦斯扩散外溢浓度降低。第三阶段,瓦斯已从基质块扩散运移至裂缝内,基质内游离相瓦斯浓度降低,吸附于基质块微孔表面的吸附相瓦斯开始解吸。随着瓦斯的抽采,基质和裂缝压力同时下降,吸附于基质块微孔内壁上的瓦斯随压力下降,不断解吸经扩散作用运移到裂缝壁面进入裂隙[3]。煤层瓦斯含量的下降和突出危险性的消除,就是通过煤层内部瓦斯不断的解吸、扩散、渗流三个环节,并在外界钻孔抽采负压的作用下实现的。

2.1　瓦斯成藏过程及影响因素

我国瓦斯资源分布广泛,但是由于受构造演化、岩浆事件等多种因素的作用,各个地区瓦斯成藏过程各有迥异,导致各地区的煤层含气资源差别各异,下面以淮北煤田和沁水盆地为例,介绍两处煤田的瓦斯成藏过程以及构造演化和岩浆热事件对煤层瓦斯赋存的控制作用。

2.1.1　淮北煤田瓦斯成藏及影响因素

淮北煤田位于华北板块东南缘,豫淮坳褶带东部,徐宿弧形推覆构造南段,东以郯庐断裂为界与华南板块相接,北为华北沉陷区,西邻太康隆起和周口坳陷,南以蚌埠隆起与淮南煤田相望,为两淮煤田沉积区的北部,包括鲁西断隆和华北断坳两个二级构造的部分地区。淮北煤田区内构造复杂,NNE 向的灵璧武店断裂、固镇长丰断裂、丰县口孜集断裂与 EW 向的丰沛断裂、宿北断裂、光武固镇断裂纵横交织,将煤田构造分布切割成网状,如图 2-2 所示。

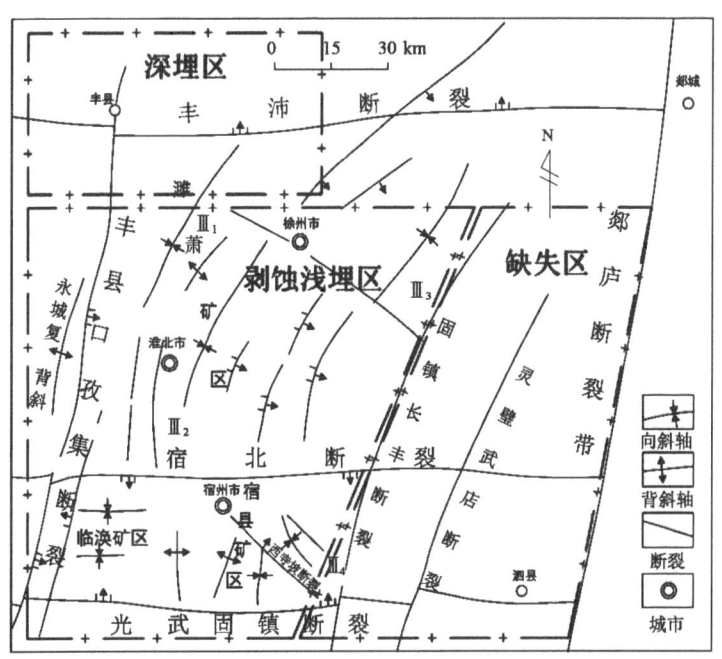

Ⅲ₁—萧西背斜;Ⅲ₂—闸河背斜;Ⅲ₃—贾汪向斜;Ⅲ₄—宿东向斜。

图 2-2　淮北地区区域构造纲要图[4]

2.1.1.1　淮北煤田瓦斯成藏过程

淮北煤田瓦斯生成明显受构造-热演化过程控制,并可划分为以下三个阶段[5]:

阶段Ⅰ:三叠纪至晚侏罗世早期,随着扬子板块向华北板块俯冲和大别—苏鲁造山带的形成,地处前陆褶皱冲断带的淮北煤田,发生强烈构造作用,形成了自东向西的徐州—宿州逆冲推覆构造,地壳明显加厚,煤层埋深迅速增加,二叠纪含煤地层在中-晚侏罗世达到最大埋深(3 000 m 左右)。此阶段,盆地基底热流持续上升,并在晚侏罗世达到峰值;煤层经历的最高古地温达 140～180 ℃,发生强烈变形变质作用,普遍为肥煤级,局部达到焦煤级,有利于热成因瓦斯生成。

阶段Ⅱ:晚侏罗世大别—苏鲁碰撞造山作用趋于结束,由挤压隆升转变为伸展拆离,淮北煤田二叠纪含煤地层相对抬升,其上覆地层遭受大量剥蚀;晚白垩世,煤系地层被抬升至近地表甚至出露。该阶段虽然发生了岩浆侵入事件,但是由于岩浆活动的范围十分有限,不足以影响区域热力场,所以古热流值普遍表现为持续降低。在此阶段,相当部分的热成因吸附气受煤系蚀顶卸载的影响而解吸、散失,煤储层普遍呈不饱和状态。

阶段Ⅲ:古近纪之后,随着盆地恢复沉降、接受沉积,盆地热流值降低速度明显变缓,并保持稳定,煤层一度处在 27～50 ℃。研究表明,煤层只有达到或超过上一次演化温度时才能大量二次生烃。此外,当温度在 35～42 ℃时,如遇合适的水-动力地质条件,则非常适于甲烷生成菌的繁殖,从而产生大量次生生物成因气。由此推测,本阶段研究区煤层可能在适宜的温度下生成次生生物气,次生生物气很可能也是淮北煤田瓦斯的重要组成部分。淮北煤田石炭-二叠纪煤系地层埋藏演化史如图 2-3 所示。

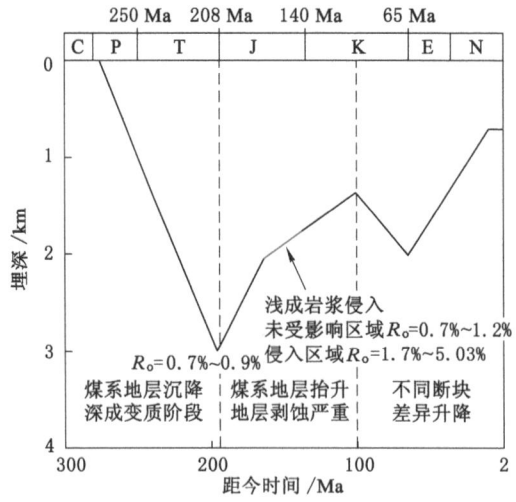

图 2-3　淮北煤田石炭-二叠纪煤系地层埋藏演化简图[6]

2.1.1.2　构造演化对煤层瓦斯赋存的控制作用

淮北煤田石炭-二叠纪含煤地层厚约 1 200 m,经历了稳定的地台阶段和后期印支、燕山和喜马拉雅多期构造运动的强烈变动和改造,最后又经过断块差异升降阶段最终形成如今的复杂构造格局。现今煤系地层保存厚度不一,有的地区快速抬升而被大量剥蚀,而有的地区继续沉降形成深埋区。根据物探和钻探资料,淮北煤田煤系残留和分布情况大致可分为缺失区(东部区域)、剥蚀浅埋区(中部区域)和深埋区(西北区)[4],如图 2-2 所示。

　　固镇—长丰断裂以东为煤系缺失区,震旦系大面积分布,石炭-二叠纪地层即使曾经沉积过也已被剥蚀殆尽。

　　夏邑—阜阳断裂以西的周口坳陷和丰沛断裂南端的黄口沉降带属于深埋区,在历次地质历史时期中基本以沉降为主,因而煤系保存完整,一般残留厚度大于 1 100 m,煤系顶面埋藏深度也大于 2 000 m,以现有的技术条件无法对该区域的煤炭资源进行开发利用。

　　固镇—长丰断裂以西至夏邑—阜阳断裂之间为剥蚀浅埋区,淮北煤田绝大多数的生产矿井便位于该区域。该区域石炭-二叠系残留厚度 600~1 000 m,上覆地层主要为古近、新近系和第四系,大部分地区缺失三叠系或侏罗-白垩系,上石盒子组部分被剥蚀,局部有石千峰组保留。蒋河、南坪向斜是区内石炭-二叠系保存较完整的地区,煤系残留厚度在 1 000 m 以上,其余地区,如闸河、宿东、宿南向斜一带,煤系残留厚度为 600~800 m。临涣至涡阳一带煤系残留厚度有小于 400 m 者,局部地区甚至出现背斜轴部煤系被完全剥蚀掉的情况。剥蚀浅埋区煤系顶面埋深为 0~2 000 m,其中萧县背斜以东、宿北断裂以北地区,如闸河向斜至皇藏峪复背斜一带,煤系的埋深为 0~100 m;宿北断裂以南、丰沛断裂以东、界首—五河断裂以北地区,如蒋河向斜、宿东向斜、宿南向斜、临涣至涡阳一带,埋深为 100~300 m,南坪向斜和宿南向斜等地局部有埋深超过 300 m 的区域。

　　淮北煤田在印支运动晚期迅速抬升使煤系地层遭受风化剥蚀,煤层瓦斯的保存条件遭到破坏;燕山期的伸展拉张作用使煤田内形成大量正断层,导致煤层瓦斯进一步逸散。喜马拉雅期,丰涡断裂、固镇长丰断裂和宿北断裂等控制断裂所导致的不均匀沉降,使得宿北断裂以南、丰涡断裂以东的临涣和宿县矿区下降接受沉积,为瓦斯的保存提供了条件;而宿北断裂以北的濉萧矿区和丰涡断裂以西的涡阳矿区则相对上升,遭受剥蚀,瓦斯逸散更趋严重,使得这两个矿区煤层瓦斯含量要低得多,而且煤层 CH_4 浓度普遍低于 80%。

　　宿县矿区的瓦斯含量之所以高于临涣矿区,原因在于印支期末期至燕山早期的北西西向逆冲推覆以及后来燕山中晚期和喜马拉雅期构造运动的改造,上述构造运动导致宿县矿区以压性的断裂构造为主,利于瓦斯的保存;而临涣矿区则主要发育张性断裂,瓦斯易于散逸,最终使得淮北煤田东南部的宿县矿区瓦斯含量较高。

2.1.1.3　岩浆热事件对煤层瓦斯赋存的控制作用

　　淮北含煤地层在形成过程中受到多次构造运动的影响,同时先后经历了多期的岩浆侵入活动,其中以燕山期侵入的岩浆对煤层影响最大。由于侵入岩浆的特征和侵入方式的不同,对煤层热演化作用的程度也不同,呈岩床产出的岩浆岩对下伏煤层的影响较大,而呈岩墙产出的岩浆岩热演化影响范围相对较小。考虑到淮北煤田主要受燕山期岩浆的影响,因此这里也仅对燕山阶段岩浆活动对煤层的热演化作用进行分析。

　　由文献[7]和统计的淮北煤田部分矿井镜质组反射率统计表 2-1 可知,淮北煤田除少数矿井为高变质程度的无烟煤外,大多数矿井为气煤、肥煤类,即淮北煤田大部分区域煤的变质程度仍为印支期煤的演化程度,所以可以确定,中生代燕山期岩浆的侵入并没有形成足够大的区域性岩浆热力场,岩浆的热力作用对淮北煤田当时的热力场影响十分有限,并没有大范围地改变整个区域的地层热流值,岩浆热力作用区域仅限于岩浆侵入地区的局部煤层。直接侵入煤层底板和煤层中的岩浆对煤层的热演化作用影响最大,侵入体携带的高温热源使局部煤层热演化程度迅速增加,从原先低变质程度的烟煤迅速增到高变质程度的烟煤和无烟煤,直接与岩浆岩接触的煤层甚至被吞蚀或变质为天然焦。

表 2-1　淮北煤田部分矿井镜质组反射率统计表[8-10]

煤矿	取样地点	镜质组反射率 $R_o/\%$	煤阶	备注	煤矿	取样地点	镜质组反射率 $R_o/\%$	煤阶	备注
芦岭矿	8 煤	0.846	肥煤	未受岩浆岩影响	朱庄矿	7 煤	1.616	焦煤	受岩浆岩影响
	10 煤	0.792				8 煤	1.631		
朱仙庄矿	8 煤	0.764	气煤	未受岩浆岩影响	沈庄矿	7 煤	0.873	肥煤	未受岩浆岩影响
	10 煤	0.720				8 煤	0.873		
卧龙湖矿	10 煤	4.06	无烟煤	距岩浆岩 10 m		10 煤	0.785		
	10 煤	2.74	无烟煤	距岩浆岩 95 m	石台矿	8 煤	2.20	贫煤	受岩浆岩影响
许疃矿	3 煤	0.82	肥煤	未受岩浆岩影响		9 煤	2.21	贫煤	
杨柳矿	8 煤	1.40	焦煤	受岩浆岩影响	祁南矿	10 煤	0.81	肥煤	未受岩浆岩影响
	10 煤	1.18	肥煤		孙庄矿	10 煤	0.93	肥煤	
	10 煤	0.86	肥煤	未受岩浆岩影响	恒源矿	4 煤	1.95	贫煤	受岩浆岩影响
邹庄矿	6_2 煤	0.70	气煤	未受岩浆岩影响		6 煤	2.17	贫煤	
	7_2 煤	0.88~1.75	肥煤~焦煤	受岩浆岩影响	桃园矿	10 煤	0.82	肥煤	未受岩浆岩影响

对淮北煤田内受岩浆热事件影响较大的卧龙湖、杨柳等矿井的研究发现,岩浆侵入所带来的高温高压环境能够使煤层发生二次生烃作用,煤层的变质程度和瓦斯的产出率均大幅得以提高;岩浆的热演化作用使靠近岩浆边界附近煤层的微孔较发育,比表面积变大,煤的瓦斯吸附位增多,吸附瓦斯能力增强;岩浆岩的高温烘烤作用产生的热应力和有机质挥发基质收缩在局部产生的张应力相互叠加,在煤岩的原始孔隙、裂隙以及不均质递变处产生了应力集中,加速了煤岩微裂隙的形成和扩展,使围岩破坏,煤层孔隙裂隙发育,煤层的坚固性系数降低,煤体软分层破碎呈粉状,呈现典型的"构造煤"特征;冷却后的岩浆岩岩性致密、孔隙结构不发育、透气性极差,岩浆岩的存在对瓦斯的积聚起到良好的圈闭作用,成为瓦斯运移的天然屏障。上述多种因素的共同作用使得矿井岩浆岩圈闭区瓦斯极易聚集形成"瓦斯包",在采动影响下极有可能引发煤与瓦斯突出。

2.1.2　沁水盆地瓦斯成藏及影响因素

石炭-二叠纪华北克拉通盆地接受了广泛的含煤沉积,由于印支运动,特别是燕山运动的作用,使地层抬升遭受剥蚀,形成多个晚古生代残留盆地,沁水盆地就是其中的一个[11-12]。沁水盆地位于山西省中南部,其东部和东南部为太行山隆起,西部为霍山隆起(吕梁山隆起的一部分),北部为五台山隆起,西南部为中条山隆起。该残留盆地总体上为一走向 NNE 的宽缓复式向斜,内部构造相对简单,次一级褶皱发育,断层较少。规模较大的断层有两组,一组与盆地长轴方向一致(NNE 向),多构成盆地的边界,另一组为 NEE 向。地层倾角在南北两端相对较小,地层较平缓;中部倾角较大,地层较陡。盆地范围内发育的沉积岩地层为寒武系、奥陶系、石炭系、二叠系、三叠系、侏罗系、古近系、新近系和第四系。主要含煤岩系为石炭系的太原组和二叠系的山西组。沁水盆地构造纲要如图2-4所示。

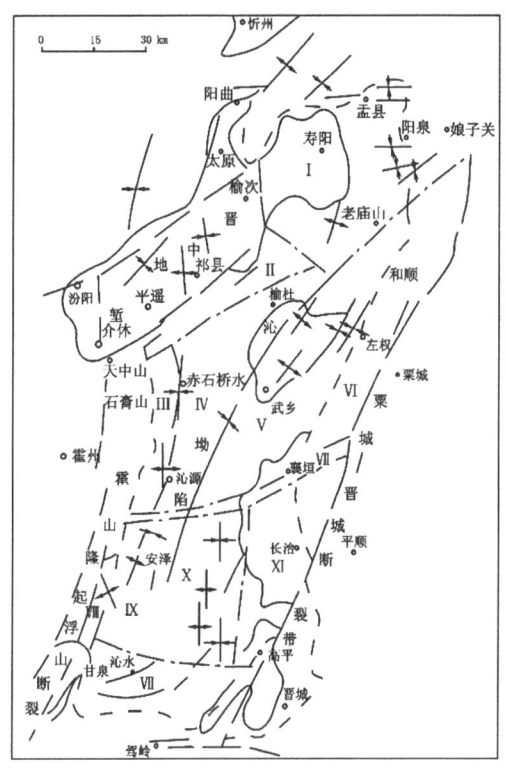

Ⅰ—寿阳—阳泉单斜带;Ⅱ—天中山—仪城断裂构造带;Ⅲ—聪子峪—古阳单斜带;Ⅳ—漳源—沁源带状构造带;
Ⅴ—榆社—武乡带状构造带;Ⅵ—娘子关—坪头单斜带;Ⅶ—双头—襄垣断裂构造带;Ⅷ—古县—浇底断裂构造带;
Ⅸ—安泽—西坪背斜隆起带;Ⅹ—丰宜—晋仪带状构造带;Ⅺ—屯留—长治单斜带;Ⅻ—固县—晋城单斜带。

图2-4　沁水盆地构造纲要图[13]

2.1.2.1　沁水盆地瓦斯成藏过程

沁水盆地位于山西省东南部,为丘陵地貌特征,属温带季风气候,交通、通信便利,区域内水文地质条件属于简单类型,盆地面积约 $3×10^4$ km^2。沁水盆地含煤地层主要为石炭-二叠系含煤段,这一段地层经历的热演化史可分为三个阶段[14-16]:

阶段Ⅰ:晚石炭世至中侏罗世的正常古地温阶段。至今未发现这一阶段有岩浆活动的记录。这时的古地温梯度为 2~3 ℃/100 m[17]。沁水盆地东南部的太原组与山西组的煤层,在二叠纪末期已进入成熟阶段(镜质体反射率达到 0.5%);在三叠纪末期埋深达到最大值时,煤层反射率可达到 1.2% 左右,从而达到了第一次生烃高峰[18]。早侏罗世的抬升造成煤化作用中止,中侏罗世的沉降因没有达到历史上的最大深度,且处于正常古地温状态,所以煤的热演化程度并没有加深,仍保持三叠纪末期的煤级。

阶段Ⅱ：晚侏罗世开始至早白垩世末，由于燕山期构造热事件影响，沁水盆地处于异常古地温阶段。这时的古地温梯度为 4～6 ℃/100 m，甚至更高。燕山期热事件的存在有盆地内的平遥和盆地外西南部的临汾地区出露燕山期岩浆岩侵入体为佐证；同时盆地的南部和北部出现正磁异常，说明深部岩浆岩侵入体的存在[19]。尽管这一阶段盆地基底处于缓慢抬升状态，由于热事件的影响，石炭-二叠系煤层所处的温度已远远超过三叠纪末最大埋深时的温度，第二次煤化作用开始，并达到二次生烃高峰[20]。同时这一热事件引起的煤化作用最终决定了现今煤级的时空格局，之后煤层的煤级不再发生变化。盆地南北两端正是由于隐伏岩体的存在使得这两个地区的煤级普遍较高。伴随岩浆侵入事件的高热流，或伴随地下水运移的热对流，在盆地的南北两端造成了异常高的热成熟作用。

阶段Ⅲ：进入第三纪以来沁水盆地重新回到了正常古地温状态，古地温梯度为 2～3 ℃/100 m。大部分地区处于隆起剥蚀阶段，尽管在喜马拉雅运动期间形成的一些地堑沉降幅度较大，但没能使煤层超过历史上的最高受热温度，煤化作用停滞。该阶段对于瓦斯的保存至关重要。沁水盆地埋藏史与热史如图 2-5 所示。

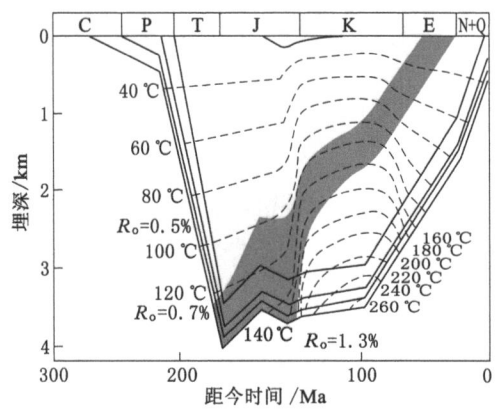

图 2-5　沁水盆地埋藏史与热史[13]

2.1.2.2　构造演化对煤层瓦斯赋存的控制作用

构造活动起着控制盆地演化、沉积、有机质保存、煤层埋深、热演化过程、岩浆活动等的作用，煤层气藏是在这些因素共同作用、在时空上高效合理配置形成的。沁水盆地的煤层有两次生烃，这两次生烃都是在构造运动影响下发生的[16,21]。

在沁水盆地，印支期的水平挤压应力场对于沁水盆地的影响不大，并未在其内部形成形迹明显的地质构造，仅在盆地南缘（阳城以南）下古生界碳酸盐岩地层中形成了一些褶皱构造和逆掩断层，而阳城以北则未见到类似构造，很可能表现为地壳抬升。同时，山西组底界面在印支期末的埋深普遍超过 2 500 m，足以使有机质在正常的地温梯度下生烃，构造对于瓦斯保存条件的影响可能只局限于因抬升卸压而导致的瓦斯有限扩散。

燕山期，华北板块南北边缘的两条造山带再次经受造山作用，中国东部的构造发展逐步置于环太平洋构造域的控制之下，在中国东部产生了挤压应力。沁水盆地在这一时期的区域构造应力场与整个中国东部的区域构造应力场基本一致，但应力强度却较弱。在挤压应力作用下，地壳褶皱抬升，形成十分宽缓的沁水块坳、次级褶皱构造和高角度正断层，奠定了沁水盆地煤层的总体格局。在燕山期，沁水盆地整体抬升，卸压脱气而发生运移，二次生气作用发生,构造演化与生气作用的有利配置使得次级褶皱构造成为主要的控气构造类型。燕山期二次生气作用强烈的盆地南、北仰起端地区,煤层含气量显著高于盆地内部的其他地区。但是,主要发育于盆地两翼边浅部的开放型高角度正断层,使瓦斯在一定程度上逸散,瓦斯风化带变深,从而导致相似埋深水平上的含气量降低。

喜马拉雅早期,沁水盆地所在的太行山以西地区则处于相对稳定的抬升态势,并在区域右旋剪切机制下形成近水平挤压应力场或拉张应力场,导致主要发育于盆地两翼边浅部的燕山期高角度正断层的开放性加强,瓦斯在一定程度上的逸散,成为瓦斯风化带变深、相似埋深水平上含气量降低的重要原因。如盆地西北端的东山矿区、东北端的平昔矿区、西翼的沁源矿区、东翼的潞安矿区等。在该期构造应力场作用下,沁水盆地内部也形成了一系列规模较小、叠加在燕山期褶皱之上的次级褶皱。喜马拉雅晚期以来,沁水盆地构造运动演化为以近水平伸展应力场为主,一方面在盆地边缘形成了一系列平移正断层或导致燕山期断层再次活动,另一方面产生了一系列规模较小的近次级褶皱,次级褶皱叠加在燕山期次级褶皱之上,常构成瓦斯局部富集的中心。例如,晋城地区富气带上的富气中心[22]。

2.1.2.3 岩浆热事件对煤层瓦斯赋存的控制作用

燕山末期的岩浆侵入和构造抬升是沁水盆地第二次大的构造运动,由于热事件的影响,岩浆侵入产生了异常高的地温梯度(可高达 6 ℃/100 m),石炭-二叠系煤层所处的温度已远远超过三叠纪末最大埋深时的温度,第二次煤化作用开始,有机质迅速成熟生烃,并达到二次生烃高峰。燕山末期是沁水盆地主要的生烃期,占总生烃量的 60% 以上,这一热事件引起的煤化作用最终决定了现今煤级的时空格局,之后煤层的煤级不再发生变化[15-20]。

沁水盆地石炭-二叠系煤从中挥发分烟煤到低挥发分无烟煤均有分布,由于燕山期古地温场的不均一性,使得煤阶的展布具有南北高、中部低的规律,东部高、西部低的格局,等煤级带呈 NE 向分布,在西北部为低—中变质烟煤,在东北部为中—高变质烟煤和无烟煤,在南部为无烟煤,局部可达超无烟煤,其南部和北部的无烟煤分布区不仅是中国重要的无烟煤工业基地,而且已经成为中国瓦斯勘探开发的热点地区之一。

根据燕山期的岩浆侵入,可将沁水盆地的瓦斯分布归为以下三种类型[13,23]:

第一种类型,包括晋城—翼城、临汾—洪洞和沁源—沁县三个地区,燕山期的岩浆侵入造成的二次生烃作用的历程长,经历了 1~2 个生气高峰阶段,煤化作用停止时已达干气生成阶段,煤层在瓦斯逸散带中停留时间短或从未暴露于瓦斯逸散带中,因此瓦斯的保存条件最好,最具勘探前景。其中,晋城地区是国内目前已知的含气性最好的地带,在国内也不多见。

第二种类型,是瓦斯保存条件中等地区,主要分布在安泽一带,二次生烃作用的历程较长,经历了第一个(湿气)生气高峰阶段,煤化作用停止时已进入干气生成阶段,煤层在瓦斯逸散带临界深度附近停留时间较长,可能导致瓦斯有一定程度逸散,可以通过进一步的瓦斯地质条件的综合研究来确定该区是否具有勘探前景。

第三种类型,是瓦斯保存条件较差地区,主要分布在霍州汾西一带,二次生烃作用历程短,没有经历过生气高峰阶段或仅进入第一个(湿气)生气高峰期,煤化作用中止于湿气的早—中期阶段,煤层在瓦斯逸散带中停留时间长,大面积煤层中的气体基本上已逸散殆尽,从而失去了进一步开展瓦斯地质工作的价值。

从煤层埋藏、受热、生气历史分析可知,山西南部上古生界煤层的含气性在南部相对较好,在中部—东北部为好至中等,在西北部最差。这一展布格局与目前已知的煤层含气性规律是高度一致的。

2.2 煤的解吸原理及解吸模型

2.2.1 煤的解吸原理

煤中的吸附瓦斯,经过漫长的地质年代,已与孔隙内处于压缩状态的瓦斯形成了稳定的平衡状态。掘进巷道或进行钻孔施工会使原来的应力平衡受到破坏,在工作面或钻孔周围形成应力集中,使煤体产生损伤裂隙,煤层渗透率增大,即甲烷—煤基吸附体系由于影响吸附—解吸平衡的条件发生变化时,破坏了吸附平衡状态,吸附气体转化为游离态体系,吸附—解吸动态平衡体系中吸附量减少。在煤矿开采和瓦斯抽采过程中,解吸作用主要通过压力降低来实现。绝大部分煤层瓦斯以物理吸附的形式赋存于煤的基质孔隙中,当煤储层压力降至临界解吸压力以下时,煤层瓦斯开始解吸,由吸附状态转化为游离状态。

瓦斯和煤表面接触后,甲烷气体分子不能立即与所有的孔隙、裂隙表面接触,在煤中形成了甲烷压力梯度和浓度梯度。甲烷压力梯度引起渗流,遵循达西定律。这种过程在大的孔隙系统内占优势。甲烷气体分子在气体浓度梯度的作用下由高浓度向低浓度扩散,这种过程在小孔与微孔体系内占优势。甲烷气体在向煤深部进行渗透—扩散运移的同时,与接触到的煤孔隙表面发生吸附和解吸。因此,就整个过程来说,是渗透—扩散、吸附—解吸的综合过程[2]。如图 2-6 所示。

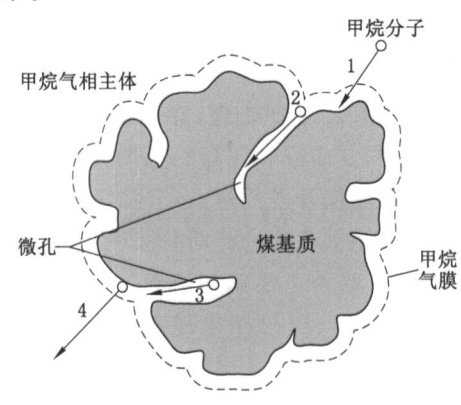

1—外扩散过程;2—内扩散过程;3—内反扩散过程;4—外反扩散过程。

图 2-6 煤基质吸附甲烷过程示意图

(1)渗透过程是吸附全过程的第一步。在一定甲烷压力梯度下,甲烷分子在煤体大孔隙系统中渗透,在煤基质外表面形成甲烷气体气膜。

(2)外扩散过程是煤基质外围空间的甲烷分子沿图中符号"1"所示方向穿过气膜,扩散到煤基质表面的过程。

(3)内扩散过程是甲烷分子沿着符号"2"所示方向进入煤基质微孔隙中,扩散到煤基质内表面的过程。

(4)吸附过程是到达煤基质孔隙内表面的甲烷分子吸附在煤孔隙表面的过程。

(5)解吸过程是吸附在煤孔隙表面甲烷分子离开煤基质孔隙内表面的过程,解吸过程和吸附过程是同时进行的。

（6）内反扩散过程是指解吸甲烷分子沿着符号"3"所示的方向扩散到煤基质外表面气膜的过程。

（7）外反扩散过程是指煤基质外表面气膜中甲烷分子沿着符号"4"所示的方向扩散到甲烷气相主体中的过程。

煤的吸附—解吸平衡就是以上几个过程的动态转换过程,不同的情况下由不同的步骤起主导作用。

2.2.2　影响瓦斯解吸性能的主要因素

2.2.2.1　瓦斯压力

煤的原始瓦斯压力不但表征煤中瓦斯含量的大小,而且提供煤中瓦斯脱附所需动力。图 2-7 为不同压力条件下淮北祁南矿 7 煤瓦斯解吸量与时间的关系曲线。从图中可以看出不同吸附平衡压力下,煤样的解吸规律不同,煤样的瓦斯解吸量与时间呈近似于抛物线的正相关性,在不同解吸时间内高压力曲线皆位于低压力曲线的上方。初始时刻,瓦斯解吸速度大,衰减快。随着时间的延长解吸瓦斯量逐渐增加,解吸速度逐渐变小。不同平衡吸附压力下,解吸曲线不同,同一解吸时间区间内,吸附平衡压力越高,解吸瓦斯量越大。

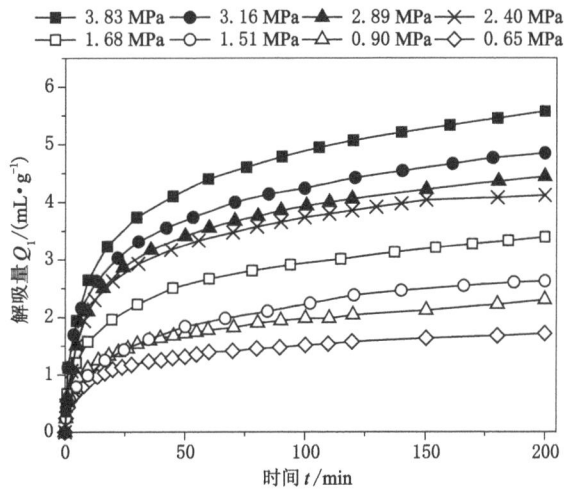

图 2-7　不同压力条件下淮北祁南矿 7 煤瓦斯解吸曲线

2.2.2.2　煤的破坏类型

空气介质中煤的瓦斯解吸过程研究结果表明,在相同的吸附平衡压力下,构造煤向空气介质中卸压释放瓦斯的初速度以及在给定解吸时间内的累计解吸瓦斯量均大于原生煤。同样,煤的破坏类型差异对泥浆介质中煤的非等压解吸过程也会具有相同的影响效应。煤破坏类型的影响作用与煤的吸附瓦斯性能影响作用是类似的,因为对于同一变质程度的煤层而言,构造煤和原生煤虽然朗缪尔体积相差不多,但前者的朗缪尔压力比后者要小很多,瓦斯吸附平衡速度快,其瓦斯解吸速度也快。如山西大宁煤矿原生结构煤与构造共生条件下的煤样,原生煤的朗缪尔体积为 51.89 m^3/t、朗缪尔压力为 1.38 MPa,而构造煤的朗缪尔体积为 50.77 m^3/t、朗缪尔压力为 1.10 MPa。

2.2.2.3　煤的粒度

　　煤样粒度的大小首先会影响煤的总表面积,其次影响气体分子进入煤粒内部的孔隙。文献[24-25]为不同破坏类型的煤的粒度对瓦斯解吸过程的影响,采用固定解吸温度(30 ℃)和固定瓦斯吸附平衡压力(0.5 MPa)的方式,分别对里王庙矿 6 煤和白庄矿二$_1$煤软分层的不同粒度煤样进行瓦斯解吸过程实验分析,结果如图 2-8 和图 2-9 所示。

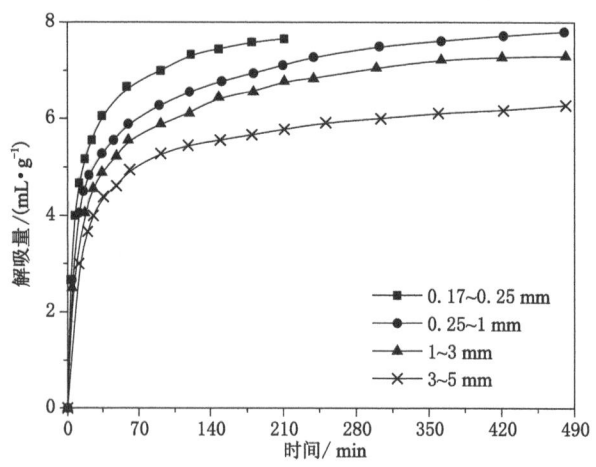

图 2-8　里王庙矿 6 煤不同粒度煤样瓦斯解吸量随时间变化曲线[24]

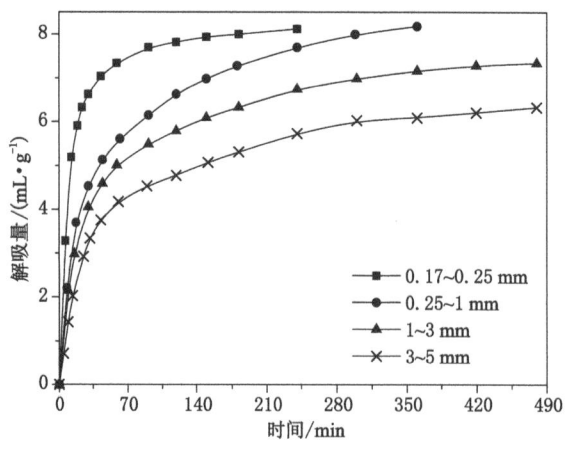

图 2-9　白庄矿二$_1$煤软分层不同粒度煤样瓦斯解吸量随时间变化曲线[25]

　　由图中分析可以看出:① 吸附平衡压力相同的条件下,粒度越小的煤样在相同时段内的瓦斯解吸总量越大;② 无论何种粒度的煤样,其瓦斯解吸总量与时间的关系曲线属于有上限单调增函数;③ 煤样的瓦斯解吸总量曲线存在一条最大水平渐近线和若干条极值水平渐近线;④ 对相同煤质、相同破坏类型的煤样而言,粒度的大小反映解吸出来的路径长短和阻力大小。在其他解吸条件相同时,粒径越大,瓦斯从煤中解吸出来的阻力也就越大,单位时间的解吸瓦斯强度和在给定时间下的解吸瓦斯量就越小。但粒度增大到某一值 d_0 后,再增大粒度,V_1(瓦斯解吸初速度)值几乎不改变,如图 2-10 所示,d_0 称之为煤的最小自然粒径[26]，它与煤的结构破坏程度有关，不同煤质、不同破坏类型的煤有不同的最小自然粒径。

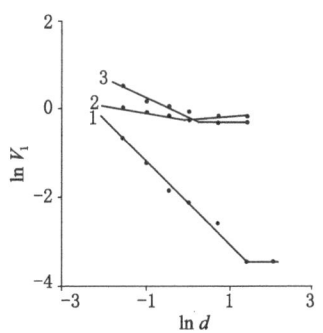

1—白庄软煤；2—里王庙煤；3—白庄硬煤。

图 2-10　瓦斯解吸速度 V_1 与粒度 d 关系[26]

2.2.2.4　煤的内在水分

国内外的研究结果表明[27-29]，煤对瓦斯的解吸能力随着水分含量的增加而降低，直到临界水分含量为止。图 2-11 给出了不同矿区煤样在 30 ℃恒温、瓦斯吸附平衡压力为 1.5 MPa 条件下，煤样解吸量随水分含量的变化规律测定结果[30]。从图中可以看出，水分

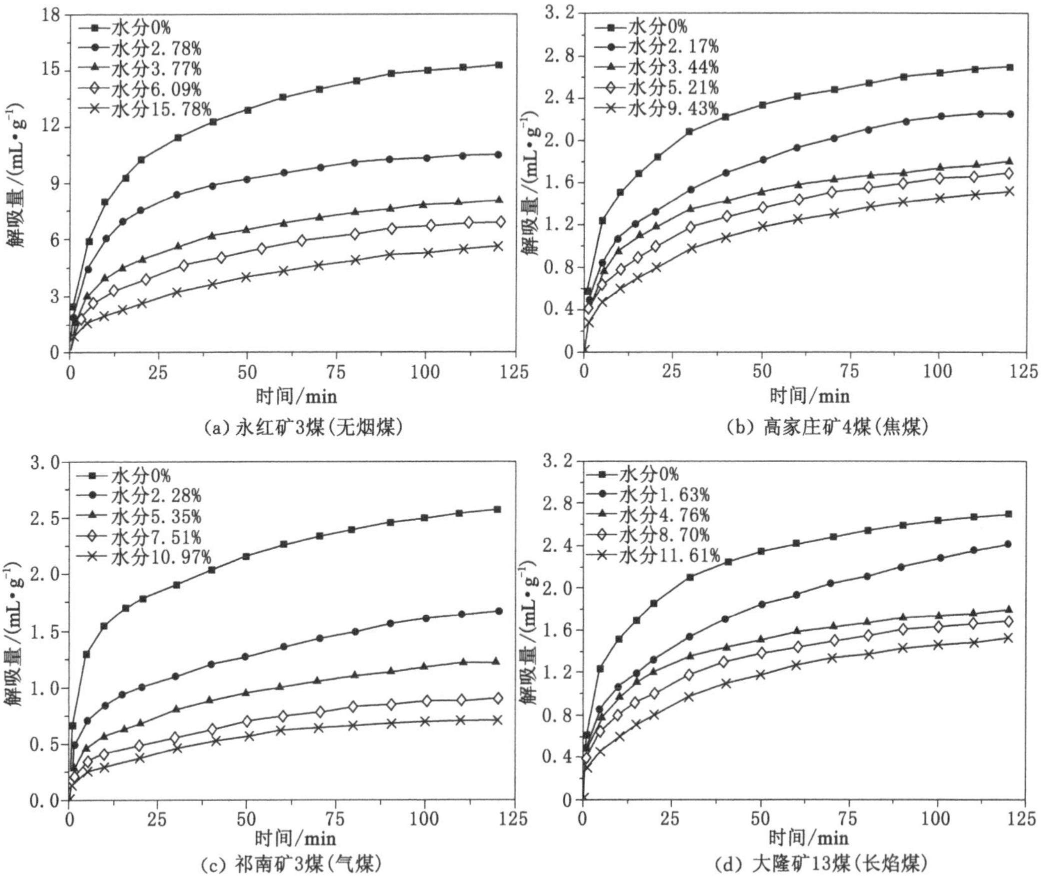

（a）永红矿3煤（无烟煤）

（b）高家庄矿4煤（焦煤）

（c）祁南矿3煤（气煤）

（d）大隆矿13煤（长焰煤）

图 2-11　不同矿区煤样解吸量随水分含量的变化规律

作为阻止煤吸附与解吸瓦斯的因素之一,水分含量越高,煤中瓦斯的解吸速度越低,瓦斯极限解吸量越小。虽然水分对瓦斯吸附和解吸有影响,但是在地勘解吸法实测煤层瓦斯含量时可以不予考虑,因为原始煤体中无论粒度大小和破坏类型,一旦取样地点相同,煤中内在水分含量是基本相等的,对解吸过程的阻力也是恒定的。

2.2.2.5 温度

在其他条件一定时,温度越高,瓦斯解吸速度和解吸量就越大。辽宁铁法矿区曾经有这样一种测试现象,两个相距不足 500 m 的地面钻孔,使用同样的设备、同样的人员,用同样的方法,秋季施工的钻孔测得的煤层瓦斯含量为 11.43 m³/t(推算损失量为 4.12 m³/t)。另一个在 -20 ℃的冬季施工的钻孔测得煤层瓦斯含量仅为 7.6 m³/t(推算损失量为 0.76 m³/t)。经分析,这两个钻孔在秋、冬季施工时,孔内循环泥浆因低温效应两者温差不足 5 ℃,煤样在取芯过程的实际漏失瓦斯量不会相差太大,秋季施工的钻孔取出煤样做解吸测定时的气温与钻孔泥浆温度接近。冬季施工的钻孔取出的煤样则是在 -20 ℃下进行的解吸试验,由于冬季温度低,瓦斯解吸测定量非常小,推算出的采样漏失瓦斯量仅为秋季施工钻孔煤样漏失瓦斯量的六分之一,漏失量推算差异是两孔含量差异的根本原因。在寒冷地区冬季施工钻孔测定煤层瓦斯含量时,应模拟钻孔介质温度对煤样采取升温和保温措施,否则会产生较大的误差。

2.2.3 煤的瓦斯解吸模型

国内外不少学者对空气介质中颗粒煤的瓦斯解吸规律进行过大量的研究,提出了许多煤的瓦斯解吸规律的统计或经验公式。由于研究角度的不同和研究对象条件的差别,经验公式在揭示煤中瓦斯解吸规律上既有合理的,也有不合理的成分。下面介绍几种具有代表性的瓦斯解吸量计算公式。

英国学者巴勒(Barrer)[31]基于天然沸石对各种气体的吸附过程测定,认为吸附和解吸是可逆过程,气体累计吸附量和解吸量与时间的平方根成正比:

$$\frac{Q_t}{Q_\infty} = \frac{2s}{V}\sqrt{\frac{Dt}{\pi}} = k\sqrt{t} \tag{2-1}$$

式中　Q_t——从开始到时间 t 时的累计解吸气体量,cm³/g;

$\quad\quad Q_\infty$——极限吸附或解吸气体量,cm³/g;

$\quad\quad s$——单位质量试样的外表面积,cm²/g;

$\quad\quad V$——单位质量试样的体积,cm³/g;

$\quad\quad t$——吸附或解吸时间,min;

$\quad\quad D$——扩散系数,cm²/min。

德国学者温特(Winter)和贾纳斯(Janas)[32]研究发现,从吸附平衡煤中解吸出来的瓦斯量取决于煤的瓦斯含量、吸附平衡压力、时间、温度和粒度等因素,解吸瓦斯含量随时间的变化可用幂函数表示:

$$Q_t = \left(\frac{u_1}{1-k_t}\right)t^{1-k_t} \tag{2-2}$$

式中　u_1——$t=1$ 时的瓦斯解吸速度,cm³/(g·min);

$\quad\quad k_t$——瓦斯解吸速度变化特征指数。

式(2-2)中 k_t 不能等于1,在瓦斯解吸的初始阶段,计算值与实测值较为一致,但当时间

t 很长时,计算值与实测值之间的误差有增大的趋势。

苏联学者彼特罗祥(Петросян)[33]认为煤的瓦斯解吸按达西定律计算得到的数据与实测数据有较大的出入,他未在理论上对此进行深入研究,但在实测数据的统计分析基础上得到了与实测数值较吻合的经验公式:

$$Q_t = u_0 \left[\frac{(1+t)^{1-n_1} - 1}{1 - n_1} \right] \tag{2-3}$$

式中 u_0——$t=0$ 时的瓦斯解吸速度,$cm^3/(g \cdot min)$;

  n_1——取决于煤质等因素的系数。

英国学者艾雷(Airey)[34]研究煤层瓦斯涌出时,将煤看作是由分离的包含有裂隙的"块体"的几何体,每个块体尺寸各有不同,由此出发建立了以达西定律为基础的煤的瓦斯涌出理论,并提出了如下的煤中瓦斯解吸量与时间的经验公式:

$$Q_t = Q_\infty \left[1 - e^{-(\frac{t}{t_0})^{n_2}} \right] \tag{2-4}$$

式中 t_0——时间常数;

  n_2——与煤中裂隙发育程度有关的常数。

Airey 的经验公式强调的是煤块,且是富含裂隙的块体,块体与块体之间的裂隙构成了煤的渗透孔容。从生产实践上看,当煤的破坏程度不是极强烈时,将煤层简化成这种"块体"结构是比较合理的,若煤破坏极强烈(如粉煤或软分层)或人为采集的小粒度煤样,煤中就会含有较大比例的微孔和过渡孔,渗透率孔容所占比例相对减少,此时,煤的瓦斯解吸用菲克定律可能会更好。

澳大利亚学者博尔特(Bolt)和吉尼斯(Jinnes)[35]通过对各种变质程度的煤的瓦斯解吸过程的实验测试,认为瓦斯在煤中的解吸过程和瓦斯通过沸石的扩散过程非常类似:

$$\frac{Q_t}{Q_\infty} = 1 - Ae^{-\lambda t} \tag{2-5}$$

式中 A, λ——经验常数。

我国学者王佑安和杨思敬[36]利用重量法测定煤样瓦斯解吸速度后,认为煤屑瓦斯解吸量随时间的变化符合朗缪尔型方程:

$$Q_t = \frac{A_t Bt}{1 + Bt} \tag{2-6}$$

式中 A_t, B——解吸常数。

我国学者孙重旭[37]通过对煤屑瓦斯解吸规律的研究,认为煤样粒度较小时,煤中瓦斯解吸主要为扩散过程,其解吸瓦斯含量随时间的变化可用幂函数表示:

$$Q_t = A_i t^i \tag{2-7}$$

式中 A_i, i——与煤的瓦斯含量及结构有关的常数。

我国许多学者认为煤屑的瓦斯解吸时间的衰变过程与煤层钻孔中的瓦斯涌出衰减过程类似,均可用下式来描述:

$$Q_t = \frac{u_0}{b_v} (1 - e^{-b_v t}) b_v \tag{2-8}$$

式中 b_v——瓦斯解吸速度随时间衰变系数。

我国学者王兆丰[24]采用不同变质程度的煤样,在不同粒度、瓦斯压力(瓦斯含量)和介质压力条件下,模拟煤样在水和泥浆介质中的瓦斯解吸过程。对各煤芯煤样模拟提钻过程

瓦斯解吸测定数据进行曲线拟合,结果表明,泥浆介质中煤芯瓦斯解吸过程 Q-t 之间遵循如下规律:

$$Q_t = u_0 \left[\frac{(1+t)^{1+n_2} - 1}{1+n_2} \right] \tag{2-9}$$

式中 n_2——系数。

式(2-9)在形式上和描述空气介质中的式(2-3)是完全相同的,但它们所表述的物理过程及物理意义却是完全不一样的。在空气介质中彼特罗祥式指数为 $(1+n_1)<1$,说明煤中瓦斯解吸为衰减过程;在式(2-9)中,指数 $(1+n_2)>1$,表明泥浆介质中提钻取芯过程,煤芯瓦斯解吸在整体趋势上是增速过程。

2.3 孔隙中瓦斯扩散过程及模型

2.3.1 瓦斯扩散过程

扩散源于一个相中随机的粒子运动,指的是由于分子自由运动使得物质由高浓度体系运动到低浓度体系的浓度平衡过程[38]。通常把煤看作是微孔隙体来讨论瓦斯在煤颗粒中的扩散过程,属于气体在多孔介质中的扩散。各种采掘工艺活动,例如开采过程中落煤的瓦斯涌出、突出发展过程中破碎煤的瓦斯涌出、用于预测突出危险性时所用的煤钻屑瓦斯解吸指标等,都是以煤的瓦斯扩散为依据。

煤中瓦斯运移是一个很复杂的过程,从分子运动观点来看,气体分子在孔隙壁上的吸附和解吸是瞬间完成的[39]。但实际上瓦斯在煤体内的流动需要一定的时间,这是因为瓦斯在煤中通过各种不同大小的孔隙扩散出来并经过裂隙涌出时要克服阻力。在研究煤瓦斯运移规律时,双重孔隙介质模型为国内外学者普遍接受[40-41]。在该模型中,煤被看成是由含孔隙的煤基质和裂隙组成的。根据该理论,煤瓦斯的运移过程如图 2-12 所示[42]。从图中可以看出,首先是煤基质孔隙内表面吸附瓦斯脱附后转变为游离态气体,然后气体从煤基质孔隙中扩散进入煤基质周围的裂隙中,最终从煤中流出。

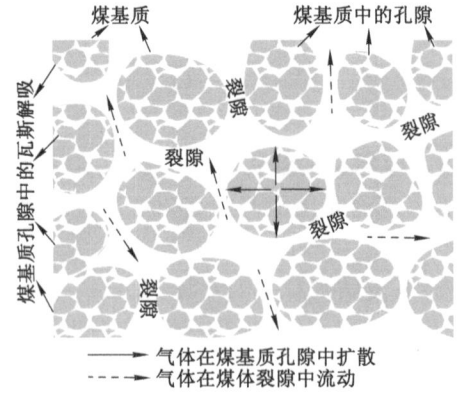

图 2-12 煤基质瓦斯扩散及裂隙瓦斯渗流示意图

扩散一般是指煤中瓦斯从煤基质孔隙运移进入煤的裂隙的过程。为了从数学角度定量地描述该过程,人们通常使用下式[38,43]:

$$J = -D \frac{\partial c}{\partial x} \tag{2-10}$$

式中 J——扩散流通量,m/s;

D——扩散系数,是扩散"速率"的量度,m^2/s;

c——扩散组分的浓度,kg/kg;

$\frac{\partial c}{\partial x}$——浓度梯度。

公式中的负号表示扩散流通量的方向与浓度梯度的方向相反,即扩散流通量是从高浓度到低浓度,而浓度梯度是从低浓度到高浓度。

上式是由德国生理学家菲克(Adolf Fick)最早提出的,所以称为菲克定律或菲克第一定律。菲克第一定律是一个宏观的关系式,并不涉及扩散系统内部分子运动的微观过程。该定律既适用于稳态扩散过程,亦可以描述非稳态扩散过程。由于扩散现象是由微观离子的随机运动引起的,因此菲克扩散方程的解往往是统计学上的函数,比如高斯分布函数和误差函数[38]。

煤是一种复杂的多孔介质,为了方便求解,通常对煤作出以下假设:

(1)煤屑由球形颗粒组成;

(2)煤颗粒为均质、各向同性体;

(3)瓦斯流动遵循连续性原理;

(4)扩散系数与浓度、时间和坐标无关;

(5)煤屑瓦斯解吸为等温条件下的解吸过程。

2.3.2 煤的瓦斯扩散数学模型

大多数研究者认为煤粒的瓦斯扩散运动符合经典的菲克扩散定律,但是菲克扩散定律只是将扩散流通量与浓度联系起来,并没有提供一个求解浓度演化的方程。一般来讲,扩散问题中组分的浓度与时间和空间都有关系,即 $c = c(x,t)$,其中 x 表示一维方向上的位置。所以,一个求解 $c(x,t)$ 的方程必须含有分别对 t 和 x 的微分,即必须用偏微分方程才能描述浓度 c 随 t 和 x 的变化规律。为此,还需要引入另一个将通量和浓度联系起来的方程,该方程为质量守恒方程:

$$\frac{\partial c}{\partial t} = -\frac{\partial J(x)}{\partial x} \tag{2-11}$$

将菲克第一定律和质量守恒方程联立起来,可得到:

$$\frac{\partial c}{\partial t} = D \frac{\partial^2 c}{\partial x^2} \tag{2-12}$$

将煤体颗粒假设成小球体,则式(2-12)的球坐标形式如下:

$$\frac{\partial c}{\partial t} = D\left(\frac{\partial^2 c}{\partial r^2} + \frac{2}{r}\frac{\partial c}{\partial r}\right) \tag{2-13}$$

式中 t——扩散时间,s;

r——煤颗粒瓦斯扩散半径,m。

式(2-12)和式(2-13)均为最基本的扩散方程,在许多初始条件和边界条件下都存在解析解,大多更复杂的扩散问题也都可以经过一定的变化转化为上述方程。选择的边界条件不同,由菲克模型得出的解析解也不同。在众多边界条件中,最为常用的为狄利克雷边界条件,即第一类边界条件。下面以此为例求解扩散方程的解析解。

令 $u = cr$,代入式(2-13),化简整理可得:

$$\frac{\partial u}{\partial t} = D \frac{\partial^2 u}{\partial r^2} \tag{2-14}$$

初始条件和边界条件为:

$$\begin{cases} u = 0(r = 0, t > 0) \\ u = r_1 c_1(r = r_1, t > 0) \\ u = rc_0(0 < r < r_0, t = 0) \end{cases} \tag{2-15}$$

式中　c_0——初始吸附平衡瓦斯浓度,kg/kg;

　　　c_1——煤颗粒表面的瓦斯浓度,kg/kg;

　　　r_1——煤颗粒的外半径,m。

因此,扩散方程就转化为对一非齐次边界条件的二阶抛物线偏微分方程进行求解。采用分离变量法,可得[43]:

$$\begin{cases} c = c_1 - (c_0 - c_1)\frac{2r_1}{\pi r}\sum_{n=1}^{\infty}\left[\frac{(-1)^n}{n}e^{-(\frac{n\pi}{r})^2 Dt}\sin\frac{n\pi r}{r_1}\right] \\ c\big|_{r=0} = c_1 - 2(c_0 - c_1)\sum_{n=1}^{\infty}\left[(-1)^n e^{-(\frac{n\pi}{r_1})^2 Dt}\right] \end{cases} \tag{2-16}$$

对上式积分,可得到离开球体的物质总量:

$$\frac{Q_t}{Q_\infty} = 1 - \sum_{n=1}^{\infty}\left[\frac{6}{(n\pi)^2}e^{-(\frac{n\pi}{r_1})^2 Dt}\right] \tag{2-17}$$

式中　Q_∞——当 $t \to \infty$ 时的累计煤粒瓦斯解吸量,mL/g,$Q_\infty = 4\pi r_1^2(c_1 - c_0)/3$。

上式是一无穷级数,可以采用 MATLAB 编程进行理论求解,通过实际解算发现,当 $n \geq 7$ 时,即可以得到稳定的 D 值。

但是,式(2-16)太烦琐,不适合在实际工程实践中应用。为了使扩散方程的解析解能够很方便地应用于工程实践,有学者[38,43]采用误差函数的形式对扩散方程的解析解进行了解算,并得到如下形式:

$$\begin{cases} c = c_0 - (c_0 - c_1)\frac{r_1}{r}\sum_{n=0}^{\infty}\left[\text{erfc}\frac{(2n+1)r_1 - r}{\sqrt{4Dt}} - \text{erfc}\frac{(2n+1)r_1 + r}{\sqrt{4Dt}}\right] \\ c\big|_{r=0} = c_0 - (c_0 - c_1)\frac{2r}{\sqrt{\pi Dt}}\sum_{n=0}^{\infty}e^{-(2n+1)^2 r_1^2(4Dt)} \end{cases} \tag{2-18}$$

式中　$\text{erfc}(z)$——余误差函数。

对式(2-17)积分可得:

$$\frac{Q_t}{Q_\infty} = \frac{6\sqrt{Dt}}{r_1}\left[\frac{1}{\sqrt{\pi}} + 2\sum_{n=1}^{\infty}\text{ierfc}(\frac{nr_1}{\sqrt{Dt}})\right] - \frac{3Dt}{r_1^2} \tag{2-19}$$

式中　$\text{ierfc}(z)$——积分误差函数。

一般情况下,煤体瓦斯扩散系数较小,为 $10^{-17} \sim 10^{-10}$ m²/s[43],因此,当瓦斯放散时间小于 10 min,并且扩散率 $\frac{Q_t}{Q_\infty} < 0.5$ 时,上式可简化为:

$$\frac{Q_t}{Q_\infty} = \frac{6}{r_1}\sqrt{\frac{Dt}{\pi}} \tag{2-20}$$

变换上式可得：

$$Q_t = \frac{6Q_\infty}{r_1}\sqrt{\frac{Dt}{\pi}} = K_1\sqrt{t} \tag{2-21}$$

式(2-21)是原煤炭工业部制定解吸法测定煤层瓦斯含量和煤与瓦斯突出预测钻屑解吸指标测定方法的理论基础。其中 K_1 即为国内通常使用的钻屑瓦斯解吸指标，单位为 $mL/(min^{0.5} \cdot g)$。

2.4　裂隙中瓦斯渗流过程及模型

2.4.1　地面钻井瓦斯渗流过程

瓦斯在煤储层中流动的主要通道是煤中割理、裂缝。煤裂缝中除了瓦斯外，还存在水，即水-气两相共存，它们以各自独立的相态混相流动。气和水在煤储层的流速与各自的有效渗透率成正比。瓦斯由基质流入生产井的过程可分为三个阶段，如图 2-13 所示。

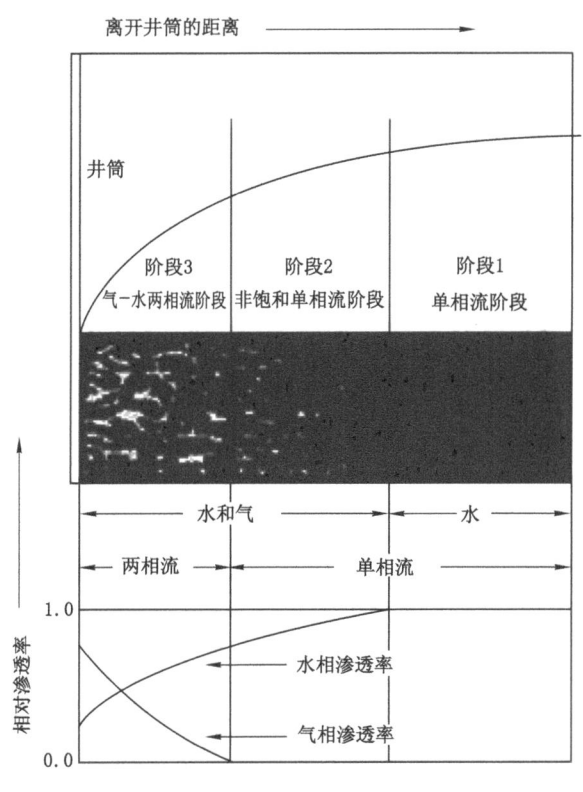

图 2-13　瓦斯产出的三阶段[32]

（1）单相流阶段。层压力未降到临界解吸压力之前，瓦斯尚未开始解吸，气井井筒附近压力不断下降，只产生水，称为单相流阶段。

（2）非饱和单相流阶段。当井筒压力进一步下降，有一定数量的瓦斯从煤基质块微孔隙表面解吸，在浓度梯度的驱动下向煤中裂缝扩散，开始在裂缝中形成气泡，阻碍水的流动，水的相对渗透率下降。但此时无论是在煤基质块孔隙中还是在煤的裂隙中，气泡都是孤立的,没有互相连接。在这一阶段,虽然出现气-水两相,但气体还不能流动,只有水相是可以流动的。

(3)气-水两相流动阶段。随着井筒压力进一步降低,有更多的瓦斯解吸出来,并扩散到煤的裂隙中。此时,水中含气已达饱和,气泡相互连接,形成连续流动,气体的相对渗透率大于零。随着煤储层压力下降和水饱和度降低,水的相对渗透率不断减小,气体的相对渗透率逐渐增大,气产量亦随之增加。在这一阶段,在煤的裂缝中形成气-水两相达西流动。

上述三个阶段是连续的过程,随着时间的推移,由井筒沿径向逐渐向周围的煤层推进,这是一个递进的过程。脱水降压时间越长,受影响的面积越大,瓦斯解吸和扩散的面积也越大。瓦斯产量呈负的下降曲线,即早期产量逐渐增加,通常3~5年达到最高产量,然后逐渐下降并持续很长时间,开采期可达10年至20年不等,甚至有开采30多年仍产气的井。

2.4.2 井下瓦斯抽采渗流过程

井下钻孔很少采用水力压裂增透,钻孔瓦斯抽采的过程中地下水对煤层瓦斯的运移影响较小,其渗流运动可视为瓦斯的单相流动过程。当煤层中的瓦斯压力分布不均时,在煤层中往往就会形成一定的瓦斯流动范围,这一范围通常称为流场。为了便于研究瓦斯在煤层中的流动,根据生产实践的工程条件,按瓦斯流动的空间几何形状划分可分为单向流动、径向流动和球向流动[44-45]。

(1)单向流动。在 x,y,z 三维空间内,只有一个方向有流速,其余两个方向流速为零的流动,其所形成的流场为单向流场。在煤矿中,如沿煤层掘进巷道,且煤层的厚度小于或等于巷道高度,则巷道两侧瓦斯的流动都是沿着垂直于巷道的掘进方向流动的,此即为单向流动,形成了流线彼此相互平行、方向相同的流场,如图2-14所示。

(2)径向流动。在 x,y,z 三维空间内,在两个方向有分速度,而第三个方向的分速度为零的流动,其所形成的流场为径向流场。煤矿中的石门、竖井、穿层钻孔穿透煤层时,煤壁内的瓦斯流动基本上属于径向流动。一般情况下,其瓦斯压力等值线平行于煤壁呈近似同心圆形,如图2-15所示。由于径向流动一般是平面流动,在实际研究工作中即可采用笛卡尔直角坐标表示,也可采用极坐标表示。

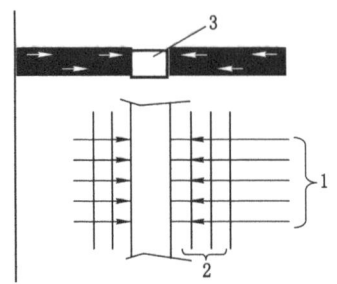 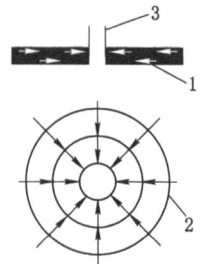

1—流线;2—瓦斯压力等值线;3—巷道。　　　　1—流线;2—瓦斯压力等值线;3—巷道。

图2-14　单向流动示意图　　　　　　　　图2-15　径向流动示意图

(3)球向流动。在 x,y,z 三维空间内,在三个方向都有分速度的流动,其所形成的流场为球向流场。厚煤层中的掘进工作面、钻孔或石门刚进入煤层时煤壁内的瓦斯流动,以及采落煤块中涌出的瓦斯流动基本上都属于球向流动,如图2-16所示。球向流动的特点在于,在煤体中形成近似同心球状的压力等值线,而流线则一般呈放射网状。球向流动属于三维空间流动,在实际研究工作中既可用笛卡尔直角坐标表示,也可采用球面极坐标表示。

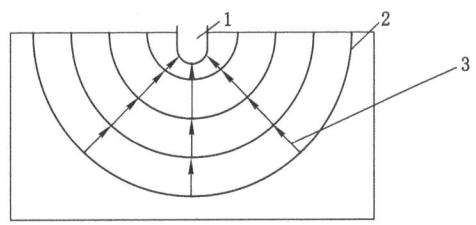

1—揭开煤层的掘进头;2—瓦斯压力等值线;3—流线。

图 2-16　球向流动示意图

上述三种流动是瓦斯流动的典型基本形式。在实际煤矿中,由于煤层的非均质性、煤层顶底板岩性的多变性等自然条件的不同,实际井巷和钻孔中的瓦斯流动很复杂,有时可能是几种基本流动的综合。例如,在煤层中掘进巷道,工作面迎头煤壁内的瓦斯流动近似于径向流动,而后部的瓦斯流动则为单向流场。因此,在实际研究工作中应进行具体分析,以便建立相对准确的流动模型,详见表 2-2。

表 2-2　煤矿常见的流场类型

分类	煤层中的位置	流场类型	备　　　注
巷道	巷道高度<煤层厚度	单向流动	开始为径向流动,排放一段时间后,转化为单向流动
	巷道高度≥煤层厚度	单向流动	
钻孔	穿层钻孔(包括地面钻孔)	径向流动	
	顺层钻孔	单向流动	开始为径向流动,抽采一段时间后,转化为单向流动

2.4.3　裂隙中的瓦斯渗流模型

煤中的裂隙系统既是游离瓦斯的赋存场所又是其渗流通道,当煤层没有受到采动或抽采的影响时,裂隙和基质中的瓦斯处于动态平衡状态,裂隙和基质间存在质量交换,但从宏观上看却没有物质传递。一旦煤层受到采动或抽采影响,在煤层和煤壁之间压差和浓度差的作用下,煤层内的吸附瓦斯和游离瓦斯会同时分别以不同的形式向煤壁运移。煤层内吸附瓦斯的运移形式符合菲克定律,游离瓦斯的运移形式则同流体黏滞力和惯性力密切相关。

流体黏滞力和惯性力是流动过程中能量消耗的主要形式。当黏滞力占据主导时流体表现为层流的运动状态,而当惯性力起主导作用时流体表现为紊流状态。文献[44]通过对瓦斯在煤层中运移基本规律的研究指出:由于煤层的孔隙和裂隙的形态及尺度是不均匀的,在大裂隙中可能出现紊流,在微裂隙中属于层流,根据实验室和现场对瓦斯流动规律的测定,可以认为瓦斯在裂隙系统中的流动属于层流,并主要遵循达西渗流定律:

$$v = -\frac{k_e}{\mu}\nabla p_f \qquad (2-22)$$

式中　　k_e——煤层有效渗透率,mD;

　　　　μ——气体动力黏度系数,CH_4 为 1.08×10^{-5} Pa·s。

需要特别说明的是,裂隙中的瓦斯渗流速度 v 属于时均流速的范畴,并不是瓦斯在裂隙中渗流的真实速度,即它不是裂隙截面上的体积流量与裂隙截面面积的比值,而是空间截面上的体积流量与空间截面面积的比值。使用达西渗流定律避免了描述裂隙内瓦斯真实流动特征,大大简化了建立裂隙瓦斯渗流控制方程的复杂性。

参 考 文 献

[1] 程远平,刘清泉,任廷祥.煤力学[M].北京:科学出版社,2017.

[2] 张力,何学秋,聂百胜.煤吸附瓦斯过程的研究[J].矿业安全与环保,2000,27(6):1-2.

[3] 杨宇,孙晗森,刘世界,等.煤层气藏工程[M].北京:科学出版社,2015.

[4] 韩树棻,朱彬,文凯.淮北地区浅层煤成气的形成条件及资源评价[M].北京:地质出版社,1993.

[5] 武昱东,琚宜文,侯泉林,等.淮北煤田宿临矿区构造—热演化对煤层气生成的控制[J].自然科学进展,2009,19(10):1134-1141.

[6] 姜利民.临涣矿区东南缘瓦斯赋存构造控制特征及防治技术研究[D].徐州:中国矿业大学,2014.

[7] 程远平,王海锋,王亮.煤矿瓦斯防治理论与工程应用[M].徐州:中国矿业大学出版社,2010.

[8] 胡宝林,汪茂连,宋晓梅,等.宿东矿区煤的镜质组反射率与煤的构造破坏程度关系[J].淮南矿业学院学报,1995(4):3-6,12.

[9] 蒋静宇.岩浆岩侵入对瓦斯赋存的控制作用及突出灾害防治技术:以淮北矿区为例[D].徐州:中国矿业大学,2012.

[10] 曹代勇.安徽淮北煤田推覆构造中煤镜质组反射率各向异性研究[J].地质论评,1990,36(4):333-340.

[11] 中联煤层气有限责任公司.中国煤层气勘探开发技术研究[M].北京:石油工业出版社,2007.

[12] 王峰明,王生维,等.煤层气开发技术与实践[M].武汉:中国地质大学出版社,2017.

[13] 倪小明,苏现波,张小东.煤层气开发地质学[M].北京:化学工业出版社,2010.

[14] 叶建平,武强,叶贵钧,等.沁水盆地南部煤层气成藏动力学机制研究[J].地质论评,2002,48(3):319-323.

[15] 韦重韬,秦勇,傅雪海,等.煤层气地质演化史数值模拟[J].煤炭学报,2004,29(5):518-522.

[16] 王红岩.山西沁水盆地高煤阶煤层气成藏特征及构造控制作用[D].北京:中国地质大学(北京),2005.

[17] 关英斌,李海梅,金瞰昆.晋东南重磁异常特征及其地质意义[J].河北建筑科技学院学报,2001(1):61-64.

[18] 胡国艺,刘顺生,李景明,等.沁水盆地晋城地区煤层气成因[J].石油与天然气地质,2001(4):319-321.

[19] SU X B,LIN X Y,ZHAO M J,et al. The upper Paleozoic coalbed methane system in the Qinshui Basin,China[J]. AAPG bulletin,2005,89(1):81-100.

[20] 秦勇,宋党育,王超.山西南部晚古生代煤的煤化作用及其控气特征[J].煤炭学报,

1997,22(3):230-235.

[21] 要惠芳,王秀兰.沁水盆地南部煤层气储层地质特征[M].北京:煤炭工业出版社,2009.

[22] 李广昌,成国清,傅雪海.晋城新区煤层瓦斯赋存特征及评价[J].煤田地质与勘探,2001,29(6):18-20.

[23] 中国煤田地质总局.中国煤层气资源[M].徐州:中国矿业大学出版社,1998:60-90,113-117.

[24] 王兆丰.空气、水和泥浆介质中煤的瓦斯解吸规律与应用研究[D].徐州:中国矿业大学,2001.

[25] 杨其銮.关于煤屑瓦斯放散规律的试验研究[J].煤矿安全,1987(2):9-16,58.

[26] 王兆丰.用颗粒煤渗透率确定煤层透气性系数的方法研究[J].煤矿安全,1998,29(6):3-5.

[27] JOUBERT J,GREIN C,BIENSTOCK D. Sorption of methane in moist coal[J]. Fuel,1973,52(3):181-185.

[28] LEVINE J R,JOHNSON P,BEAMISH B B. High pressure microbalance sorption studies[J]. International coalbed methane symposium,1993:187-195.

[29] CLARKSON C R,BUSTIN R M. Binary gas adsorption/desorption isotherms:effect of moisture and coal composition upon carbon dioxide selectivity over methane[J]. International journal of coal geology,2000,42(4):241-271.

[30] 陈向军.外加水分对煤的瓦斯解吸动力学特性影响研究[D].徐州:中国矿业大学,2013.

[31] BARRER R M. Diffusion in and through solids[M]. Cambridge:Cambridge University Press,1941.

[32] WINTER K,JANAS H. Gas emission characteristics of coal and methods of determining the desorbable gas content by means of desorbometers[C]//BRINKLEY R F,TOLE D M. In 16th International Conference on Coal Mine Safety Research. Washington:[s. n.],1975:22-26.

[33] 彼特罗祥.煤矿沼气涌出[M].宋世钊,译.北京:煤炭工业出版社,1983.

[34] AIREY E M. Gas emission from broken coal. An experimental and theoretical investigation[J]. International journal of rock mechanics & mining sciences & geomechanics abstracts,1968,5(6):475-494.

[35] BOLT B A,JINNES J A. Diffusion of carbon dioxide from coal[J]. Fuel,1959,38(3):333-337.

[36] 王佑安,杨思敬.煤和瓦斯突出危险煤层的某些特征[J].煤炭学报,1980(1):47-53.

[37] 孙重旭.煤样解吸瓦斯泄出的研究及其突出煤层煤样解吸的特点[C]//煤与瓦斯突出机理和预测预报第三次科研工作及学术交流会议论文集.重庆:煤炭科学研究院重庆研究所,1983:35-48.

[38] ZHANG Y X. Geochemical kinetics[M]. Princeton,NJ:Princeton University Press,2008.

［39］ 吴世跃. 煤层气与煤层耦合运动理论及其应用的研究：具有吸附作用的气固耦合理论［D］. 沈阳：东北大学，2006.

［40］ GUO H，CHENG Y，REN T，et al. Pulverization characteristics of coal from a strong outburst-prone coal seam and their impact on gas desorption and diffusion properties ［J］. Journal of natural gas science and engineering，2016，33：867-878.

［41］ LIU Q Q，CHENG Y P，ZHOU H X，et al. A mathematical model of coupled gas flow and coal deformation with gas diffusion and klinkenberg effects［J］. Rock mechanics and rock engineering，2015，48(3)：1163-1180.

［42］ GUO H J，CHENG Y P，YUAN L，et al. Unsteady-state diffusion of gas in coals and its relationship with coal pore structure［J］. Energy & fuels，2016，30(9)：7014-7024.

［43］ 杨其銮，王佑安. 煤屑瓦斯扩散理论及其应用［J］. 煤炭学报，1986(3)：87-94.

［44］ 周世宁，林柏泉. 煤层瓦斯赋存与流动理论［M］. 北京：煤炭工业出版社，1999.

［45］ 俞启香. 矿井瓦斯防治［M］. 徐州：中国矿业大学出版社，1992.

第 3 章　井上下联合抽采瓦斯方法及典型模式

从抽采达标评判和保证采煤工作面开采安全等角度考虑,对于一个采煤工作面的瓦斯抽采从时间上划分,可分为采前抽采、采中抽采和采后抽采,即对于一个高瓦斯突出煤层采煤工作面的瓦斯治理而言,需要经历上述三个抽采阶段[1-2]。常见的矿井瓦斯抽采方法包括地面钻井抽采、井下穿层钻孔抽采、顺层钻孔抽采、高抽巷抽采、顶板裂隙带钻孔抽采、上隅角埋管抽采、采空区密闭墙埋管抽采等方法。井上下联合抽采瓦斯是指一个矿井在采前、采中和采后的全瓦斯抽采周期内选用包括地面钻井、井下钻孔、巷道、埋管、插管等多种方式对瓦斯进行联合抽采,最终实现突出、高瓦斯煤层的安全高效开采,并对抽采出的瓦斯加以利用。不同的煤层瓦斯地质条件,地面钻井抽采与井下抽采先后顺序有所不同。地面钻井抽采与井下抽采有时是同时进行的,有时地面钻井抽采先于井下抽采,有时井下钻孔抽采先于地面钻井抽采。针对不同情况,地面钻井抽采的机理、作用也不尽相同。

21 世纪初,煤炭行业提出了"煤与瓦斯共采"新理念,即将煤与瓦斯作为资源一起开发,包括先采气、后采煤协调开发和采煤采气一体化。经过十多年的实践,逐渐形成了以煤层群开采条件为背景的"两淮"(两淮指的是淮南、淮北)模式和以单一煤层开采为主的"晋城"模式[3]。"两淮"模式是充分利用首采煤层(保护层)开采过程中的岩层移动对顶底板内煤岩层的卸压增透作用,实现对邻近煤层(被保护层)的卸压抽采,也称为保护层开采技术,该技术在国内具体煤层群开采条件的矿区得到了广泛应用[4-10]。"晋城"模式是基于晋城西区煤层瓦斯含量高、煤体硬度大、渗透率高等特点,在煤炭规划区选用地面钻井进行抽采,在开拓准备区采用矿井上下联合抽采,在生产区以井下抽采为主的三区联动瓦斯开发模式,建立了立体抽采工艺与配套技术,取得了非常好的瓦斯治理效果[11-12]。本章首先对煤矿区井上下联合抽采瓦斯方法进行了介绍,接着以淮北煤田和晋城西区煤层瓦斯条件为基础,详细阐述了煤层群开采井上下联合抽采瓦斯模式和单一煤层开采井上下联合抽采瓦斯模式。

3.1　井上下联合抽采瓦斯方法

根据突出煤层的消除突出危险性及瓦斯抽采达标要求,在开采前需要对煤层进行瓦斯抽采。将采煤工作面煤体可解吸瓦斯含量降至一定值以下,消除煤层突出危险性,实现瓦斯抽采达标,该阶段的瓦斯抽采称为采前抽采。煤层在开采过程中,部分残余瓦斯会在工作面落煤过程中或是从工作面新鲜暴露的煤壁上解吸出来,进入工作面风流中,特别是在工作面残余瓦斯含量较高或是产量较大时,再加上邻近层瓦斯涌出,这部分瓦斯可能会引起上隅角或是回风流瓦斯超限,因此在工作面开采过程中同样需要瓦斯抽采,该阶段的瓦斯抽采称为采中抽采。从减少老采空区瓦斯涌出、提高矿井瓦斯抽采率及瓦斯利用的角度出发,工作面开采结束封闭后需要对老采空区进行瓦斯抽采,该阶段的瓦斯抽采称为采后抽采。采前、采中和采后瓦斯抽采常见方法如表 3-1 所列。

表 3-1 采前、采中和采后瓦斯抽采常见方法

煤层开采条件	采前抽采方法			采中抽采方法	采后抽采方法
煤层群联合开采	保护层开采技术	保护层	底板岩巷密集穿层钻孔抽采 密集顺层钻孔抽采	地面钻井抽采 高位高抽巷抽采 低位高抽巷抽采 顶板裂隙带钻孔抽采 上隅角埋管抽采 上隅角插管抽采 采空区埋管抽采	地面钻井抽采 采空区穿层钻孔抽采 密闭墙埋管抽采
		被保护层	地面钻井抽采 大间距穿层钻孔抽采 高位拦截钻孔抽采		
单一煤层开采	预抽煤层瓦斯技术		地面钻井抽采(水力压裂) 底板岩巷密集穿层钻孔抽采 密集普通顺层钻孔抽采 千米定向顺层钻孔抽采		

采前抽采方法的选择与矿井煤层开采条件有关,若为煤层群联合开采条件,则采用保护层开采技术,也称为卸压瓦斯抽采技术,被保护层瓦斯抽采效果好;若矿井为单一煤层开采条件,则选用预抽煤层瓦斯技术,该技术为原位瓦斯抽采技术,由于我国的大多数煤层渗透率较低,造成该方法抽采效果较差,一般需要在抽采前采取水力增透措施或是采用密集钻孔进行抽采。在选用保护层开采技术时,若保护层煤层瓦斯含量也较高时,保护层的瓦斯治理方法同单一煤层开采条件下煤层的瓦斯治理方法相同。采前抽采的两种抽采方法均可选用地面钻井和井下穿层、顺层钻孔相结合的井上下联合抽采方法。在采中抽采和采后抽采中,主要以井下抽采方法为主,但在有些矿井,同样采用地面钻井和井下抽采相结合的井上下联合抽采方法。

地面钻井的施工具有与井下工程同步或是超前施工、施工时与井下工程互不干扰等优点,现在越来越多的矿井选用地面钻井进行瓦斯抽采,当然仅依赖地面钻井抽采很难实现煤层瓦斯抽采达标和安全采掘作业的目的,还需井下巷道、钻孔等工程进行配合抽采,最终才能实现矿井的安全生产。因此,煤矿井上下联合抽采瓦斯是今后高瓦斯突出矿井瓦斯抽采的主要选用方法之一。

3.2 煤层群开采井上下联合抽采瓦斯模式

我国淮南、淮北、铁法、沈阳、平顶山等矿区均为高瓦斯煤层群开采条件,多数煤层具有煤与瓦斯突出危险性。煤层开采前需要进行瓦斯抽采,消除其突出危险性,有效降低其瓦斯含量和压力,保证工作面的开采安全。淮北矿区属于较典型的煤层群开采的高瓦斯突出矿区,煤层瓦斯压力大、含量高。淮北矿业集团历史上共发生煤与瓦斯突出和动力现象事故40 多起,突出强度大,突出类型多。芦岭矿在 2002 年石门揭煤过程中发生了一起特大型突

出,共突出煤岩量 10 500 t,涌出瓦斯量超 120 万 m³。此后淮北矿业集团与科研院所紧密合作,开展了瓦斯治理技术攻关,积极推广保护层开采卸压瓦斯抽采技术,培养专业技术骨干,引进先进打钻设备,积极争取国家专项资金,持续加大瓦斯治理方面的投入。经过十多年的持续投入和技术攻关,至 2010 年左右,淮北矿区建设成为全国瓦斯治理的先进矿区。根据核算,突出矿井瓦斯治理平均成本约为每吨煤 100 元。2017 年,淮北矿业集团瓦斯抽采量为 1.6 亿 m³,瓦斯利用量为 0.7 亿 m³,矿井瓦斯抽采率达 70% 以上,近 15 年来无瓦斯伤亡事故,取得了显著的社会效益和经济效益。下面以淮北矿业集团为例阐述煤层群开采条件下井上下联合抽采瓦斯模式。

3.2.1　煤层瓦斯赋存特征

淮北矿业集团位于安徽省淮北市,所辖矿区位于安徽省北部,北邻江苏省徐州市,南至安徽省固镇、蒙城,东起安徽省宿州东四铺,西至安徽省涡阳县固始断层。东西、南北跨度各约 100 km,总面积约 9 600 km²,其中含煤面积 6 912 km²,包括闸河、宿县、临涣、涡阳四大矿区。淮北矿区位于新华夏系和秦岭纬向构造带北亚带的复合部位,处于徐宿弧形构造圈内,故煤田赋存受其控制和改造,各序次、各级别的褶皱、断裂较为发育,并伴有不同程度的岩浆活动,开采技术条件十分复杂。与其他矿区相比,淮北煤田地质构造为极其复杂类型。淮北矿区煤炭资源(储量)90 多亿吨。主要含煤地层为二叠系石盒子组和山西组,次为石炭系太原组。淮北煤田含煤地层总厚约 1 200 m,含煤 5~25 层,总厚 7.1~21.9 m,可采 2~12 层,可采总厚 3.0~17.0 m,矿区现有 20 座生产矿井,其中煤与瓦斯突出矿井 9 座,高瓦斯矿井 8 座,低瓦斯矿井 3 座。

淮北矿区煤层埋藏较深、煤质松软,原始煤体的透气性差,地质条件复杂,随着矿井开采规模的不断扩大和开采深度的增加,煤层瓦斯压力愈来愈大,瓦斯含量愈来愈高,非突出煤层逐渐转化为突出煤层,煤与瓦斯突出问题愈来愈严重。以芦岭矿为例,二水平(标高 -400~-590 m)推算出的煤层瓦斯压力为 2.10~4.43 MPa,煤层瓦斯含量为 17.49~22.67 m³/t,进入三水平后,-900 m 标高处推算出的煤层瓦斯压力将达到 6.5 MPa 左右,煤层瓦斯含量将达到 25 m³/t 左右。表 3-2 为淮北矿区各高瓦斯突出矿井开采煤层及实测的最大瓦斯压力。

表 3-2　淮北矿区各高瓦斯突出矿井开采煤层及实测的最大瓦斯压力

矿井名称	开采煤层		实测最大瓦斯压力/MPa	标高/m
祁南矿	上组煤	3_2	4.5	-749
	中组煤	6_1、6_2、6_3、7_1、7_2		
	下组煤	10		
朱仙庄矿	中组煤	8	4.1	-660
	下组煤	10		
桃园矿	中组煤	7_1、7_2	4.1	-725
	下组煤	10		
芦岭矿	中组煤	8、9	3.5	-494
	下组煤	10		

表 3-2（续）

矿井名称	开采煤层		实测最大瓦斯压力/MPa	标高/m
童亭矿	中组煤	7	1.2	−459
	下组煤	10		
临涣矿	中组煤	7、9、7_2	1.6	−405
	下组煤	10		
孙疃矿	中组煤	7_2	1.4	−706
	下组煤	10		
袁店一井	上组煤	3_2	4.0	−702
	中组煤	7_2、8_1、8_2		
	下组煤	10		

3.2.2　多煤组协同瓦斯抽采

在煤层群开采的矿区，瓦斯治理应优先选择保护层开采技术。选用保护层开采技术时，煤层群需满足层间距要求。根据《保护层开采技术规范》相关规定，对于缓倾斜煤层和倾斜煤层，上保护层开采最大有效层间距为 50 m，下保护层最大有效层间距为 100 m。淮北矿区各突出矿井同时开采煤层数量均为 2 层及 2 层以上，且层间距适中，适合采用保护层开采技术进行瓦斯治理。下面以淮北矿业集团芦岭煤矿煤层赋存条件为例阐述煤层群开采条件下各煤层瓦斯抽采的时空关系及瓦斯抽采方法。

3.2.2.1　各煤层抽采时空关系

在高瓦斯煤层群开采条件下，保护层开采技术是治理瓦斯的优选技术，但保护层开采技术工艺复杂，周期跨度长。前期需要做好规划，调整好煤层的开采顺序、采掘部署，为保护层开采技术的实施提供前提条件。

图 3-1 为以淮北芦岭煤矿煤层赋存条件为例绘制的保护层开采瓦斯抽采时空关系图。被保护层为 8、9 煤层，两煤层间距为 2～3 m，总厚达 11～13 m，煤层瓦斯压力达 4～5 MPa，瓦斯含量达 20 m^3/t，为煤与瓦斯突出煤层。保护层为 10 煤层，平均厚度 1.92 m，也具有煤与瓦斯突出危险性，其突出危险性远小于 8、9 煤层的煤与瓦斯突出危险性。10 煤层作为保护层，煤层瓦斯压力达 2～3 MPa，瓦斯含量达 15 m^3/t 左右，由于其具有突出危险性，同样需要采取措施抽采煤层瓦斯，消除其突出危险性后方可进行采掘作业。保护层位于被保护层的下部，属于下保护层开采，层间距为 60～80 m。

从空间上来看，被保护层 8、9 煤层属于中组煤，位于上部，保护层 10 煤层属于下组煤，位于下部，间距相对较远。保护层的开采会引起上覆岩层包括被保护层的移动变形、卸压增透，这为被保护层瓦斯的卸压抽采提供了可能。被保护层的卸压增透效果具有时效性，需要在被保护层的卸压增透最佳效果期内将瓦斯抽采出来，这就需要提前施工被保护层工作面的瓦斯抽采工程，协调好保护层开采工作面与被保护层工作面瓦斯抽采的时空关系。

从时间上来看，保护层开采技术全程可分为四个瓦斯抽采阶段。第一阶段是对保护层工作面煤巷条带瓦斯的预抽和回采煤体瓦斯的预抽，保证采煤工作面的安全掘进和采煤工作面的瓦斯抽采达标，为之后的保护层工作面开采提供安全保障。第二阶段是保护层工作面的采中抽采和被保护层工作面的瓦斯采前卸压抽采，保护层工作面采中抽采是为了确保

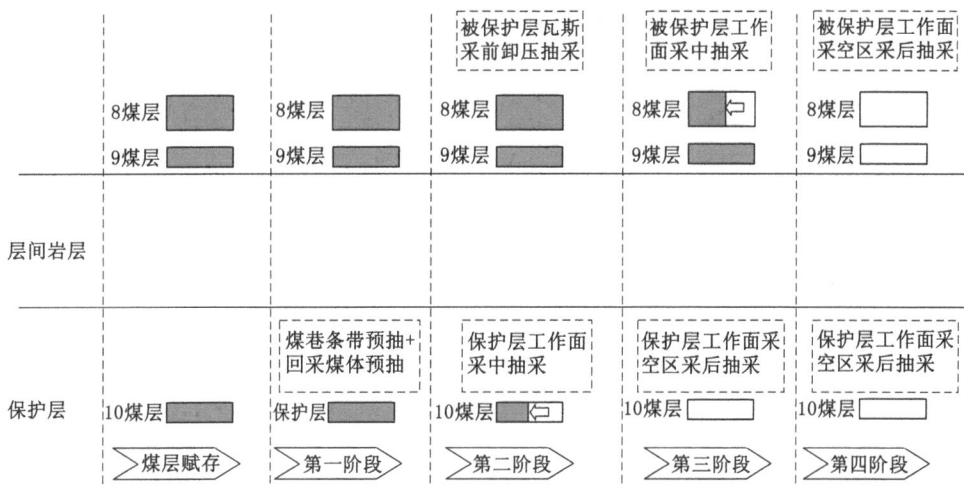

图 3-1　煤层群开采瓦斯抽采时空关系图

保护层工作面的开采安全,被保护层工作面卸压抽采是为了确保其工作面消除其突出危险性,且工作面瓦斯抽采评判达标。第三阶段包括被保护层工作面采中抽采和保护层工作面采空区采后抽采,前者是为了确保被保护层工作面的开采安全,后者是为了减少采空区瓦斯涌出。第四阶段为被保护层和保护层工作面采空区的采后抽采,其作用是减少采空区瓦斯涌出,提高矿井瓦斯抽采率,促进矿井瓦斯抽采利用。

3.2.2.2　各阶段瓦斯抽采方法

图 3-2 为保护层开采技术实施过程中各阶段瓦斯抽采方式。第一阶段是对保护层工作面煤巷条带瓦斯的预抽和回采煤体瓦斯的预抽,对于煤巷条带瓦斯预抽主要是采用底板岩巷密集穿层钻孔瓦斯抽采技术,对于回采煤体瓦斯预抽主要采用从工作面进、回风巷内施工密集顺层钻孔进行瓦斯抽采,对于突出危险性高的保护层工作面,同样可采用底板岩巷密集穿层钻孔进行瓦斯抽采技术,为提高抽采效果,还可在煤层巷道施工过程中或施工结束后再

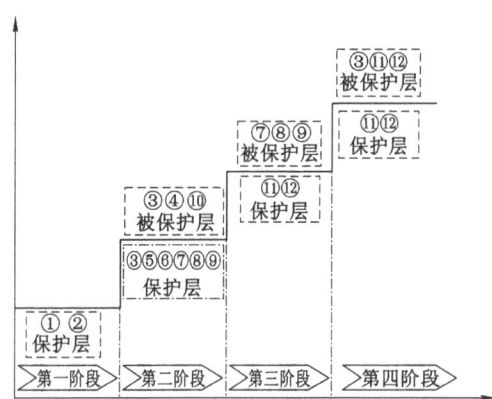

①—密集穿层钻孔抽采;②—密集顺层钻孔抽采;③—地面钻井抽采;④—高位拦截钻孔抽采;⑤—高位高抽巷抽采;
⑥—低位高抽巷抽采;⑦—顶板裂隙带钻孔抽采;⑧—上隅角埋管抽采;⑨—上隅角插管抽采;
⑩—大间距穿层钻孔抽采;⑪—采空区穿层钻孔抽采;⑫—密闭墙埋管抽采。

图 3-2　煤层群开采各阶段瓦斯抽采方法

施工顺层钻孔强化抽采煤体瓦斯,直至采煤工作面瓦斯抽采达标。

第二阶段是保护层工作面的采中抽采和被保护层工作面的瓦斯卸压抽采,保护层工作面采中抽采措施包括地面钻井抽采、高位高抽巷抽采、低位高抽巷抽采、顶板裂隙带钻孔抽采、上隅角埋管抽采和上隅角插管抽采技术。不同的煤层瓦斯赋存条件选择不同的瓦斯抽采方法,一般情况下需要多种方法组合使用。但对于U形通风工作面而言,顶板裂隙带钻孔抽采和上隅角埋管抽采为最基本也是最可靠的两种方法,两种方法需要组合使用。被保护层工作面的瓦斯卸压抽采措施主要包括地面钻井抽采、高位拦截钻孔抽采和大间距穿层钻孔抽采,穿层钻孔间距较大,见煤点间距可达 20～40 m。地面钻井抽采和高位拦截钻孔抽采两种方法经常配合使用。

第三阶段包括被保护层工作面采中抽采和保护层工作面采空区采后抽采,被保护层工作面采中抽采主要包括顶板裂隙带钻孔抽采、上隅角埋管抽采和上隅角插管抽采技术。保护层工作面采空区采后抽采措施包括采空区穿层钻孔抽采和密闭墙埋管抽采。

第四阶段为被保护层和保护层工作面采空区的采后抽采,保护层工作面同第三阶段一致,包括采空区穿层钻孔抽采和密闭墙埋管抽采措施,被保护层工作面采空区采后抽采除了上述两种方法外,还可重新施工地面钻井进行采空区采后瓦斯抽采。

3.3　单一煤层开采井上下联合抽采瓦斯模式

晋城矿区位于沁水盆地的东南端,晋城—长治断褶带将矿区分为东、西两个区,东区为老矿区,煤层瓦斯含量低,资源逐渐枯竭。西区为新矿区,煤层瓦斯含量高,主力矿井多位于西区。晋城西区包括樊庄、成庄、寺河、潘庄和大宁井田,为华北石炭-二叠纪含煤地层。含煤岩系平均厚度约 142 m,含煤 16 层,其中 3 号煤层、9 号煤层和 15 号煤层全区基本可采。多数矿井为单一煤层开采,开采煤层为 3 号煤层。晋城西区多个矿井是单一煤层开采的典型代表,该区域煤层瓦斯压力大、含量高,瓦斯因素是制约煤矿安全生产的主要因素。除晋城西区外,潞安、彬长等矿区也多为单一煤层开采。

原晋煤集团是中国重要的优质无烟煤生产基地,拥有矿井 61 座,其中突出矿井 5 座,高瓦斯矿井 14 座,低瓦斯矿井 42 座,矿井开采深度在 100～800 m 之间。为解决原晋煤集团高瓦斯、突出矿井的瓦斯问题,1992—1997 年间,原晋煤集团在沁水盆地南部晋城矿区潘庄井田开展瓦斯勘探和试验工作,施工了一个 7 口井组成的井组。经压裂、排采,瓦斯单井产量最高峰值达 12 000 m³/d,后期稳定在 1 000～3 000 m³/d。为全面启动地面瓦斯抽采工作,原晋煤集团在 2003 年 8 月成立了蓝焰煤层气公司,专门从事地面瓦斯抽采工作,其目标是通过地面瓦斯抽采降低煤层含气量、解决煤矿瓦斯安全问题。为了执行"采煤采气一体化""先采气后采煤"的理念,经过多年的实践和研究,原晋煤集团提出了煤矿区煤层气三区联动立体抽采模式,进一步突出了煤炭开采和瓦斯开发统筹规划,瓦斯地面抽采与井下抽采在时间和空间上必须与煤矿生产相结合,通过抽采为煤炭开采创造出安全开采的条件,真正做到"以采气保采煤,以采煤促采气"。截至 2017 年年底,蓝焰煤层气公司在井田范围内施工了 5 087 口地面钻井。2017 年,原晋煤集团抽采瓦斯 28.52 亿 m³,其中地面钻井抽采 14.33 亿 m³,井下钻孔抽采 14.19 亿 m³。原晋煤集团非常重视瓦斯的利用工作,2017 年地面钻井抽采的 14.33 亿 m³ 瓦斯中,民用 2.93 亿 m³,其他用 7.97 亿 m³;井下钻孔抽采的

14.19 亿 m³ 瓦斯中,民用 1.77 亿 m³,发电 4.62 亿 m³,其他 1.10 亿 m³。

3.3.1 煤层瓦斯赋存特征

晋城煤田位于沁水盆地东南缘,煤田内地质构造比较简单,断层不发育。区内众多煤层中,以山西组 3 号煤层和太原组 15 号煤层发育最好,单层厚度大,平面展布最稳定,是本区主要可采煤层。以樊庄、郑庄井田为例,3 号煤层厚度在 4.0~7.0 m 之间,一般在 4.5~6.5 m,总体上呈东部厚度稍大,西部稍薄的变化趋势。15 号煤层的平均厚度小于 3 号煤层,在区内厚度 1.0~6.0 m,一般介于 2.0~6.0 m 之间,东部樊庄井田一般厚 2.0~4.0 m,局部有大于 4.0 m 的厚煤带和小于 2.0 m 的薄煤带,西部郑庄井田厚 4.0~5.0 m,总体上呈现出西部厚东部薄的变化趋势。根据该区块内瓦斯井和煤田钻孔含气量数据分析,该井田内煤岩含气量普遍较高。3 号煤层现场测定含气量最低值为 17.07 m³/t,最高值为 28.66 m³/t,一般在 18 m³/t 以上。15 号煤层现场含气量测定最低值为 16.36 m³/t,最高值为 26.67 m³/t,一般在 15 m³/t 以上。原晋煤集团几个主力矿井瓦斯含量高,其中寺河矿最大实测瓦斯含量达 25.80 m³/t,成庄矿最大实测瓦斯含量 15.60 m³/t,长平矿最大实测瓦斯含量 20.00 m³/t。井下实测煤层瓦斯压力最高达到 3.83 MPa。西部区域(如寺河、岳城等矿)具有较好的可抽采性,煤层透气性系数为 0.44~4.26 m²/(MPa²·d);北部区域(如长平、赵庄等矿)属于软硬复合型低透气性煤层,抽采难度较大。

原晋煤集团煤炭产量由 2008 年的 3 743 万 t 上升至 2017 年的 6 487 万 t,绝对瓦斯涌出量由 2008 年的 1 186 m³/min 增大到 2017 年的 3 470 m³/min(不含地面钻井抽采量)。表 3-3 为 2017 年原晋煤集团部分高瓦斯矿井、突出矿井瓦斯涌出量情况,从表中可以看出,矿井绝对瓦斯涌出量普遍较高,其中,寺河矿产量为 1 200 万 t/a,矿井绝对瓦斯涌出量达到 1 681 m³/min;坪上煤业产量仅为 90 万 t/a,但矿井绝对瓦斯涌出量达 328 m³/min。上述数据充分说明原晋煤集团部分矿井煤层中的瓦斯含量高,为各矿井瓦斯抽采能力及通风能力配备提出了更高要求。

表 3-3　2017 年原晋煤集团部分高、突矿井瓦斯涌出量情况统计表

编号	矿井名称	生产规模 /(万 t·a⁻¹)	绝对瓦斯涌出量 /(m³·min⁻¹)	风排瓦斯量 /(m³·min⁻¹)	井下抽采量 /(m³·min⁻¹)
1	寺河矿	1 200	1 681	202	1 479
2	成庄矿	1 000	432	142	290
3	赵庄矿	1 000	159	74	85
4	长平矿	800	155	83	72
5	岳城矿	150	288	33	255
6	坪上煤业	90	328	46	282

3.3.2 三区联动立体瓦斯抽采

3.3.2.1 三区联动立体瓦斯抽采时空关系

基于煤炭开发时空接替规律,将矿区划分为煤炭生产规划区(简称规划区)、煤炭开拓准备区(简称准备区)和煤炭生产区(简称生产区)三个区。生产区即矿井现有生产区域,准备区是正在施工开拓、准备大巷的区域,一般为 3~8 a 内即将进行回采,而规划区的煤炭资源

一般在 8～10 a 甚至更长时间以后方进行采煤作业。三区联动立体瓦斯抽采采用递进式抽采模式,共分为三个瓦斯抽采阶段。第一阶段是对规划区煤层的瓦斯抽采,第二阶段是对准备区煤层的瓦斯抽采,第三阶段是对生产区煤层的瓦斯抽采。前一阶段的瓦斯抽采结束后,进入下一阶段抽采。规划区、准备区和生产区也是随着瓦斯抽采、采掘部署的安排逐一转换,规划区逐步转化为准备区,准备区逐步转化为生产区。在一定条件下,需要重新划定新的规划区,在新的规划区内施工地面钻井,提前抽采煤层瓦斯,实现三区联动立体瓦斯抽采的均衡,确保整个矿井的抽、掘、采平衡。

三区联动立体瓦斯抽采模式在空间上体现为井上下联合,即地面与井下抽采瓦斯相联合,与煤矿开采衔接完全一致。在时间上体现为煤矿规划区实施地面钻井预抽、煤矿准备区实施井上下联合抽采、煤矿生产区实施井下瓦斯抽采。在方式上体现多种抽采方式相联合,即地面钻井抽采、千米定向长钻孔抽采、普通顺层钻孔抽采、裂隙带钻孔抽采、埋管抽采等方法相联合。

3.3.2.2 各阶段抽采方法及指标

每个阶段的瓦斯抽采目的不同,抽采指标不同,其抽采方法亦不相同。每个采掘工作面煤体经过三个阶段的接替抽采,可将高瓦斯突出煤层转化为低瓦斯无突出煤层,实现煤层瓦斯抽采达标,保证工作面的安全作业,如图 3-3 和图 3-4 所示。

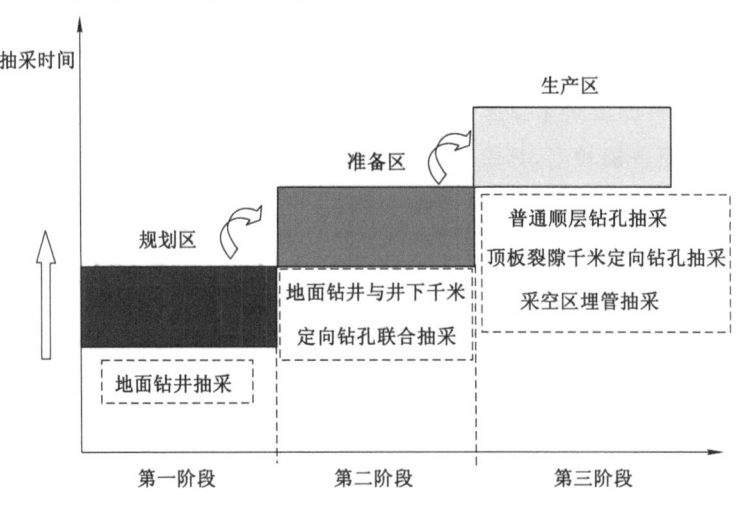

图 3-3　三区联动各阶段瓦斯抽采方式

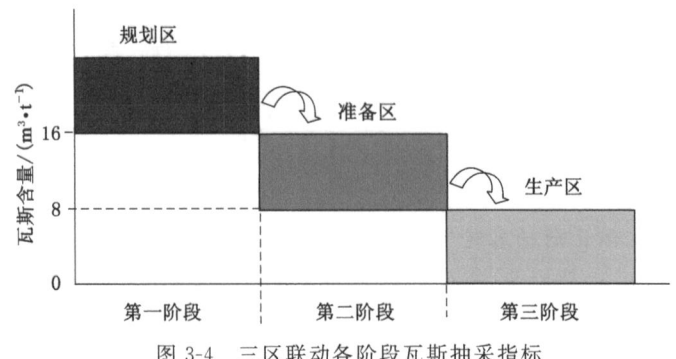

图 3-4　三区联动各阶段瓦斯抽采指标

（1）煤炭生产规划区瓦斯抽采

在煤炭生产规划区，因为有充足的抽采时间，地面钻井瓦斯抽采具有显著优势，可以提前 8～10 a 或更长时间在地面布置大规模井群，进行大面积瓦斯抽采，形成产业规模，可有效降低煤层瓦斯含量和压力，实施"先抽后建"，将瓦斯含量降至 16 m³/t 以下，为后期开拓、准备巷道的施工提供安全保障。

地面钻井抽采包括垂直预抽井抽采、丛式井抽采、径向井抽采、多分支水平井抽采、连续油管分段压裂 U 形井抽采等，这些方法均可取得良好的瓦斯抽采效果。垂直预抽井抽采半径按 150 m 设计，预抽时间不少于 5 a，部分高产垂直井平均产气量达 6 000 m³/d 以上。多分支水平井主孔长度不大于 1 200 m，预抽期不少于 3 a，平均产气量达 1.5 万 m³/d。在松软低渗构造煤区，连续油管分段压裂 U 形井单井产气量突破 6 000 m³/d，是同等条件下垂直井采气量的 8～10 倍。根据统计，地面钻井预抽每年可使影响区内的煤层瓦斯含量降低 1.0～1.5 m³/t。

（2）煤炭开拓准备区瓦斯抽采

煤炭开拓准备区一般在 3～8 a 转化为煤炭生产区，为实现瓦斯抽采达标，在该区内采用井上下联合抽采技术，从井下巷道内采用千米定向钻机施工定向顺层长钻孔（包括平行布置、扇形布置），贯通已有的地面抽采井压裂裂缝及其影响带，形成压裂裂缝与顺层长钻孔相结合的立体抽采网络。贯通后停止地面钻井抽采，转为井下瓦斯抽采，这样可大幅度提高井下瓦斯抽采效果，缩短瓦斯抽采时间。在煤层松软的矿井，在地面钻井预抽的同时，利用底板岩巷穿层钻孔抽采煤巷条带和工作面回采区域的瓦斯。也可利用定向钻机，从底板岩巷内开孔，进入煤层，施工长距离煤层钻孔抽采瓦斯。实施"先抽后掘"，将瓦斯含量降至 8 m³/t 以下，为采掘巷道的施工提供安全保障。

（3）煤炭生产区瓦斯抽采

① 采煤工作面开采前瓦斯抽采。在煤炭生产区，一方面为了给后续的工作面回采期间创造良好的通风条件，另一方面保证回采区域钻孔均匀布置，不出现抽采空白带，还需利用工作面进、回风巷施工密集顺层钻孔，进一步抽采回采区域瓦斯，提高瓦斯抽采率，实施"先抽后采"。

② 采煤工作面开采期间瓦斯抽采。工作面回采期间，还需要采取垂直采动井抽采、采动 L 形井抽采、顶板裂隙千米定向钻孔抽采、高位钻场裂隙带抽采、密闭墙埋管抽采、煤柱钻孔抽采等措施，确保工作面回采期间通风安全可靠，实现工作面安全高效开采。

③ 采煤工作面采后抽采。采煤工作面开采结束后，封闭工作面采空区，利用密闭墙埋管、井下穿层钻孔、地面钻井等方式，对老采空区及上方裂隙带内的瓦斯进行瓦斯抽采，其目的是进一步减小采空区瓦斯涌出，提高矿井瓦斯抽采量和利用量。

3.4　煤层瓦斯抽采指标

根据《煤矿瓦斯抽采基本指标》（以下简称《抽采指标》）、2019 版《防突细则》和《煤矿瓦斯抽采达标暂行规定》（以下简称《抽采达标》）等标准和规定要求的瓦斯抽采指标及临界值，是煤矿瓦斯抽采的最低要求，因为在很多情况下即使瓦斯抽采达到基本指标的要求，也并不能保证工作面可以达到安全生产条件。例如，突出煤层工作面经采前抽采，煤层残余瓦斯含量降到消除危险建议指标 8 m³/t 以下,但如果该工作面的产量较高,回采过程中绝对瓦斯涌出量大,也可能造成回风流、上隅角瓦斯超限而无法正常生产。

需要说明的是,由于我国幅员辽阔、各矿区煤层地质条件差别大,统一指标很难反映各矿区煤炭开采的实际情况,2019 版《防突细则》中规定的指标均为建议值,各省份、各矿区应根据自己的实际情况研发制定适合本矿区煤层和瓦斯赋存特点的瓦斯抽采指标体系,其指标临界值一般应严于国家规定指标。例如,河南省根据自身情况提出了"双 6"指标,即煤层瓦斯压力需降至 0.6 MPa、煤层瓦斯含量需降至 6 m³/t 以下才可进行采掘作业;淮北矿业集团制定了"双 5"指标,即通过煤层瓦斯抽采,煤层瓦斯压力和瓦斯含量分别降至 0.5 MPa和 5 m³/t 以下方可进行采掘作业。

另外,山西省提出了"先抽后建"、"先抽后掘"和"先抽后采"瓦斯抽采全覆盖工程方案[9],并给出了相应措施及抽采指标。本章根据国家相关规定标准,并结合各地方政府颁布的相关文件,将瓦斯抽采指标分为井上下联合抽采瓦斯指标、煤层消除突出危险性指标、工作面抽采达标评价指标、采掘工作面瓦斯抽采达标评判指标和工作面开采期间瓦斯抽采指标四类。

3.4.1 "先抽后建"、"先抽后掘"和"先抽后采"瓦斯抽采指标

对于瓦斯含量高于 20 m³/t 的煤层,仅靠单一的瓦斯抽采方式很难在短时间内将煤层瓦斯含量降至 8 m³/t 以下、满足安全开采要求。对于煤层渗透率高、瓦斯含量大且处于煤矿规划区、短时间内无法开采的煤层,可考虑提前采用地面钻井进行瓦斯抽采,有效低煤层瓦斯含量,为后续的矿井建设提供安全保障。根据高瓦斯含量煤层的实际情况,山西省2015 年 7 月下发的瓦斯抽采全覆盖工程方案,提出了"先抽后建"、"先抽后掘"和"先抽后采"的瓦斯抽采方案,并给出了相应指标。

(1)煤矿规划区实行"先抽后建"。在煤层瓦斯含量大于 16 m³/t 的煤矿规划区,采取先地面施工钻井抽采煤层瓦斯,待煤层瓦斯含量降至 16 m³/t 以下,再建煤矿,实施"先采气、后采煤",做好采气采煤有效衔接。另外,2019 版《防突细则》规定,按突出矿井设计的矿井建设工程开工前,应当对首采区内评估有突出危险且瓦斯含量大于或等于 12 m³/t 的煤层进行地面钻井预抽煤层瓦斯,预抽率应当达到 30% 以上。

(2)煤矿准备区实行"先抽后掘"。在煤层瓦斯含量为 8～16 m³/t 的煤矿准备区,采取地面钻井抽采与井下长距离钻孔及穿层钻孔预抽相结合的方法,强化瓦斯抽采,待煤层瓦斯含量降到 8 m³/t 以下,再开拓部署。

(3)煤矿生产区实行"先抽后采"。在煤层瓦斯含量为 8 m³/t 以下的生产区,在原有井上、井下预抽基础上,井下采掘工作面继续强化抽采,待瓦斯抽采指标达到《抽采达标》要求后,方可进行回采,实现"先抽后采、抽采达标"。

3.4.2 煤层消除突出危险性指标

根据 2019 版《防突细则》规定,对于发生过突出的煤层,可将煤层始突深度处的瓦斯压力或瓦斯含量取值作为煤层消除突出危险性的效果检验指标。对于没有考察出煤层始突深度处的瓦斯数据,或是矿井未发生过突出时,瓦斯压力或瓦斯含量可分别按照 0.74 MPa(表压)、8 m³/t 取值作为煤层消除突出危险性的效果检验指标。在进行瓦斯抽采效果检验时,瓦斯压力或瓦斯含量选用一个参数即可。2019 版《防突细则》中仅是给出了瓦斯压力和含量的建议临界值,各煤矿具体瓦斯压力和含量临界值应当由具有煤与瓦斯突出鉴定资质的

机构进行试验获得。另外,河南省和淮北矿业集团分别给出了各自的煤层瓦斯压力和瓦斯含量临界管理指标,如表 3-4 所列。

表 3-4　部分消除突出危险性指标及管理指标汇总

	煤层瓦斯压力/MPa(表压)	煤层瓦斯含量/($m^3 \cdot t^{-1}$)
2019 版《防突细则》	0.74	8(构造带 6)
河南省	0.60	6
淮北矿业集团	0.50	5

对于突出煤层,当效果检验或达标评判范围内所有测点测定的煤层残余瓦斯压力或残余瓦斯含量都小于消突指标且施工测定钻孔没有喷孔、顶钻或其他动力现象时,则认为效果检验合格或防突效果达标;否则,认定以测试点为圆心、半径 100 m 范围内的煤体未达标,需要继续进行瓦斯抽采。

在采用残余瓦斯压力或者残余瓦斯含量指标时,应首先根据抽采前的瓦斯含量及抽、排瓦斯量等参数间接计算残余瓦斯含量进行判断,达到了要求后再根据残余瓦斯压力或残余瓦斯含量的直接测定值进行措施效果检验。由于煤体在施工了大量瓦斯抽采钻孔并经过长期抽采后,残余瓦斯压力很难测准,因此一般采用残余瓦斯含量作为煤层消除突出危险性的效果检验指标。

3.4.3　采掘工作面瓦斯抽采达标评判指标

根据《抽采达标》要求,对于瓦斯涌出量主要来自开采层时,其瓦斯抽采达标评判指标主要依据可解吸瓦斯含量,如表 3-5 所列。从表 3-5 可以看出,此类采煤工作面必须根据日产量确定开采煤层的最高可解吸瓦斯含量,即在采煤前通过预抽瓦斯方法使工作面煤的可解吸瓦斯量降到规定指标之下。

表 3-5　采煤工作面回采前煤的可解吸瓦斯量应达到的指标

工作面日产量/t	可解吸瓦斯量 W_j/($m^3 \cdot t^{-1}$)
≤1 000	≤8
1 001～2 500	≤7
2 501～4 000	≤6
4 001～6 000	≤5.5
6 001～8 000	≤5
8 001～10 000	≤4.5
>10 000	≤4

对于瓦斯涌出量主要来自突出煤层的采煤工作面,只有当瓦斯预抽防突效果和煤的可解吸瓦斯量指标都满足达标要求时,方可判定该工作面瓦斯预抽效果达标。

3.4.4　工作面开采期间瓦斯抽采指标

根据《抽采达标》相关要求,突出煤层或高瓦斯煤层工作面必须通过采前抽采,并达到规定的抽采指标后,方可进行回采。采煤工作面回采期间瓦斯涌出量主要来自邻近层或围岩时,应采用采中瓦斯抽采方法使采煤工作面瓦斯抽采率能满足表 3-6 的规定。从表中可以看出,此类工作面必须根据工作面绝对瓦斯涌出量情况确定工作面的最低瓦斯抽采率。

表 3-6 采煤工作面瓦斯抽采率应达到的指标

工作面绝对瓦斯涌出量 $Q/(\mathrm{m^3 \cdot min^{-1}})$	工作面瓦斯抽采率/%
$5 \leqslant Q < 10$	$\geqslant 20$
$10 \leqslant Q < 20$	$\geqslant 30$
$20 \leqslant Q < 40$	$\geqslant 40$
$40 \leqslant Q < 70$	$\geqslant 50$
$70 \leqslant Q < 100$	$\geqslant 60$
$Q \geqslant 100$	$\geqslant 70$

采掘工作面同时满足风速不超过 4 m/s、回风流中瓦斯浓度低于 1% 时,判定采掘工作面瓦斯抽采效果达标。

3.4.5 矿井瓦斯抽采指标

表 3-7 规定了不同绝对瓦斯涌出量的矿井应达到的最低瓦斯抽采率,即矿井通过各种瓦斯抽采方法后应达到的最低瓦斯抽采率。目前很多瓦斯抽采先进矿井的瓦斯抽采率达 60% 以上,少数矿井瓦斯抽采率可达 80% 以上。抽采率越高,风排瓦斯量越少,说明矿井的安全程度越高。

表 3-7 矿井瓦斯抽采率应达到的指标

矿井绝对瓦斯涌出量 $Q/(\mathrm{m^3 \cdot min^{-1}})$	矿井瓦斯抽采率/%
$Q < 20$	$\geqslant 25$
$20 \leqslant Q < 40$	$\geqslant 35$
$40 \leqslant Q < 80$	$\geqslant 40$
$80 \leqslant Q < 160$	$\geqslant 45$
$160 \leqslant Q < 300$	$\geqslant 50$
$300 \leqslant Q < 500$	$\geqslant 55$
$Q \geqslant 500$	$\geqslant 60$

参 考 文 献

[1] 程远平.矿井瓦斯防治[M].徐州:中国矿业大学出版社,2017.

[2] 程远平,付建华,俞启香.中国煤矿瓦斯抽采技术的发展[J].采矿与安全工程学报,2009,26(2):127-139.

[3] 刘见中,沈春明,雷毅,等.煤矿区煤层气与煤炭协调开发模式与评价方法[J].煤炭学报,2017,42(5):1221-1229.

[4] 袁亮,薛俊华,张农,等.煤层气抽采和煤与瓦斯共采关键技术现状与展望[J].煤炭科学技术,2013,41(9):6-11,17.

[5] 袁亮.卸压开采抽采瓦斯理论及煤与瓦斯共采技术体系[J].煤炭学报,2009,34(1):1-8.

[6] 李伟,陈家祥,吴建国.淮北矿区煤层气综合抽采技术[C]//叶建平,傅小康,李五忠.2011年煤层气学术研讨会论文集:中国煤层气技术进展.北京:地质出版社,2011:450-455.

[7] 李伟.淮北矿业集团瓦斯灾害治理综述[J].煤炭科学技术,2008,36(1):31-34.

[8] WANG H F,CHENG Y P,YUAN L. Gas outburst disasters and the mining technology of key protective seam in coal seam group in the Huainan Coalfield[J]. Natural hazards,2013,67(2):763-782.

[9] WANG H F,CHENG Y P,WANG W. Research on comprehensive CBM extraction technology and its applications in China's coal mines[J]. Journal of natural gas science and engineering,2014,20:200-207.

[10] 王海锋,方亮,程远平,等.基于岩层移动的下邻近层卸压瓦斯抽采及应用[J].采矿与安全工程学报,2013,30(1):128-131.

[11] 李国富,李波,焦海滨,等.晋城矿区煤层气三区联动立体抽采模式[J].中国煤层气,2014,11(1):3-7.

[12] 武华太.煤矿区瓦斯三区联动立体抽采技术的研究和实践[J].煤炭学报,2011,36(8):1312-1316.

第4章 地面钻井瓦斯抽采

在矿井的开拓区和准备区,井下巷道系统还未完全形成,对于高瓦斯、突出矿井,前期从地面施工钻井进行煤层瓦斯抽采是最佳选择。通过地面钻井对井下瓦斯抽采,可有效降低煤层瓦斯压力和瓦斯含量,直至消除其突出危险性,为后续的采掘作业提供安全保障。21世纪以来,地面钻井抽采在沁水盆地特别是在晋城地区西部矿区的应用取得了成功。该地区首先通过地面钻井的多年抽采,将煤层原始瓦斯含量由约 20 m³/t 降至 16 m³/t 以下,再通过与井下钻孔的联合抽采,将瓦斯含量降至 8 m³/t 以下,满足抽采达标评判要求。地面钻井抽采在整个晋城矿区高瓦斯突出矿井的抽采达标过程中的作用至关重要。

地面钻井瓦斯抽采即为常规意义上的煤层气开采,根据现有经验,在地面钻井瓦斯抽采中基本采用油气钻井工艺,但是由于瓦斯以吸附状态存在于煤层中,其力学性质及储存方式与常规油气储层并不相同,这就决定了瓦斯钻井工艺技术与常规油气钻井工艺有所不同。目前,我国地面钻井采用的方式一般包括垂直井、水平井、U形井及丛式井等[1-2]。

尽管地面垂直井存在排采周期长、产量低和受地面条件限制等问题,但其具有工艺简单、钻进风险小、投资成本低等特点,为此地面垂直井在我国地面钻井瓦斯抽采中得以广泛应用。本书重点对地面垂直井的钻进工艺、水力压裂改造增透和瓦斯排采等内容进行阐述。

4.1 瓦斯地面钻井钻进工艺

4.1.1 垂直井井身结构及井网类型
4.1.1.1 垂直井井身结构

地面垂直井瓦斯抽采是从地面施工垂直钻井进入目标煤层,通过增产强化措施抽采目标煤层瓦斯。井身结构是决定瓦斯抽采效果的重要因素之一,是钻井工程顺利进行的基础。钻井井身结构确定需要对目标区域地质条件和预计产气能力进行评价,以实现瓦斯钻井的高效利用。

井身结构是指一口井下入套管的层次、尺寸、深度,各层套管相应的钻头尺寸以及各层套管的水泥返高,如图 4-1 所示,在井眼形成后,下入套管一般分为表层套管、技术套管(或中层套管)和产层套管(或生产套管)三种类型[3-4]。

(1)表层套管:用以封隔上部松软的不稳定地层,安装井口,并控制井喷和后续的建井工程。

(2)技术套管:利用钻井液封隔难以控制的复杂地层,确保钻井的顺利进行。

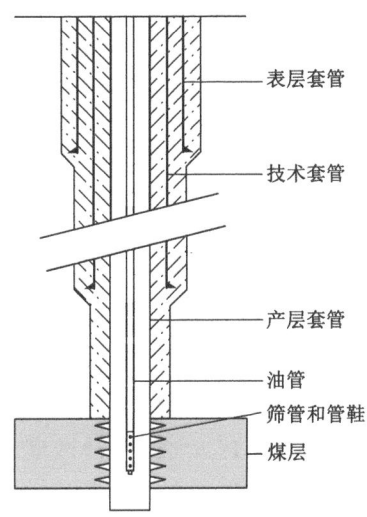

图 4-1　垂直井井身结构示意图

（3）产层套管（生产套管）：将目标产层和其他地层分隔开,确保生产周期,满足开采和储层压裂的要求。

常规垂直钻井井身结构是一个从上到下的倒台阶形状结构,以井口的钻头程序为例:一开采用 $\phi 445$ mm 钻头钻进至表层,然后下入表层套管,封闭上部不稳定的松软地层和水层;二开采用 $\phi 311$ mm 钻头钻至一定深度,下入技术套管,克服高压油气水层、漏失层和塌陷层等复杂地层导致的钻井困难;三开采用 $\phi 215$ mm 钻头钻至完井深度,下入产层套管。在地层地质较简单的情况下,下入套管可省去技术套管,简化为表层套管和产层套管。

油管是垂直悬挂在井里的钢制空心管柱,每根长 $8 \sim 10$ m,由丝扣连接。其作用一是将煤层产出的水从井底输送到井口,二是通过油管进行压井、洗井和酸化压裂等井下作业。油管挂（又称锥管挂）是金属制成的带有外密封圈的空心锥体,装在大四通内,并将油、套管的环形空间密封起来。筛管由油管钻孔制成,每根长 $3 \sim 10$ m,钻孔孔径 $10 \sim 12$ mm,钻孔孔眼的总面积要求大于油管的横截面积,以增加气流通道,弥补油管鞋入口处过小对产量的影响。油管鞋接在油管最下部,是一个内径小于井底压力计直径的短节,防止测压时压力计或其他入井工具掉落井内。

欠平衡钻井与常规井身结构有所差别。一开钻至基岩并下表层套管固井,表层套管的下深要从预计地下高压地层入手确定表层套管的下深。因为二开采用欠平衡钻井,井筒内没有液柱压力,在可能钻遇高压地层时,地下的高压直接作用在井口处,不至于因高压顶起表层套管和发生重大损毁事故。二开一般采用空气钻井,钻进至目标煤层 $40 \sim 50$ m 以下,下入产层套管,确保在煤层中进行的各种工程作业安全实施。

4.1.1.2　井网类型

垂直井的布置形式主要受煤储层原始渗透率、储层改造后渗透率及地层供液能力的强弱三个因素控制。常见的布井方式有矩形布井法、五点式布井法、梯形布井法、梅花形布井法等[5],如图 4-2 所示,晋城地区地面钻井间距为 $200 \sim 400$ m,一般为 300 m。

每种布井方法都有其各自的优缺点和适用条件。就矩形布井法而言,在四口井的中心

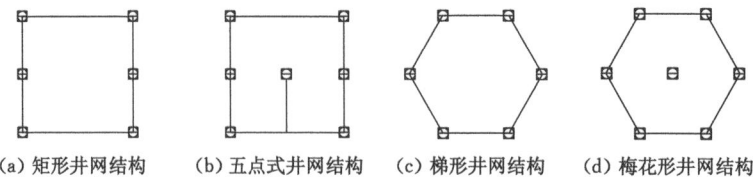

(a) 矩形井网结构　　(b) 五点式井网结构　　(c) 梯形井网结构　　(d) 梅花形井网结构

图 4-2　井网布置形式示意图

地带压力降低幅度最小,排水采气效率较低,可能造成该区域内的瓦斯无法采出是该方法布置的最大缺陷,这种布井方法适用于储层渗透率非均质性强,供液能力差别不大的地区。对于地层渗透率相差不大且供液能力相差不大的地区,则优先选择五点式布井法,这种布井方法的特点是改造前后储层的渗透率变化很小,并且排采过程中压力的传递速度较为均匀。在地层受到张拉应力或者挤压应力时,会造成地层的渗透率极高或者极低的情况,这时通常采用梯形布井法,梯形布井法能有效开采单井控制面积内的瓦斯资源量。梅花形布井法主要适用于煤储层原始渗透率及压裂改造后水平最大主应力和水平最小主应力方向上渗透率差别较大的情况,采用这种布井方法最终几乎同时形成井间干扰,从而使单井控制面积内的瓦斯采出率最大。

4.1.2　垂直井钻井技术

　　在钻井过程中,钻井液比重过大、钻井液漏失是导致煤储层伤害的主要因素之一。我国地面瓦斯抽采开发初期多使用低密度水泥或是清水常规钻进。为了减少钻井过程中对煤储层的伤害,需降低钻井液比重。在此基础上发展起了欠平衡钻井[6]。欠平衡钻井又称为负压钻井,是指在钻井过程中井底压力低于地层压力,地层流体有控制地进入井筒并循环至地面的钻井技术。欠平衡钻井技术具有很多优势,比如提高机械钻速,有效控制漏失,实时发现地质异常情况,及时评价低压低渗油气层和减少地层伤害等[7-8]。美国率先将欠平衡钻井技术应用到瓦斯的开采中,20 世纪 80 年代便实现了瓦斯的工业化开采。欠平衡钻井技术可分为气体欠平衡钻井、液体欠平衡钻井和泥浆帽钻井。气体欠平衡钻井技术在对井壁岩石的剪切破坏崩塌和拉伸崩落作用都近似于零,远远小于液体欠平衡钻井技术。气体欠平衡钻井包括空气钻井、雾化钻井、泡沫钻井及充气钻井。

　　空气钻井技术是将传统钻井过程中使用的液体循环介质由气体代替,通过气体压缩机形成环空气,将井底钻屑带出的一种欠平衡钻井技术。常用的钻井气体主要有空气、氮气、柴油机废气以及天然气、二氧化碳等,并配合干燥剂、防腐剂等添加剂在地面注入设备,增压后正循环从钻杆注入流经钻头,携带岩屑从环空返出地面,具有低密度、高流速的特征,可有效减小压持作用,使机械钻速提高 5～8 倍,主要适用于井壁稳定、含水量低、易漏失的水敏性低压地层。

　　气体欠平衡钻井时,如果地层出水严重,会导致大尺寸岩屑团沉降、聚集,造成卡钻和井眼污染,此时应采用雾化钻井技术。雾状流体是由空气、发泡剂、防腐剂以及少量的水混合而成的钻井循环流体。其中空气为连续相,液体为分散相,它们与岩屑一起从环空中呈雾状返出。使用雾化钻井是空气钻井和泡沫钻井间的一种过渡工艺。当地层出液量大于一定值后,就只能采用泡沫钻进。

4.1.3　固井技术

　　固井技术是油气钻井工程中最重要的环节之一,其主要目的是封隔井眼内的油层、气层和水层,保护油气井套管、增加油气井寿命及提高油气产量[9]。在钻井作业中一般至少要有两次固井(生产井),多至4~5次固井(深探井)。最上面的固井是表层套管固井。在下一次开钻之前,表层套管上要装防喷器预防井喷。防喷器之上要装泥浆导管,是钻井液返回泥浆池的通路。钻井过程中往往还要下技术套管固井。

目前采用的主要固井技术有:

(1) 低密度水泥浆。低密度水泥浆主要有两种,一种是漂珠低密度水泥浆,另一种是粉煤灰低密度水泥浆。采用低密度水泥浆固井可以降低环空的液柱压力防止固井中水泥浆漏失,也可以减轻对煤层的伤害。

(2) 双级固井技术。对井深约1 000 m的瓦斯井固井,有的井采用双级固井技术,分级箍于煤层的顶部。一级水泥凝固以后,再注二级水泥。

(3) 塞流顶替技术。瓦斯井套管下入浅,替浆量少,采用水泥浆塞流顶替钻井液可获得良好的固井效果,且塞流顶替对工艺和设备的要求不高,对水泥浆性能的要求也不十分严格。

4.1.4　套管射孔完井技术

地面钻井完井是指钻井与煤层的连通方式。这一流程采用的是常规油气井完井的原理和技术,并针对煤储层的特性加以改进。瓦斯井的完井可以使井筒与煤层的原生裂隙和次生裂隙系统有效的连通,同时有效地封堵出水地层和不同压力体系的煤层,降低钻井污染,提高产气量。另外还可以防止井壁坍塌和煤层出砂,保障瓦斯井的采气作业和长期生产[10]。在选择瓦斯井的完井方法时必须最大限度地保护煤层,防止对目标煤层造成伤害,减少煤层流入井筒的阻力。

目前用于瓦斯井的完井方法可归纳为以下三大类,即裸眼完井、套管完井和套管射孔技术,其中套管射孔完井技术应用最为广泛[11]。套管射孔完井是指钻完后的全部井深下套管、固井并将煤层用水泥封住后,用射孔器射穿套管、水泥环和部分煤层,构成煤层与井筒的连通通道。套管射孔完井技术对地层条件没有限制,适用范围广。套管射孔完井技术层间封隔效果好,便于进行后期作业;有利于水力压裂和采气作业。井筒稳定、寿命长,便于修井,为长期生产创造了条件。套管射孔完井的井身结构如图4-3所示。

油田常见的射孔器有聚能射孔器、复合射孔器、增效射孔器和水力喷射射孔器等。瓦斯直井常用的射孔器为聚能射孔器,射孔方式常采用电缆输送射孔的套管负压射孔方式。在射孔施工中,应根据井的条件和其他射孔参数,选择一个适合于本井条件的最佳射孔密度。瓦斯井射孔孔径10~15 mm,孔密有8~32孔/m不等,一般采用24孔/m或16孔/m。孔眼轨迹沿套管表面螺旋分布,在任一横截面上最多只能有一个孔眼。具体情况需要结合每个地区的地质条件、煤体结构与经济效益等条件来确定。

为了降低射孔作业对煤层的伤害,瓦斯井还常用水力喷砂割槽的方法建立井筒与煤的连通通道。即用水和砂的混合液,通过3.17~6.35 mm的喷端以高速砂液切割套管和水泥环。美国黑勇士盆地的实践证明这种方法可显著地降低射孔作业对煤层的伤害,同时

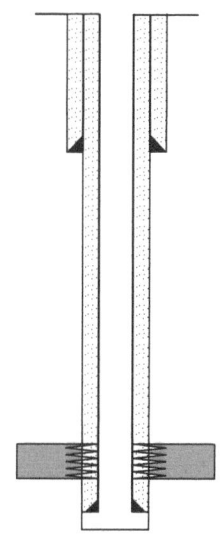

图4-3　套管射孔完井
的井身结构

有利于压裂作业和压裂液的返排。

4.2 地面钻井水力压裂改造增产技术

煤层气藏渗透率较低、吸附能力较强,为了使瓦斯井获得较为经济的产量,必须对煤层气藏实施压裂等改造措施。煤层的渗透率越大,达到同一开采效果所需要的时间就越短。当前提高煤层渗透率的主要措施包括:水压致裂改造技术、多元气体驱替技术和定向羽状水平钻井技术。本节对最常用的水力压裂技术进行简要阐述。

4.2.1 水力压裂原理及设备

4.2.1.1 水力压裂原理

水力压裂是一种广泛应用于油气井的增产措施,其历史已有近 40 年[12-13]。它采用地面高压压裂车,以高于储层吸入的速度,从井的套管或者油管向井下注入压裂液,当井筒内的压力增高,达到克服地层的地应力和岩石抗拉强度时,岩石开始出现破裂,形成一条或者数条裂缝。为了使停泵后裂隙不完全闭合,并获得较高的导流能力,在注入压裂液的同时注入大颗粒的固体支撑剂(石英砂或者陶粒砂),并使之留在裂缝中,确保裂缝内部高的渗透率,从而扩大油气井的有效井径、减小油气流入井底的阻力,达到增产的目的。水力压裂时包括 3 个主要技术环节:一是在煤层中劈开裂缝;二是把劈开的裂缝通过支撑剂支撑;三是把井筒中的支撑剂顶替到煤层中。水力压裂典型施工曲线如图 4-4 所示。

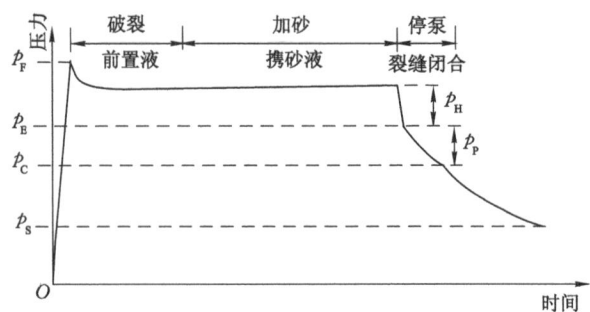

p_F—破裂压力;p_E—裂隙延伸压力(静);p_P—净裂隙延伸压力;

p_C—裂隙闭合压力(静);p_S—地层压力(静);p_H—管内摩擦阻力。

图 4-4 水力压裂典型施工曲线

4.2.1.2 水力压裂的主要设备

地面钻井水力压裂的主要设备有压裂液罐、砂罐车、管线车、管汇车、混砂车、压裂车和仪表车等[14-15]。水力压裂时,水是主要的造缝和传输介质。压裂一旦开始,中间不能停顿,且整个压裂过程耗时较短,因此压裂前需进行液体的储备,目前常用压裂液罐来盛装压裂液。当裂缝被劈开时,为防止裂缝闭合,则需要用支撑剂把裂缝支撑,因现场施工排量较大,加砂时间短,需用砂罐车运载支撑剂。施工时的动力系统主要来自压裂车,即压裂车主要是增加压力,增大排量;压裂时为使压裂效果较好,需把几台压裂车并联,通过管汇车把各个压裂车及井口汇集连接,管汇车主要是运输压裂时所需要的各种管线。压裂前支撑剂与压裂液分别盛装,压裂时则需要把支撑剂与压裂液混合搅拌均匀,以便携带更远,这是混砂车的功能。仪表车随时了解压裂过程中压力变化,随时调整泵注程序,使压裂施工过程进展顺利,确保压裂效果最佳。水力压裂施工现场示意图如图 4-5 所示。

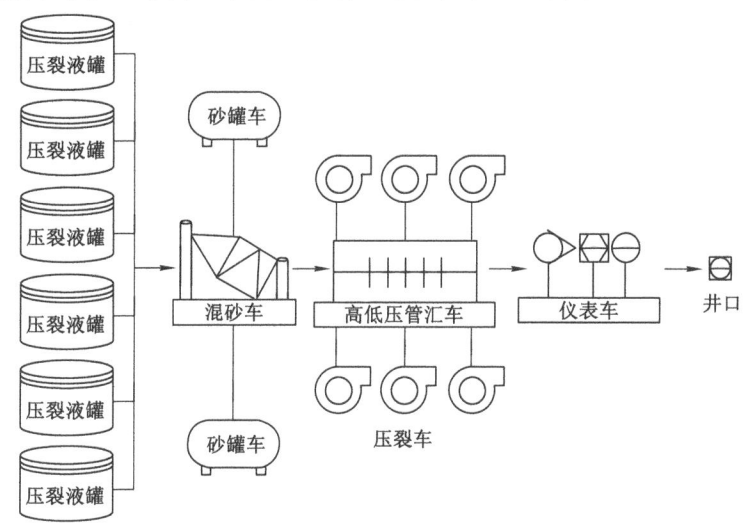

图 4-5　水力压裂施工现场示意图

4.2.2　工艺流程及泵注程序

4.2.2.1　工艺流程

当各种压裂设备依次连接后,就可以进行水力压裂了。地面进行水力压裂时,大致分为以下七个步骤,流程如图 4-6 所示。

图 4-6　水力压裂施工工序一般技术流程

（1）循环

进行正式水力压裂前,需要对管路进行循环,循环的路径是循环液从水罐流出,经混砂车泵入各个压裂车,再经压裂车的作用顺着循环管返回到油缸中。

（2）管线试压

循环液对管路循环后,各种设备工作正常时,就可以进行管线试压了。管线试压就是将井口总阀门关闭,采用清水或压裂液,把压力提高到预测破裂压力的 1.2~1.5 倍,达到设计压力后保持 2~3 min 压力不降为合格。管线试压主要是检查设备、井口、地面及所有连接部分的丝扣等能否承受高压作用,以防止正式压裂过程中发生意外。

（3）小型压裂

管线试压合格后,打开总阀门,这时启动一台或两台压裂车先将井内灌满压裂液,然后逐步启动其他压裂车逐渐加压,开始向煤层注入压裂液,施工压力逐渐增加,达到煤层破裂压力后,再注入 2~3 min,立即停泵,开始测压降。

（4）造缝

小型压裂施工停止后,煤层滤失系数不同,测压降时间不同,一般在现场测试 15 min 压降后进行正式压裂,正式压裂的第一步为造缝。

正式压裂时,依次开启压裂车,迅速使排量达到设计值,随着压裂液的注入,施工压力逐渐上升,直到煤层破裂,继续注入压裂液,裂缝开始延伸,从而在煤层中形成许多裂缝。受现场施工设备性能、井场、压裂液性能、煤层自身物理性质、煤层厚度、上下围岩等条件的限制,裂缝不能无限延伸,当达到一定程度时,造缝阶段结束。

(5)加砂

地下的煤层受到垂向和水平方向应力的作用,为了防止营造出的裂缝闭合,压裂液需携带支撑剂进入煤层支撑裂缝。支撑剂首先进入混砂车,混砂车上的搅拌器把支撑剂和压裂液混合均匀,在离心泵的作用下输送到压裂车,压裂车加压后经管汇入井内。混砂车的搅拌器上有密度计,通过密度的变化来控制支撑剂浓度,使砂比注入能基本按照设计进行。

(6)顶替

加砂阶段完成后,需把井筒中残留的支撑剂与压裂液的混合体顶替到煤层中。

(7)洗井

正式压裂结束后,在井筒中将会残留部分支撑剂,需下井内管柱,进行冲砂洗井作业。

压裂时的各种操作指令均是在仪表车完成的。仪表车能对压裂车进行操控,同时能实时观察到井口设备、混砂车等关键设备的工作状况,通过通信设备与混砂车、储罐液等现场操作人员进行实时通话,以便能及时掌握施工进度,做出改变排量、改变支撑剂浓度、提前停泵等决定,保障压裂施工顺利、正常、有效进行。

4.2.2.2 泵注程序

常用的水力加砂压裂泵注程序如图4-7所示。

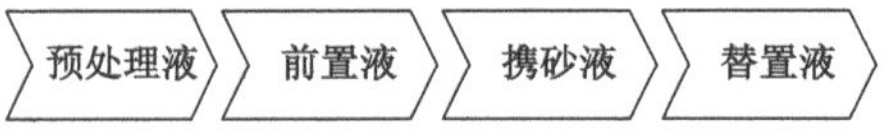

预处理液 〉〉 前置液 〉〉 携砂液 〉〉 替置液 〉

图4-7 水力加砂压裂泵注程序

前置液的主要功能是造缝,是压裂设计中着重考虑的施工参数,其用量的大小,对于压裂施工的成败至关重要。前置液量的多少取决于压裂液效率,而压裂液效率又与储层条件及压裂液性能密切相关。

携砂液的作用是用来将地面的支撑剂带入裂缝,并携至裂缝中的预定位置,同时还有延伸裂缝、冷却地层的作用。在携砂液的泵注过程中,由于新的裂缝不断产生和延伸,压裂液滤失的面积越来越大。在泵注携砂液的最后阶段,通过提高砂比达到近井地带裂缝的有效支撑,而不是通过泵注大粒径支撑剂来支撑近井地带的裂缝。

替置液的作用是将携砂液送到预定位置,将井筒中的全部携砂液替入裂缝中。替置液的用量与常规压裂的计算方法一样,只要把携砂全部注入煤层即可。

4.2.3 压裂液配方及支撑剂选择

压裂液是压裂措施的关键性环节,它的主要功能是传递能量,使储层张开裂缝并沿裂缝传送支撑剂。压裂液的选择需要考虑煤中黏土矿物含量、煤层润湿性、煤层渗透率、煤储层温度及地层水性质等因素[16]。瓦斯井压裂时,压裂液有很多选择。目前国内大多采用清水加不同浓度氯化钾作为瓦斯井压裂液,有时也加入一些表面活性剂助排,这种压裂液在现场也被称为活性水[17]。活性水压裂液有成本低、防膨作用、现场施工方便等优点。

水是一种廉价压裂液,对地层伤害最小。但该压裂液对裂缝高度控制作用较差,如果在煤层顶底板中发育有高含水层,会影响开采效果。同时,水的携砂能力小,携砂浓度低,增加排量虽然可以在一定程度上提高加砂量,但是会造成压裂缝高度失控。水的携砂能力低,造成砂容易在压裂裂缝底部沉降,如图 4-8 所示。虽然水力压裂成功压开了煤层,裂缝在射孔段得以充分延伸,但是大部分支撑剂沉降位置在煤层以下,少部分进入煤层中,难以形成有效裂隙,导流能力差。

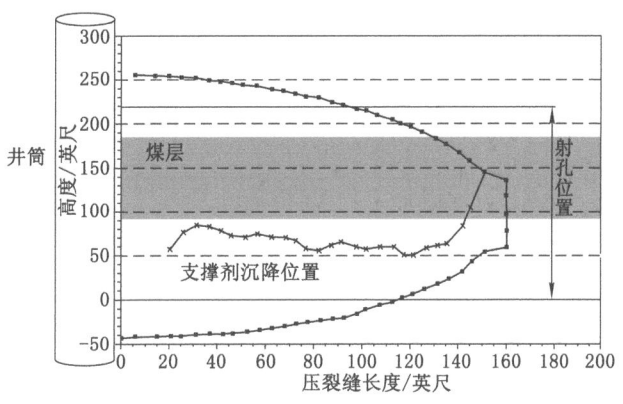

图 4-8　水力压裂过程中支撑剂的分布图(据 Palmer)

(1 英尺＝0.304 8 m)

支撑砂在压裂中发挥着重要的作用,常见的支撑剂有石英砂、陶粒和树脂包砂等,需要结合实际情况、经济成本等因素进行选择。国内 1 200 m 以浅的煤层,基本都采用石英砂作为支撑剂[18]。石英砂支撑剂主要化学成分为二氧化硅,矿物组分以石英为主,石英含量一般在 80% 左右,其硬度系数为 7,颜色多变。

由于煤层与岩层相比更松软,支撑剂易嵌入煤层中,煤粉也会堵塞填砂缝。另外,煤的天然裂隙发育,易出现携砂过程阻力大和携砂液大量滤失等问题。为此,前置液阶段加入 100 目或者 40/70 目石英砂,具有防止压裂液滤失的作用,并具有一定的打磨孔眼、降低孔眼摩擦阻力的作用。注携砂液阶段常采用 20/40 目石英砂,并尾追 16/20 目石英砂,起到稳定裂缝和提高裂缝导流能力的作用。

4.2.4　水力压裂裂缝特征及裂缝形态

4.2.4.1　煤的力学特征

煤岩是带有孔隙和裂缝的双重介质,面割理和端割理发育,因为煤体的微观结构与砂岩(孔隙型多孔介质)差异较大,其力学特征参数也与砂岩差异较大[19]。

(1)杨氏模量远远低于砂岩地层,泊松比普遍高于砂岩。煤的杨氏模量在 1 131～4 602 MPa 之间,较常规砂岩小一个数量级,煤的静态杨氏模量小于动态杨氏模量,与其他岩性规律相同。煤岩样品的泊松比在 0.18～0.42 之间,平均 0.33,明显高于常规砂岩。

(2)煤的抗拉强度较小并随煤阶降低而减弱,见表 4-1。煤的抗拉强度较小,普遍在 0.06～1.66 MPa,平均为 1.10 MPa,低于砂岩的抗拉强度。抗拉强度随煤阶降低而减弱,无烟煤 2 号煤样平均值为 1.73 MPa,无烟煤 3 号煤样平均值为 1.15 MPa,焦煤平均值仅为 0.25 MPa。

表 4-1　煤样抗拉强度实验结果[20]

样号	煤阶	直径/mm	厚度/mm	加载方式	破裂载荷/lb	抗拉强度/MPa	抗拉强度平均值/MPa
晋1		50.20	22.30	平行层理	650	1.35	
晋2	无烟煤2号	50.00	25.00	平行层理	1 035	2.34	1.73
晋3		50.00	24.96	垂直层理	730	1.66	
阳1		50.00	25.10	平行层理	720	1.62	
阳2	无烟煤3号	50.10	24.60	平行层理	310	0.71	1.15
阳3		50.10	25.00	垂直层理	500	1.13	
峰1	焦煤	49.90	25.10	平行层理	250	0.06	0.25
峰2		49.90	25.00	垂直层理	190	0.43	

注：1 lb＝0.453 6 kg。

（3）煤的抗压强度低，压缩系数大。见表4-2，煤的抗压强度为28～104 MPa，大部分在28～71 MPa之间，明显低于砂岩。煤的体积压缩系数在$(1.98～20.7)×10^{-4}$ MPa^{-1}之间，煤的孔隙弹性压缩系数在0.12～0.96之间，变化较大。

表 4-2　煤样孔隙弹性系数实验结果[21]

序号	样号	埋深/m	围压/MPa	孔压/MPa	杨氏模量/MPa	泊松比	体积压缩系数/MPa^{-1}	颗粒压缩系数/MPa^{-1}	孔隙弹性压缩系数	抗压强度/MPa
1	阳4	600	10	6	3 209	0.39	$2.42×10^{-4}$	$1.67×10^{-4}$	0.69	41
2	晋4	600	10	6	4 996	0.36	$2.25×10^{-4}$	$1.96×10^{-4}$	0.13	104
3	晋6	600	10	6	4 663	0.38	$1.98×10^{-4}$	$1.75×10^{-4}$	0.12	103
4	峰4	600	10	6	3 162	0.35	$6.22×10^{-4}$	$1.41×10^{-4}$	0.78	28
5	晋试2	613	10	6	3 990	0.33	$5.86×10^{-4}$	$1.51×10^{-4}$	0.74	71
6	气煤1	700	12	7	1 490	0.15	$9.55×10^{-4}$	$1.41×10^{-4}$	0.85	40
7	褐煤1	700	12	7	1 810	0.27	$20.7×10^{-4}$	$7.63×10^{-4}$	0.96	28
8	长焰煤1	700	12	7	3 304	0.29	$9.62×10^{-4}$	$1.61×10^{-4}$	0.83	49

4.2.4.2　煤层中的水力压裂裂缝发育及展布特征

煤岩结构特征和力学特征决定了裂缝发育和展布特征。

（1）煤岩中水力压裂裂缝宽度与杨氏模量成反比，由于煤岩杨氏模量较小，由此形成的裂缝宽度较大。在相同的压裂规模条件下，裂缝宽度的增加，其延展长度将受到限制。

（2）裂缝割理发育，出现多裂缝和裂缝曲折，降低有效缝长。如大宁—吉县地区石炭-二叠系煤层内天然裂隙密度大于300条/m，樊庄区块晋试1井和潘庄区块潘2井、潘4井岩芯观察及扫描电镜观察表明，割理密度大于500条/m，宽度大于1 μm[22]。

（3）人工裂缝启裂除受地应力影响外，还受天然裂缝影响。当水平应力差异较小时，裂缝会沿天然裂缝扩展。当水平应力差异较大时，裂缝会沿垂直于最小主应力方向发展，也就是说,水平应力差越大越容易控制裂缝几何形态,人工裂缝几乎不受天然裂缝的影响。

(4)煤的抗拉强度低,支撑剂嵌入严重,裂缝起裂和延伸过程中产生的大量煤粉返排后堆积在裂缝中。实验发现,与砂岩相比,一方面支撑剂在裂缝中嵌入严重,另一方面嵌入部分的煤多被压成煤粉,两个方面的共同作用对裂缝导流能力造成严重伤害。

(5)水力压裂后的煤岩裂缝表面极其不规则,裂缝或平行于煤层的割理或垂直穿越割理,裂缝面不光滑,呈阶梯状。

4.2.4.3　煤层中的压裂裂缝形态

水力压裂作用下裂缝的空间几何形状主要由地层应力和岩石性质等客观条件所决定,压裂施工作业参数可在一定程度上改变裂缝形状[23-25]。煤层中的压裂裂缝形状主要有以下几种[26-28]:

(1)恒缝高矩形断面型。如图 4-9(a)所示,裂缝高度就是煤层厚度,裂缝仅沿水平长度方向发展,裂缝横断面为矩形。形成这种裂缝的地层及岩性条件是:上下围岩的破裂强度明显大于煤层的破裂强度,煤层与上下围岩交界处连续性弱,水平分层界面明显,煤层可以在交界处相对上下围岩发生水平滑移。

(2)恒缝高椭圆断面型。如图 4-9(b)所示,裂缝高度也是煤层厚度,裂缝也仅沿水平长度方向发展,但裂缝横断面为椭圆形。形成这种裂缝的地层及岩性条件是:上下围岩破裂强度明显大于煤层破裂强度,煤层与上下围岩交界处连续性强,无明显水平分层界面,煤层不能在交界处相对上下围岩发生水平滑移。

(3)径向扩展型。如图 4-9(c)所示,裂缝呈圆盘状全方位均匀扩展。形成这种裂缝的地层及岩性条件是:煤层厚度很大,超过压裂裂缝上下可延伸距离;整个煤层性质均匀,或者上下围岩与煤层岩性条件相近,破裂强度差别不大,煤层与上下围岩在相当大的厚度范围内可视为一个均匀的地层整体。

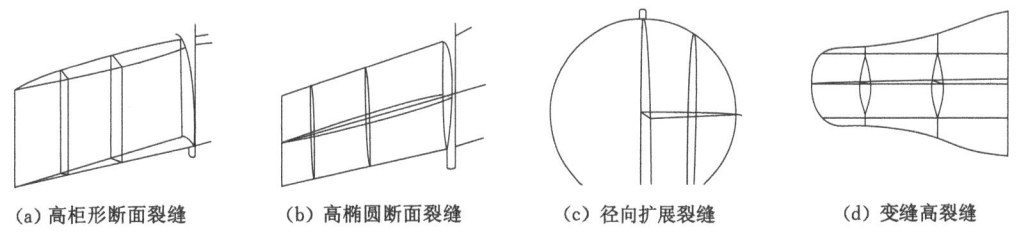

(a)高柜形断面裂缝　　　(b)高椭圆断面裂缝　　　(c)径向扩展裂缝　　　(d)变缝高裂缝

图 4-9　煤层裂缝形态

(4)变缝高型。如图 4-9(d)所示,裂缝高度在上下围岩中有所扩展,裂缝横断面在进入上下围岩后呈劈尖形。形成这种裂缝的地层及岩性条件是:上下围岩的破裂强度一定程度上大于煤层。可认为其是一种从恒缝高型向径向扩展型过渡裂缝。

(5)其他型。由于煤层不同于常规砂岩气藏储层的力学性质及结构特征,造成煤层的裂缝扩张极其复杂,呈现大量的不规则性裂缝。一般煤层压裂的裂缝是沿井筒径向放射状分布,裂缝具有阶梯性、拐角性和不对称性,而且在边界可能形成"T"形和"I"形裂缝,如图 4-10 所示。

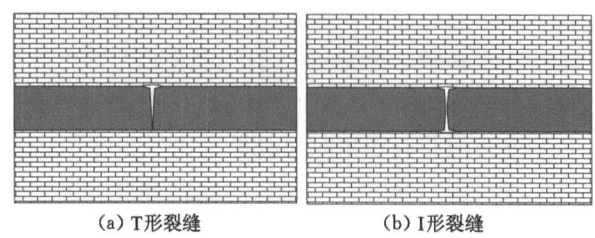

(a) T形裂缝　　　　　　　　(b) I形裂缝

图 4-10　煤层"T"形和"I"形裂缝形态

4.3　瓦斯地面井排采

4.3.1　瓦斯排水采气机理

瓦斯开采机理与常规的油气开采有本质不同。瓦斯在煤层中的存在状态有三种,即游离状态、吸附状态和溶解状态。游离气和溶解气所占比例较小,瓦斯多以吸附状态存在,且与地层水共存。瓦斯从孔隙壁面、基质、微孔表面解吸下来之后才能被开采。瓦斯开采需要经过排水降压—解吸—扩散—运移—采气的过程。瓦斯井的生产是通过抽排煤储层的承压水,降低煤储层压力,促使煤储层中吸附的甲烷解吸。即通过排水降压,使得吸附态甲烷解吸为大量游离态甲烷并运移至井口。

煤层段地层含水为承压水,瓦斯井排采前,井中液面的高度即为煤层中地下水的水头高度,此时不存在压力差,地下水系统基本平衡,没有地下水的流动。当瓦斯井开始排采后,井筒中液面下降,在瓦斯井筒和煤层中形成压力差,地下水从压力高的地方流向压力低的地方,因此煤层中的地下水就源源不断地流向井筒中,使得煤层压力不断下降,并逐渐向远方扩展,最终在以井筒为中心的煤层段形成一个水头降压漏斗,并随着抽水的延续该降压漏斗不断扩大和加深。当煤层的出水量和井口产水相平衡时,形成稳定的压力降落漏斗,压力降落漏斗不再继续延伸和扩大,煤层各点储层压力也就不能得以进一步降低。

4.3.1.1　单井的排采机理

根据水流的状态和压力降落漏斗随时间延续的发展趋势,可以将瓦斯单井的排采情况分为以下几种:

(1) 形成稳定的压力降落漏斗

① 煤层存在补给边界。压力降落漏斗随着排采的继续在煤层中不断扩展,当其遇到张性断层时,若该断层与地表水或其他地下水层相沟通,则这些水系的水就会通过断层补给煤层。当补给量与抽出量相当时,压力漏斗达到稳定,煤层甲烷解吸停止,如图 4-11 所示。

② 煤层存在越流补给。存在越流补给情况下煤层的顶板或底板为弱透水层,且其相邻的地层为含水层。煤层中压力的降低使得邻近含水层中的地下水通过顶板或底板补给煤层。煤层压力降落漏斗的扩大使得补给量不断增加,当补给量与抽出量相当时,降落漏斗达到稳定,不再扩展,煤层甲烷停止解吸,如图 4-12 所示。

(2) 降落漏斗不断扩展

煤层的一侧或多侧存在隔水边界(如逆断层、推覆断层等),降落漏斗发展至该隔水边界时,由于隔水边界无法补给或补给量小于抽出量,此时隔水边界方向的降落漏斗不再向远方

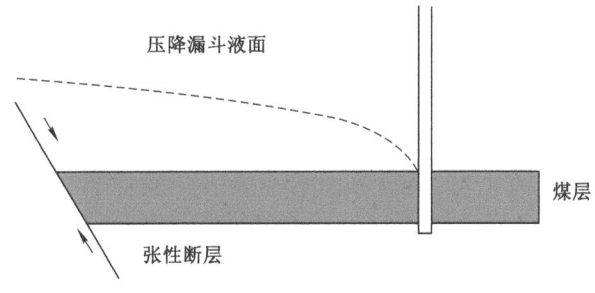

图 4-11　煤层存在补给边界

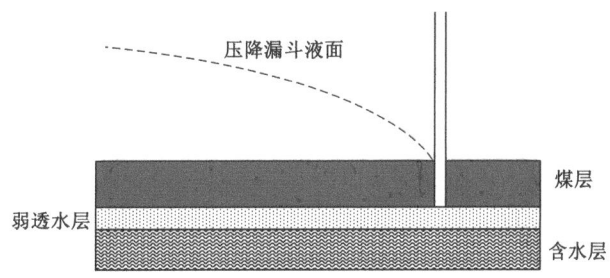

图 4-12　煤层存在越流补给

发展,但迅速加深,使该处的煤层压力快速下降,甲烷大量释放,井口表现为产气量大增。直至该处的煤层压力降低,导致越流补给或其他方向的煤层水补给量和抽出量相等时,地层压力趋于稳定。若煤层周围都为隔水边界且无越流补给,煤层压力将最终接近井底压力,整个系统压力平衡如图 4-13 所示。

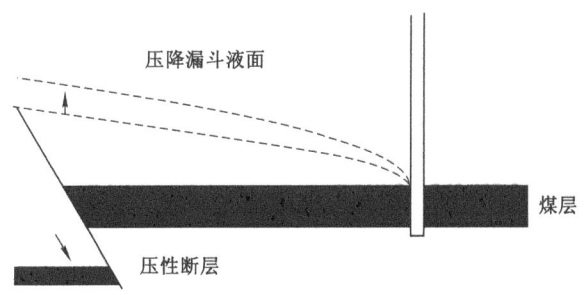

图 4-13　降落漏斗不断扩展

(3) 降落漏斗不断扩展,但扩展趋于稳定

这种情况下的地层条件是煤层无法越流补给,且煤层水平无限延伸(附近无补给边界或水边界)。随着抽水的延续,煤层中的压力降落漏斗不断扩大和加深,使其扩展速度变慢,逐渐趋于稳定。大多数瓦斯井属于这种情况。

① 初期定流量排水阶段。瓦斯井抽排初期,抽出的水量依泵的排量而定,此时抽出的水量是一定的,但井中液面不断下降,这在物理因素上是由于压力降落漏斗的扩大,使得汇水面积增加而引起的。因此,这一阶段煤层压力降落漏斗的变化也逐渐增大,但增大的速度逐渐变缓。瓦斯井井口表现为产水量稳定,产气量逐渐增加。

② 定降深排水阶段(定降井底压力)。瓦斯井中的液面是不能无限下降的,当液面降低到接近抽排煤层时降深就无法再继续下去,此时瓦斯井进入定降深排采阶段。由定流量阶段转入定降深排水阶段的时间,主要取决于煤层的渗透系数和井壁的污染程度,渗透性差、井壁污染严重的瓦斯井排采开始后很快进入定降深排水阶段。此时井口产水量逐渐降低,产气量由于降落漏斗的缓慢发展仍在继续,但煤层甲烷释放速度缓慢,产气量小,且逐渐降低。这一阶段由于降落漏斗的扩展,汇水面积不断增大,使漏斗远处平缓,即只有井口附近的煤层压力降幅较大,而远离井口的大部分煤层压力降幅较小。由于煤层降压初期的压降引起的甲烷解吸量远小于后期同等压降所引起的甲烷解吸量,因此,该阶段虽然井口仍然产气,但大部分煤层的甲烷并没有被解吸出来,且存在解吸逐渐减缓的趋势。

在实际具体情况中,各单井的情况可能相对复杂。空间上的地层形式可能是上述几种情形的组合。而且煤层的压力降低是一个动态过程,系统的各项条件和因素都可能随时间的变化而发生变化。

4.3.1.2　井群的排采机理

一定范围内的两口或两口以上抽水生产井称为井群或井组。在实际生产中,瓦斯井就是利用井群进行抽水降压。当井群中生产井之间的距离小于各井的影响半径时,彼此之间的流量和降深会发生干扰。在承压水层中,地下水的流动方程是线性的,可以直接运用叠加原理,即当两口井的降落漏斗扩展至相互交接、重叠时,重叠处的压降等于两个降落漏斗压降之和。此时,井间干扰对瓦斯井的排采具有促进作用,如图 4-14 所示。

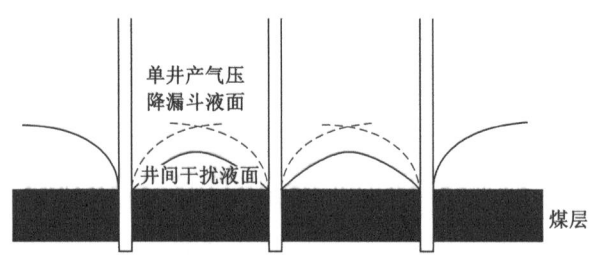

图 4-14　井群开采造成井间干扰时的液面情况

瓦斯井两井间的煤层压力降幅由于压降的叠加而倍增,因此相对于单井,各个方向上的煤层压力都能得到充分的降低,单位时间内的压力下降幅度大,煤层甲烷的解吸速度快,该井控制范围内的煤层甲烷也才能最大限度地解吸出来,井口表现为一定时间内产出的甲烷量高。

4.3.1.3　排采各阶段及排采工作制度

从瓦斯的生产过程可以看出,瓦斯井从压裂施工到见气,要经历一段很长时间的排液期。在瓦斯井排采过程中,影响排采的因素决定了对瓦斯排采过程的工艺要求。现场排采研究表明,瓦斯井排采以解吸压力为核心节点,不同的流压阶段具有不同的排采目的。一般分为四个阶段:流动压力高于煤层压力阶段;流动压力低于煤层压力、高于解吸压力阶段;流动压力低于解吸压力阶段;稳定生产期间的排采阶段。不同的排采阶段具有不同的工艺要求[29]。

(1) 流动压力高于煤层压力期间的排采

瓦斯井压裂初期,由于压裂施工,大量的压裂液处于近井地带,同时压裂的余压很高,使得井底流动压力高于煤层原始压力。该期间的排采主要是以排出压裂液、降低施工余压效应为目的，使井底流压降至煤层原始压力。此阶段主要是要控制好压力，不能造成压裂支撑剂返吐。

① 控制放喷压裂液阶段。瓦斯井压裂施工结束后，使压力扩散 2 h，开始油嘴控制放喷，以不出压裂支撑剂为原则，直到井口压力降到 0 MPa 为止。

② 机械排采压裂液阶段。当瓦斯井放喷不能自喷后，采用机械排采方式进行压裂液的排采，排量要低于放喷排量，并严格检测液面的变化情况。依据液面变化情况，对生产参数进行渐变调整，直至流动压力降到煤层压力。该阶段仍要控制好压裂支撑剂不返吐。

（2）流动压力低于煤层压力、高于解吸压力期间的排采

流动压力低于煤层压力、高于解吸压力的排采期，主要求取煤层产液量、煤层解吸压力。当瓦斯井的流动压力低于煤层压力、高于瓦斯解吸压力时，以控制液面下降速度来确定生产参数。一般情况下，在该阶段液面下降速度控制在 5～10 m/d 为宜，直到见气，同时求取煤层的产液量和实际解吸压力。该排采阶段要严格控制排采工艺参数，不能使煤层出煤粉。

（3）流动压力低于解吸压力期间的排采

该排采期内主要确定合理的生产流压，并求取瓦斯井的稳定产量，同时为稳定生产提供排采参数。当瓦斯井的流动压力低于煤层的解吸压力时，瓦斯会逐渐解吸并产出，此时要严格控制液面的下降速度，一般控制在 3～5 m/d。同时根据产量套压（为 0.1～0.3 MPa 则满足集输要求）确定出一个合理的流压，获得瓦斯井的稳定产气量，为稳定生产提供依据。

（4）稳定生产期间的排采

经过上述三个阶段的排采，确定了煤层的解吸压力和煤层的产液能力。在稳定生产阶段，以平衡排采为原则，平稳、连续生产，即排采流量与煤层产液量一致，同时控制好套压（以集输所需压力为准），流压使瓦斯井处于稳定的生产状态。在生产过程中，一定要严格控制好生产参数，不能产生压力激动、流量激动，同时必须做好瓦斯井的维护工作，尽量使瓦斯井正常生产，不进行检泵作业。检泵作业对瓦斯井的生产会造成很大的影响。

实际上，瓦斯井的产量直接受控于排采制度的调整，瓦斯的排采必须适应煤储层的特点，符合瓦斯的产出规律。对于不同的瓦斯地质条件、储层条件以及不同的排采阶段，需要制定不同的排采制度。而合理的排采制度应该是在保证煤层不出现异常的砂及煤粉的前提下达到最大排液量。主要有以下两种排采制度：

① 定压排采制度。核心是如何控好储层压力与井底流压之间的生产压差。关键是控制适中的排采强度，保持液面平稳下降，保证煤粉等固体颗粒物、水、气等正常产出，适用于排采初期的排水降压阶段。由于排采初期井内液柱中的含气量少，液柱密度变化小，井底流压主要为液柱的压力，因此，排采过程中的定压制度主要是通过调整产水量以控制动液面来控制储层压力与井底流压的压差。

② 定产排采制度。根据地层产能和供液能力，控制水、气的产量，以保障流体的合理流动，适用于稳产阶段。由于井内液柱中的气体含量较大，液柱的密度变化大，因此定产排采制度可以通过改变套压或动液面来控制井底压力，以实现稳产的目的。

4.3.2　地面钻井排采设备

虽然在煤层中可能存在部分游离气，但在煤层气藏中，绝大部分瓦斯都被吸附在煤基体的表面上。为了开采这些瓦斯，必须降低储层压力，从而使得瓦斯从煤基质表面上脱附、扩

散进入裂缝中,随后瓦斯便可通过裂缝和煤层割理系统进行运移流入井筒。煤层的天然裂缝系统最初阶段为水饱和,为了提高瓦斯产量必须排除这些水,对煤层进行排水处理可以降低储藏的静水压力,使瓦斯从煤基质中释放。同时,由于降低了储藏的含水饱和度,提高了瓦斯的相对渗透率,从而释放出的瓦斯流向井筒。对煤层甲烷气井实行排水处理的排采系统包括有杆泵、电潜泵、螺杆泵和气举等。目前,有杆泵排水采气系统在我国瓦斯的开发中得到比较普遍的应用,其设备装置比较耐用,故障率低,技术比较成熟,下面对有杆泵排水采气系统进行阐述。

有杆泵排水采气系统的工作原理是将泵下入井筒液面以下的适当深度,泵柱塞在抽水机的带动下,在泵筒内做上下往复抽吸运动,通过油管抽吸排水,降低液柱对井底的回压,从油套环形空间采出瓦斯。

有杆泵抽油装置主要由抽油机、抽油杆、抽油泵三部分组成。抽油机是抽油井地面动力装置,它和抽油杆、抽油泵配合使用,能将井筒中的水抽到地面。抽油泵也称深井泵,它是有杆机械采油的一种专用设备,泵在井筒煤层附近或以下一定深度,依靠抽油杆传递抽油机动力,将水抽采出地面。抽油杆是有杆泵抽油装置的一个重要组成部分。通过抽油杆柱将抽油机的动力传递到深井泵,使深井泵的活塞做往复运动,如图 4-15 所示。

按照抽油机的结构和工作原理不同,可分为游梁式抽油机和无游梁式抽油机。抽油机由主机和辅机两大部分组成。主机由底座、减速箱、曲柄、连杆、曲柄平衡块、游梁平衡块、横梁、支架、游梁、驴头、悬绳器及刹车装置组成,辅机由电动机、电路控制装置组成。

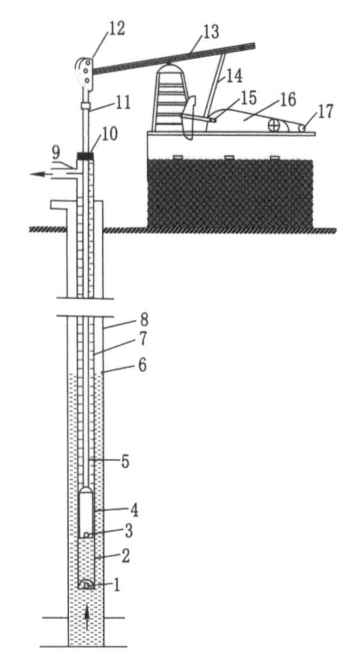

1—吸入阀;2—泵筒;3—柱塞;4—排出阀;5—推油杆;
6—动液面;7—油管;8—套管;9—三通;10—密封盒;
11—光杆;12—驴头;13—游梁;14—连杆;
15—曲杆;16—减速器;17—动力机(电动机)。

图 4-15　抽油机井示意图

抽油杆主体是圆形断面的实心杆体,两端均有加粗的锻头,锻头上有连接螺纹和搭扳手用的方形断面。

根据油井的深度、生产能力、井液性质不同,需要不同结构类型的抽油泵。目前国内各油田采用的抽油泵基本都是管式泵和杆式泵。

管式泵的结构特点是泵筒连接在油管下部,按阀的数目分为双阀管式泵和三阀管式泵。杆式泵是把活塞、阀及工作筒装配成一个整体,其结构和管式泵相似,但它多了一个外工作筒,外工作筒和油管连接,并带有卡簧和锥体座。内工作筒卡在卡簧处,座在锥体座上,当活塞上下运行时,内工作筒固定不动,这样工作与管式泵相同。

理论排量是指深井泵在理想情况下,每天排出的液量,在数值上等于全天时间所有活塞上移过程所让出的体积。其计算公式如下:

$$Q_{理} = 1\,440 A_p \times S \times n \tag{4-1}$$

式中　$Q_理$——深井泵理论排量，m^3/d；

　　　A_p——柱塞横截面积，m^2；

　　　S——冲程，m；

　　　n——冲次，r/min。

泵效是指抽油机的实际产量与泵的理论排量的比值：

$$\eta = \frac{Q_液}{Q_理} \times 100\%$$ (4-2)

4.4　瓦斯井压裂、排采实例

4.4.1　地质概况

试验区位于阳泉市南部，属于南北低中间高的山丘地形。由蓝焰煤层气公司进行开发，其目的在于开发、利用该区域 15# 煤层的瓦斯，降低煤层瓦斯含量，确保后续煤层的安全开采。该区域地层层序如表 4-3 所列。

表 4-3　地质分层数据表

地层时代			设计地层分层/m			主要岩性描述	故障提示
界	系	统	组	代号	底界深度	厚度	
新生界	第四系	更新统		Q	1	1	棕黄色黏土及砂砾层	防垮 防漏
古生界	二叠系	上统	上石盒子组	P_2s	171.95	170.95	岩性由黄灰色～灰褐色砂质泥岩、泥岩、粉砂岩及砂岩组成。砂岩一般具大型交错层理。本组以泥质岩类为主，局部见花斑泥岩	
		下统	下石盒子组	P_1x	291.85	119.90	岩性由浅灰色～灰绿色泥岩、灰色砂质泥岩和灰白色或浅灰绿色砂岩组成，以泥岩、砂质泥岩为主	
			山西组	P_1s	386.55	94.70	岩性由灰色～深灰色泥岩、砂质泥岩和浅灰色～灰色砂岩以及煤层组成，为本区主要含煤地层之一	防垮 防漏 防污染
	石炭系	上统	太原组	C_3t	488.80	102.25	岩性由深灰色～灰黑色细粒砂岩、砂质泥岩、泥岩、石灰岩及煤层组成，含少量菱铁质鲕粒和星点状黄铁矿结核	
		中统	本溪组	C_2b	508.00	19.20	岩性主要为灰色砂质泥岩、泥岩、细粒砂岩等	防垮 防漏 防井涌

4.4.2　钻井施工

4.4.2.1　试验钻井井身结构

根据沁水第四系—石炭系目的煤层埋藏相对较浅，且上覆地层含水少的特点，选用井身结构如图 4-16 所示。一开采用 ϕ311.15 mm 的钻头钻进至 22.66 m，下 ϕ244.5 m 表层套管；二开采用 ϕ215.9 mm 的钻头钻至 508.00 m，下入 ϕ139.7 mm 生产套管；水泥返深为 230.00 m。

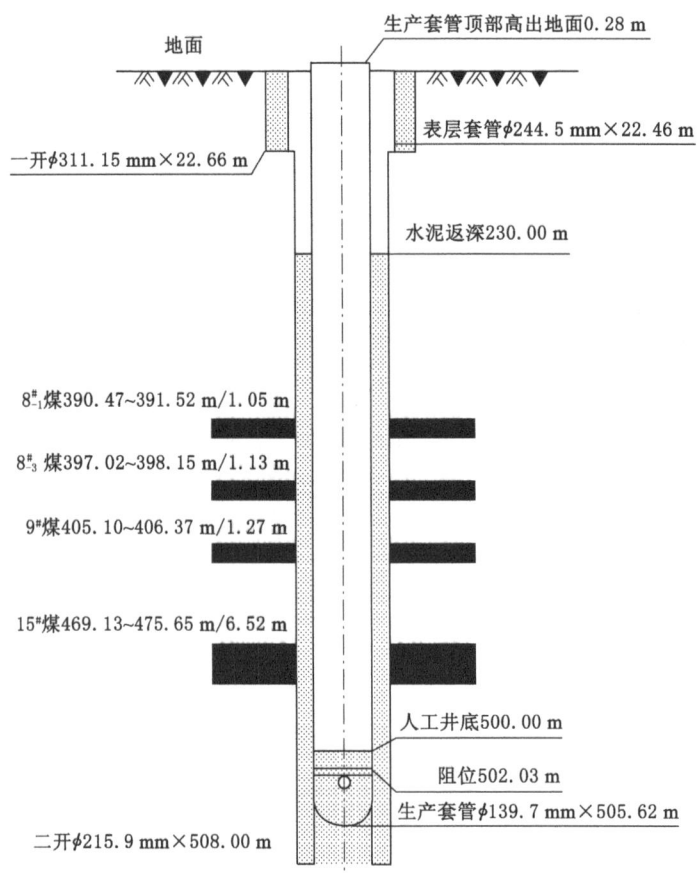

图 4-16 井身结构示意图

4.4.2.2 钻进技术参数

根据试验区煤层的赋存特点，该钻井在施工时钻进参数如表 4-4 所列。

表 4-4 该钻井施工钻进参数

序号	层位	钻头		钻井液密度/(g·cm⁻³)	钻进参数			
		类型	直径/mm	$/(g \cdot cm^{-3})$	钻压/kN	转速/(r·min⁻¹)	排量/(L·min⁻¹)	泵压/MPa
一开	第四系—上石盒子组	牙轮钻头	311.15	1.02~1.03	10~30	42~45	15~25	1
二开	上石盒子组—本溪组	牙轮钻头	215.90	1.01~1.02	30~60	45~72	15~25	2

（1）一开准备好充足的水源，保证固井用水量。一开钻遇地层为第四系黄土夹砂及砂砾层，地层胶结性差，容易垮塌，该井段钻井液主要以携带岩屑、稳定井壁为主，钻井过程中要注意防止新生界地层漏失及坍塌。一开完钻后确保井底清洁，保证下套管、固井作业的顺利进行。

（2）二开采用高黏低比重钻井液循环确保井壁稳定，以安全钻进和提高钻速为主，进入山西组直至完井,要求转化为清水钻进(钻井液密度≤1.03 g/cm³,黏度 30 Pa·s 以下)。在满足造壁性、降失水性、流动性的前提下控制膨润土的用量,完钻后要进行大排量循环钻井液,保持井眼的清洁,确保测井和下套管的顺利。若有剥落掉块等复杂情况影响正常钻进时,可使用钾基低密度或无固相钻井液体系,但应严格控制密度和固相含量。

(3)钻进过程中保持钻井液良好的抑制性,以抑制地层造浆。注意防止石盒子组的井漏及石盒子组、山西—太原组的泥岩因水化膨胀而产生坍塌,以及由于岩性破碎而导致泥页岩剥落掉块。严格控制固相含量,清除无用固相,保持钻井液的清洁,用絮凝沉淀的方法和置换钻井液的方法降低钻井液中超细微粒含量,避免固相进入煤层气藏。降低失水量,控制好钻井液的 pH 值,尽量少用分散剂,减少滤液对黏土矿的水化膨胀、分散运移,尽可能减小对煤层的损害。

(4)井场要储备一定量的膨润土,视井下情况需要控制失水时,可加入膨润土形成致密滤饼,保证井眼稳定安全。若遇到地层涌水,则加重钻井液平衡地层水。

(5)下套管前要做好通井工作,并调整好钻井液性能,降低摩擦阻力,保证钻井液良好的润滑性。

4.4.3　固井施工

一开结束后,下入表层套管,固井封固地表松散层,固井水泥浆返至地面。

二开结束后,下入生产套管,固井封固地层,直井固井水泥浆返至 15# 煤层顶板以上 300 m。

表层套管固井使用 G 级油井水泥,水泥浆平均密度 1.86 g/cm³,固井水泥浆返至地面。固井结束候凝 24 h。

生产套管固井使用 G 级油井水泥,水泥浆密度 1.6~1.8 g/cm³,固井水泥浆返至地面。固井结束候凝 48 h 试压,试压压力为 12 MPa,30 min 内压降小于 0.5 MPa,视为合格。试压结束后测双界面声幅,检查固井质量。技术要求见表 4-5。

表 4-5　固井设计

套管	水泥规格	水泥浆密度/(g·cm⁻³)	水泥浆返高	试压/MPa	30 min 压降/MPa
表层套管	G 级	1.86	地面		
生产套管	G 级	1.6~1.8	地面或 15# 煤层顶板以上 230 m	12	<0.5

4.4.4　水力压裂施工

为了改善煤层渗透性,提高地面钻井瓦斯抽采量,同时高效抽采煤层瓦斯,快速降低煤层瓦斯含量,需对该钻井开展水力压裂施工。

施工情况如下:

(1)层号、井段、厚度。

本次施工的目的层为 15# 煤层,压裂段为 470.13~475.65 m,厚度为 5.52 m。

(2)煤层射孔情况。

射孔煤层为 15# 煤层,射孔枪型为 102 枪 127 弹,射孔井段为 470.13~475.65 m,射孔厚度为 5.52 m,射孔密度为 16 孔/m,总孔数为 88 孔。

(3)注入方式:光套管注入。

（4）压裂管柱：生产套管。

（5）压裂液材料及数量：压裂液材料为活性水，准备量为 750.0 m³，配方为清水 ＋0.05％S-160＋0.05％SW-512。

（6）支撑剂类型及数量：支撑剂为石英砂，粒径为 0.15～0.3 mm，准备 10.0 m³；粒径为 0.45～0.9 mm，准备 20.0 m³。

（7）施工限压：35 MPa。

（8）压裂泵注程序。

压裂泵注程序如表 4-6 所列，表中给出了前置液、携砂液和替置液各阶段的排量、用量及支撑剂砂比、粒径、用量等数据。

表 4-6 压裂泵注程序

程序	排量 /(m³·min⁻¹)	支撑剂			压裂液		备注
		砂比/%	用量/m³	累计/m³	用量/m³	累计/m³	
前置液	8.0～8.5				80.0	80.0	粒径 0.15～0.3 mm 石英砂
		3	2.0	2.0	66.6	146.6	
		6	3.0	5.0	50.0	196.6	
		9	5.0	10.0	55.5	252.1	
携砂液	8.0～8.5	2	5.0	15.0	250.0	502.1	粒径 0.45～0.9 mm 石英砂
		6	5.0	20.0	83.3	585.4	
		10	10.0	30.0	100.0	685.4	
替置液					8.2	693.6	

注：压裂过程中根据实际压力变化情况，灵活调整施工参数，停泵后测压降 60 min。

（9）现场施工准备。

① 压裂前准备 11 个 50 m³ 储液罐，配液 550 m³。压裂液用水为精细过滤器过滤后的清水。加入 S-160 和 SW-512 分别为 275 kg。

② 压裂专用井口安装完毕。

③ 立式砂罐备粒径为 0.45～0.90 mm 的石英砂 20 m³，1 台砂罐车备粒径为 0.15～0.30 mm 的石英砂 5 m³，1 台砂罐车备粒径为 0.80～1.20 mm 的石英砂 5 m³。

④ 6 台主压车、1 台仪表车、1 台管汇车、1 台混砂车及辅助压裂设备均按设计要求准备到位。

⑤ 以上准备工作验收合格。

（10）15# 煤层压裂施工（图 4-17）。

① 首先进行前置液的注入，破裂压力 12.2 MPa。10 min 后注入 75.63 m³ 前置液，压力降至 9.85 MPa 后开始加砂，加砂过程中压力呈下降趋势。32 min 后共注入前置液 253.1 m³，加入粒径 0.15～0.30 mm 的石英砂 10 m³。施工排量 8.22～8.07 m³/min，施工压力 9.85～8.06 MPa。

② 此后注入携砂液，加入粒径为 0.45～0.90 mm 的石英砂 20 m³，加砂过程中压力平稳，加砂用时 51 min 结束，压力为 8.37 MPa，共注入携砂液 683.8 m³，平均砂比 5.0％。施

工排量 8.49～8.05 m³/min,施工压力 8.37～7.69 MPa。

③ 最后注入替置液,用时 1～2 min 替置结束,注入替置液 8.3 m³。替置排量 8.29～8.20 m³/min,施工压力 8.55～5.16 MPa。停泵压力 5.2 MPa。

④ 停泵后测压降,压力由 5.21 MPa 降至 1.62 MPa,用时 60 min,测压结束。

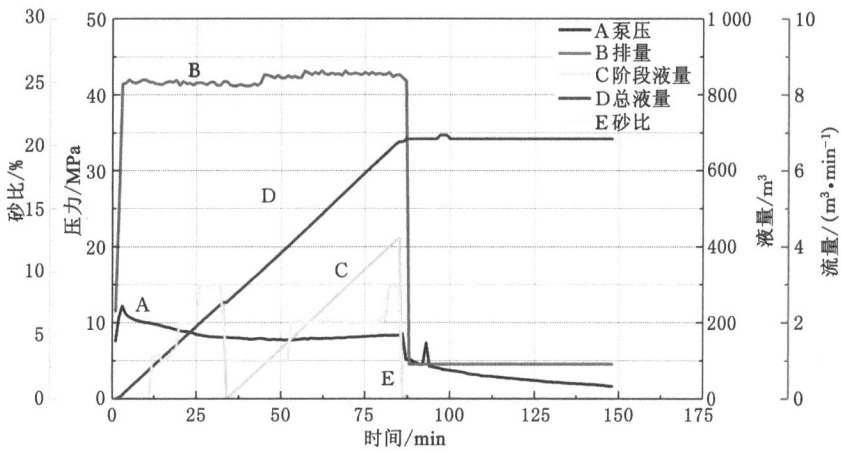

图 4-17　试验钻井施工综合曲线

（11）压裂结果及分析。

YQ-364 井 15#-K3 煤层设计注入液量 693.6 m³,加入粒径为 0.15～0.30 mm 的石英砂 10 m³,粒径为 0.45～0.90 mm 的石英砂 20 m³;实际注入液量 683.8 m³,加入粒径为 0.15～0.30 mm 的石英砂 10 m³,粒径为 0.45～0.90 mm 的石英砂 20 m³,加砂率 100%,符合设计要求,达到了储层改造的目的。

在本次施工中,由于地层应力大,煤层含水量多,煤层较硬,破裂压力不明显;加砂过程中由于裂缝延伸好,地层阻力小,施工压力平稳,施工压力 9.85～7.69 MPa。

从该井施工参数和曲线可以看出:

① 煤层压力破裂不明显。推测为煤层中有微裂隙发育,水力压裂使原来的裂缝张开并延伸。

② 大排量压裂时加砂困难,分析是由于该井处于构造边沿,地层异常疏松,压裂时形成多裂缝,未形成有效的主裂缝,缝宽不够,难以加砂。

③ 降排量继续泵注压裂,加砂时压力反而较平稳,分析为微裂缝扩展受限,主裂缝扩展造缝顺利,满足进砂所要求的裂缝尺寸、形态。

4.4.5　排采情况

该井水力压裂时间为 2012 年 5 月,初期产水量大,在正式排采之前主要以排水为主,排水期累计 4 年。该井于 2016 年 2 月 25 日正式排采,记录水、瓦斯抽采量,排采动态曲线如图 4-18 所示。在正式排采初期日产水量为 14 m³/d,随着排采的进行产水量逐渐下降,共持续了 4 个月,该阶段没有瓦斯产出。该井于 2016 年 7 月 13 日正式开始产气,产气初期单日产气量仅为 240 m³,在此后一段时间内,产水量持续下降,直至日产水量下降并稳定在 2 m³/d;同时期产气量呈快速上升趋势,产气后经过约 350 d 时间的排采,单日产气量稳定在 3 500 m³ 以上。截至 2019 年 6 月 20 日，该井总产气量达 325.5 万 m³，其中日最高产气量达 3 750 m³，日平均约 2 676.9 m³。图中虚线为后期排水采气的预测数据，根据该区域其他钻井瓦斯抽采经验，该区域瓦斯井高产期可达 3～5 年，之后产气量按 3％～5％年衰减率衰减，直至日产气量降至 500～800 m³，并可维持较长的抽采时间。在条件允许的情况下，一口钻井总的抽采期可达 15 年以上。

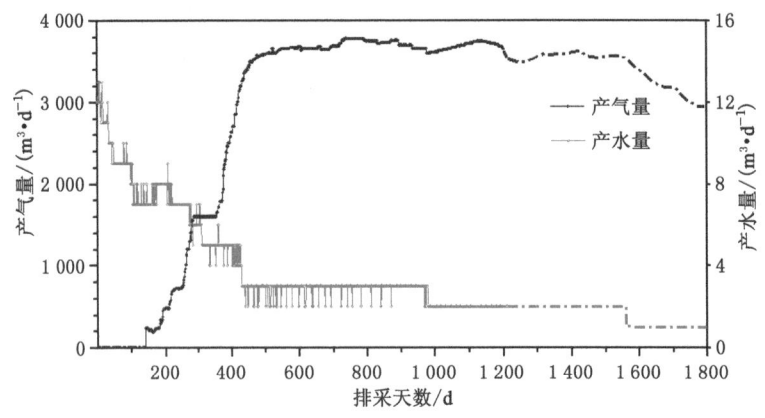

图 4-18   试验钻井的排采曲线图

参 考 文 献

[1] 张艳玉，魏晓霞.煤层气开采技术与发展趋势[J].河南石油，2001(2)：24-27，61.

[2] 郑毅，黄洪春.中国煤层气钻井完井技术发展现状及发展方向[J].石油学报，2002，23(3)：81-85.

[3] 李云峰.沁水盆地煤层气钻井工艺方法[J].中国煤田地质，2005(6)：56-57，74.

[4] 苏现波，陈江峰，孙俊民，等.煤层气地质学与勘探开发[M].北京：科学出版社，2001：100-104

[5] 倪小明，王延斌，接铭训，等.晋城矿区西部地质构造与煤层气井网布置关系[J].煤炭学报，2007，32(2)：146-149.

[6] 刘希圣.钻井工艺原理：中册：钻进技术[M].北京：石油工业出版社，1988.

[7] LYONS W C，GUO B Y，SEIDEL F A.空气和气体钻井手册[M].曾义金，樊洪海，译.北京：中国石化出版社，2006.

[8] 鲜保安，蒋卫东，杨程富，等.欠平衡钻井技术在保护煤层气储层中的应用[J].天然气工业，2008，28(3)：59-60，77.

[9] 肖钢，白玉湖，柳迎红.煤层气勘探开发关键技术进展[M].武汉：武汉大学出版社，2015：202-204.

[10] 钱凯，赵庆波.煤层甲烷气勘探开发理论与实验测试技术[M].北京：石油工业出版社，1996：113-115.

[11] 程百利.煤层气井排采工艺研究[J].石油天然气学报，2010，32(6)：480-482，545.

[12] 宋生印，韩宝山.新集煤层气开发试验井水力压裂增产改造[J].煤田地质与勘探，

2003,31(1):27-30.

[13] 张亚蒲,杨正明,鲜保安.煤层气增产技术[J].特种油气藏,2006,13(1):95-98,110.

[14] 中联煤层气有限责任公司.中国煤层气勘探开发技术研究[M].北京:石油工业出版社,2007:112-119.

[15] 吉德利,等.水力压裂技术新发展[M].蒋阗,单文文,等译.北京:石油工业出版社,1995:816-822.

[16] 王鸿勋.水力压裂原理[M].北京:石油工业出版社,198:94-102.

[17] HOLDITCH S A,ELY J W,SEMMELBECK M E,et al. Enhanced recovery of coalbed methane through hydraulic fracturing [C]//The SPE Annual Technical Conference and Exhibition,October 2-5,1988. Houston,Texas:SPE,1988.

[18] 陶涛,林鑫,方绪祥,等.煤层气井压裂伤害机理及低伤害压裂液研究[J].重庆科技学院学报(自然科学版),2011,13(2):21-23.

[19] PANAH A,KOMAK A,ZHANG Y,et al. Numerical evaluation of hydraulic fracturing experiments[C]//Proceedings, Annual Conference-Canadian Society for Civil Engineering. [S. l. :s. n.],2003:2309-2312.

[20] RUTQVIST J,TSANG C F,STEPHANSSON O. Uncertainty in the maximum principal stress estimated from hydraulic fracturing measurements due to the presence of the induced fracture[J]. International journal of rock mechanics and mining sciences,2000,37(1/2):107-120.

[21] 王鸿勋,张士诚.水力压裂设计数值计算方法[M].北京:石油工业出版社,1998:104-108.

[22] 乌效鸣.煤层气井水力压裂计算原理及应用[M].武汉:中国地质大学出版社,1997:50-62.

[23] 单学军,张士诚,李安启,等.煤层气井压裂裂缝扩展规律分析[J].天然气工业,2005,25(1):130-132.

[24] 阳友奎,肖长富,吴刚,等.不同地应力状态下水力压裂的破裂模式[J].重庆大学学报(自然科学版),1993,16(3):30-35.

[25] 倪小明,王延斌,接铭训,等.不同构造部位地应力对压裂裂缝形态的控制[J].煤炭学报,2008,33(5):505-508.

[26] 詹美礼,岑建.岩体水力劈裂机制圆筒模型试验及解析理论研究[J].岩石力学与工程学报,2007,26(6):1173-1181.

[27] BROWN E T,BRAY J W,SANTARELLI F J. Influence of stress-dependent elastic moduli on stresses and strains around axisymmetric boreholes[J]. Rock mechanics and rock engineering,1989,22(3):189-203.

[28] 徐向荣,马利成,唐汝众.地应力及其在致密砂岩气藏压裂开发中的应用[J].钻采工艺,2000,23(6):19-23.

[29] 李明宅,孙晗森.煤层气采收率预测技术[J].天然气工业,2008,28(3):25-29,136.

第5章　井下原始煤层瓦斯抽采

对于突出矿井和高瓦斯矿井,必须严格遵守"先抽后采"的瓦斯治理原则。随着采掘工作面向深部的延伸,煤层瓦斯含量、压力呈递增趋势,煤层突出危险性越来越大,因此必须采取合理可靠的措施来保证矿井抽、掘、采的接替平衡,以实现矿井安全高效开采。对于突出煤层,2019版《防突细则》要求采前必须采取区域性防突措施,对不具备保护层开采条件的煤层,需要采取预抽煤层瓦斯措施,即本煤层的原始煤层瓦斯抽采,消除其突出危险性。对于高瓦斯煤层,根据《抽采达标》要求,同样需要采取原始煤层瓦斯抽采方法降低其可解吸瓦斯含量,达到抽采达标评判的要求。

对于不具备地面钻井瓦斯抽采的区域,需要在煤矿的准备区、回采区,利用井下巷道开展井下原始煤层瓦斯抽采。本章主要介绍了各类不同突出强度煤层的采前瓦斯抽采方法,其实质是通过向突出煤层(或高瓦斯煤层)内施工大量的密集穿层钻孔或是顺层钻孔造成煤体局部卸压,并配合煤层增透措施,再经过较长时间的煤层瓦斯抽采,使钻孔控制范围内的瓦斯含量或瓦斯压力满足2019版《防突细则》和《抽采达标》的要求,之后进入煤层进行采掘作业。

5.1　井下煤层瓦斯抽采方法的选择

井下煤层瓦斯抽采方法的选择需要根据煤层瓦斯赋存及突出危险性大小的具体情况而定,如表5-1所列。对于特厚松软强突煤层,如淮北芦岭煤矿、沈阳红菱煤矿,煤层厚度可达8~10 m以上,瓦斯压力达5 MPa以上,瓦斯含量达20 m³/t以上,煤的坚固性系数小于0.2,煤层的突出危险性大,属于强突出煤层,顺层钻孔很难施工,这种情况下需采用底板岩巷大面积密集穿层钻孔瓦斯抽采方法。该方法需要在采煤工作面下方施工1~2条底板岩巷(甚至3条)用于施工穿层钻孔,工程量大、工期长。

对于中等强度的突出煤层,采用底板岩巷密集穿层钻孔结合顺层钻孔的瓦斯抽采方法,可有效消除工作面的突出危险性,是目前最常用的一种瓦斯抽采方式。穿层钻孔可配合水力冲孔或水力压裂等增透方式抽采煤巷条带瓦斯,增加煤层透气性,适当降低钻孔密度,减小钻孔工程量,缩短抽采时间。但当工作面内部出现断层、厚度急剧变化等地质条件变化较大时,若继续采用顺层钻孔则无法实现对回采区域的有效抽采,会出现抽采的空白区域,此时需要调整抽采方案,将顺层钻孔全部或者局部调整为穿层钻孔,便能保证对回采区域的有效抽采,彻底消除其突出危险性。

对于弱突硬煤层,可利用定向钻机或是普通钻机,采取顺层钻孔递进掩护的布孔方式进行煤层瓦斯抽采。采用该方法要求煤层赋存稳定,煤质硬度相对较高,能够施工较长钻孔。该方法有多种布孔方式,当采用定向钻机施工时,可施工扇形布置的长钻孔,也可施工顺层平行长钻孔,施工的钻孔在倾向上可覆盖一个工作面或是两个工作面。当采用普通钻机进行施工时,可在工作面倾向的中部施工一条腰巷,通过施工两茬钻孔覆盖整个工作面。该方式不需要施工底板岩巷、穿层钻孔,瓦斯治理成本低、工期短。

对于没有突出危险性的高瓦斯煤层,大多采用顺层钻孔抽采煤巷条带和采煤工作面煤体的瓦斯。高瓦斯煤层顺层钻孔布孔方式与突出煤层基本相同,不同之处在于煤巷条带掘进工作面。在高瓦斯煤层,可从本巷道内向掘进工作面前方施工扇形顺层钻孔抽采前方瓦斯,降低煤层瓦斯含量。而在突出煤层中,仅在特定情况下才可采用该方法,其应用范围非常有限。

表 5-1　井下煤层瓦斯抽采方法选择

煤层瓦斯赋存条件	瓦斯抽采方法	典型煤矿
特厚松软强突煤层	大面积密集穿层钻孔	淮北芦岭煤矿、沈阳红菱煤矿等
中等强度突出煤层	密集穿层钻孔+顺层钻孔	淮南、淮北大多数矿井
弱突硬煤层	长、短顺层钻孔递进掩护	晋城寺河煤矿、大宁矿,汾西贺西煤矿
高瓦斯煤层	长、短顺层钻孔	

5.2　特厚松软强突煤层瓦斯抽采方法

特厚松软强突煤层具有强度低、瓦斯解吸速度快、瓦斯含量高的特点,其瓦斯抽采方法主要采用的是大面积密集穿层钻孔抽采模式。底板岩巷大面积穿层钻孔预抽是在煤层底板岩巷内实施瓦斯治理工程,有足够厚度的安全岩柱掩护穿层钻孔施工,安全性有保障,是最安全有效的区域性瓦斯治理方法。另外,穿层钻孔施工灵活、方便,适应性强,可适应顶底板起伏较大的煤层。但这种方法需要在煤层底板施工一条或两条岩石巷道,巷道工程量大。松软突出煤层透气性低,需要钻孔布置间距小、密度大,穿层钻孔工程量大。此外,穿层钻孔很大部分为岩石段钻孔,煤层段的钻孔短,导致穿层钻孔利用率低。

5.2.1　钻孔布置及工艺参数

底板岩巷大面积穿层钻孔煤层瓦斯抽采是在工作面煤层底板岩层中布置一条或两条岩巷,在岩巷内每隔一定距离施工一个钻场,在钻场内向煤层施工网格式的上向穿层钻孔,或者直接在底板岩巷内施工上向穿层钻孔,钻孔布置如图 5-1 所示。

底板岩石巷道一般布置在工作面底板 $15\sim25$ m、赋存稳定的岩层中,并充分考虑穿层钻孔施工的需要。底板岩石巷道内可布置钻场,钻场在岩石巷道内均匀布置,钻场间距充分考虑钻孔的控制范围和钻机的施工能力;钻场尺寸应能满足大功率钻机施工的要求。另外,也可直接在底板巷内施工穿层钻孔。一个采煤工作面需要施工 1 条底板巷,还是 2 条或者 3 条底板巷,主要取决于工作面倾向长度和钻机的实际施工能力。

穿层钻孔直径一般不小于 90 mm,钻孔间距应根据瓦斯抽采有效半径的考察结果并结合瓦斯抽采时间综合确定,一般为 $5\sim8$ m,钻孔间距以煤层顶板为准,若采取水力冲孔造穴等增透技术钻孔间距可适当放大。钻孔需穿透煤层,进入煤层顶板 0.5 m,钻孔在煤层内均

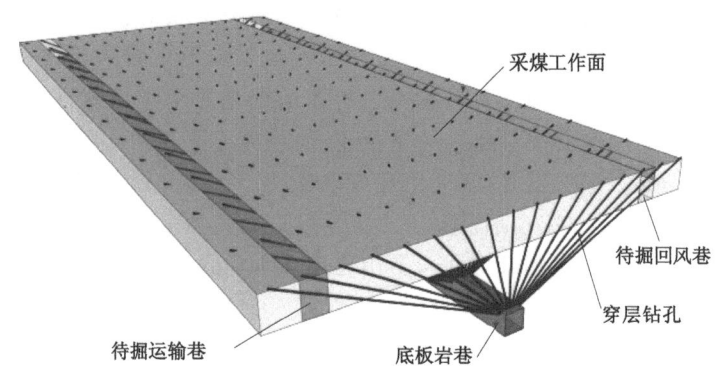

图 5-1　底板岩巷大面积密集穿层钻孔布置示意图

匀布置,钻孔在煤层倾向截面上应呈均匀、规则的网格状布置。2019 版《防突细则》对于钻孔控制回采巷道外侧的范围是:倾斜、急倾斜煤层巷道上帮轮廓线外至少 20 m,下帮至少 10 m;其他煤层巷道两侧轮廓线外至少各 15 m。因此,底板巷道大面积穿层钻孔需要控制运输巷(机巷)、开切眼及其外侧。若回风巷侧为实体煤,同样需要对回风巷与回风巷外侧的煤体进行瓦斯抽采。

穿层钻孔采用"两堵一注"封孔工艺,封孔长度不低于 12 m,抽采负压在 25 kPa 以上。抽采时间以实际抽采情况确定,即将钻孔控制范围内煤体的瓦斯压力或瓦斯含量降至消除突出危险性的临界指标值以下,但通常情况下大面积穿层钻孔的抽采时间应不小于 6 个月。

5.2.2　适用条件

(1) 突出危险特别严重的煤层。这类煤层突出危险性非常严重,直接在煤层内施工顺层钻孔时经常会出现喷孔、抱钻、卡钻等一系列问题,甚至可能诱发煤与瓦斯突出,钻孔施工存在安全隐患,也存在钻孔施工困难、施工效率低下和成孔率低的问题。

(2) 具有突出危险的特厚煤层。根据 2019 版《防突细则》的要求,钻孔需要控制到采掘空间的上方、下方、左方、右方及前方的立体范围,若采用顺层钻孔的方法预抽煤层瓦斯来均匀消除这个立体范围内煤体的突出危险性是非常困难的,而且安全性难以保证。厚煤层采用底板岩巷大面积穿层钻孔预抽可实现这个目标,钻孔的煤层段相对较长,钻孔的利用率高。

(3) 层间距近的突出危险煤层群(或突出煤层内部含有较厚的夹矸)。这类突出危险煤层(煤层群)通常是同一时期形成的,突出危险性相当,层间岩层厚度不大或层间存在厚度不等的夹矸,煤层顶底板起伏大。采用顺层钻孔预抽煤层瓦斯时,夹矸或层间岩层阻碍了邻近煤层瓦斯的流动,即顺层钻孔只能解决一个煤层(或分层)的瓦斯问题。因此,需要将这些煤层综合考虑,同时消除煤层群的突出危险性,只能采取顶(底)板岩巷大面积穿层钻孔抽采的区域性瓦斯治理方法。

5.3　中等强度突出煤层瓦斯抽采方法

中等强度突出煤层的突出危险性弱于强突煤层,其煤层瓦斯抽采主要采用底板岩巷密集穿层钻孔结合密集顺层钻孔进行瓦斯抽采。该方法的钻孔布置是底板岩巷密集穿层钻孔抽采掩护煤巷条带和顺层钻孔抽采采煤工作面煤体两种方法的组合。底板岩巷密集穿层钻孔条带瓦斯抽采致力于在一定的时间内消除煤巷条带的突出危险性,穿层钻孔控制范围小,所需钻孔数量少,钻孔工程量大大降低。工作面顺层钻孔均为煤孔,钻孔利用率高。该方法充分利用了底板岩巷穿层钻孔安全性高、适应性强、顺层钻孔利用率高的优点,在安全性、适应性和抽采效率上都有保障。

对因地质条件变化、钻进技术等因素造成的顺层钻孔覆盖不到的工作面局部区域,可从底板岩巷补充施工穿层钻孔进行瓦斯抽采,以实现钻孔对工作面的全面覆盖和均匀抽采。因此,该方法具有较广的适应性,是目前不具备保护层开采条件的突出煤层区域瓦斯治理的主要方法。

5.3.1　钻孔布置及工艺参数

底板岩巷密集穿层钻孔抽采煤巷条带瓦斯方法是在工作面煤巷(机巷、开切眼、风巷)底板 15～25 m 的岩层中,布置底板岩巷,构成全负压通风系统;然后在底板岩巷中每隔一定距离布置一个钻场,在钻场中向工作面煤巷位置及煤巷两边需控制的范围内(2019 版《防突细则》对钻孔控制范围的要求)施工网格式的密集穿层钻孔,预抽煤巷条带瓦斯,力争在较短的时间内区域性消除工作面煤巷及其周围需要控制范围煤体的危险性,使之具备煤巷掘进的条件。钻孔布置如图 5-2 所示。

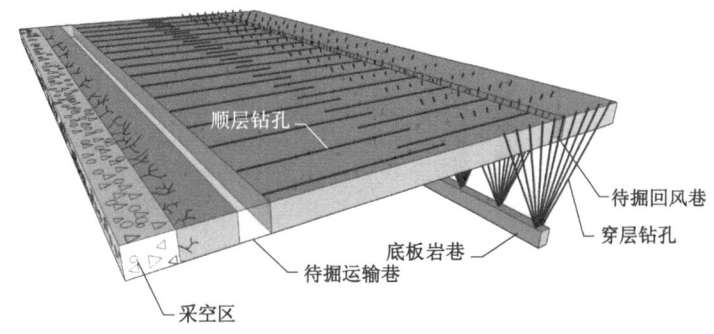

图 5-2　底板岩巷密集穿层钻孔条带预抽钻孔布置示意图

穿层钻孔直径不低于 90 mm,钻孔间距一般为 5～8 m,钻孔间距以煤层顶板为准,若采取水力冲孔造穴等增透技术,钻孔间距可适当放大。钻孔穿透煤层,进入煤层顶板 0.5 m,钻孔在煤层内均匀布置,在煤层倾向平面上应呈均匀、规则的网格状布置。2019 版《防突细则》对于钻孔控制回采巷道外侧的规定范围是:倾斜、急倾斜煤层巷道上帮轮廓线外至少 20 m,下帮至少 10 m;其他煤层巷道两侧轮廓线外至少各 15 m。因此,底板巷道穿层钻孔条带采前抽采需要控制工作面煤巷(机巷、风巷、开切眼)及其两侧需要控制的煤体。穿层钻孔采用"两堵一注"封孔工艺,用水泥浆封孔,封孔长度不低于 12 m;抽采负压在 25 kPa 以上。抽采时间以实际抽采情况确定,即将钻孔控制范围内煤体的瓦斯压力或瓦斯含量降至消除突出危险性的临界指标值以下,但通常情况下穿层钻孔的抽采时间应不小于 4 个月。

工作面顺层钻孔预抽方法是在工作面已有的煤层巷道内,如运输巷(机巷)、回风巷(风巷)、开切眼等巷道内,向煤体施工顺层钻孔,抽采煤体瓦斯,以区域性消除煤体的突出危险性。顺层钻孔的间距与钻孔的抽采半径和抽采时间有关,通常为 2～5 m,顺层钻孔的直径不小于 90 mm,钻孔长度根据工作面倾向长度设计,且保证钻孔在工作面倾斜中部有不少于20 m 的压茬长度,如图 5-3 所示。对于透气性低、瓦斯含量高的煤层,部分矿井的钻孔间距甚至缩小至 1 m 以下。对于厚度较大的煤层,可施工上、下两排顺层钻孔,确保抽采到位。

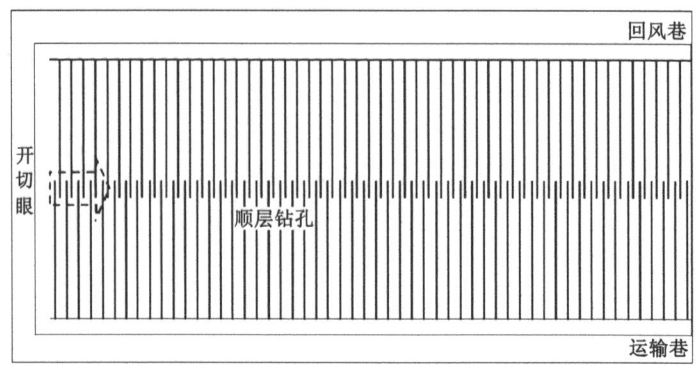

图 5-3　工作面倾向顺层钻孔布置示意图

　　图中顺层钻孔一般垂直于煤层巷道布置。采用"两堵一注"封孔工艺,封孔深度一般不低于 12 m,部分矿区的钻孔封孔深度已达 20 m 左右,抽采负压在 13 kPa 以上。顺层钻孔预抽的抽采时间以实际抽采情况确定,即将钻孔控制范围内的瓦斯压力或瓦斯含量降至消除突出危险性的临界指标值以下。但通常情况下顺层钻孔的抽采时间不低于 3 个月。

5.3.2　适用条件

　　底板岩巷密集穿层钻孔煤巷条带预抽方法可在较短的时间内消除煤巷条带的突出危险性,为尽早进入突出煤层、继续采取顺层钻孔预抽消除工作面突出危险赢得了时间。因此,该方法通常结合工作面顺层钻孔预抽一并采用,具有广泛的适应性,是目前不具备保护层开采条件的突出煤层区域性瓦斯治理的主要方法。

　　采煤工作面采取顺层钻孔,顺层钻孔均为煤孔,钻孔利用率高。但顺层钻孔施工对煤层赋存条件要求较高,适用于煤层赋存相对稳定、顶底板起伏小、不含夹矸或夹矸厚度小的煤层。

5.4　弱突硬煤层瓦斯抽采方法

　　对于煤体硬度大、倾角小、赋存稳定,构造相对简单的弱突硬煤层,突出危险性相对较弱且易于成孔,多采用顺层钻孔递进掩护瓦斯抽采方法来消除突出危险。根据打钻设备与钻孔长度的不同,顺层钻孔递进掩护抽采方法又分为定向钻机顺层长钻孔递进掩护和普通钻机顺层长钻孔递进掩护两种抽采方式。

5.4.1　定向钻机顺层长钻孔瓦斯抽采

5.4.1.1　定向钻机简介

　　定向钻机经过引进、借鉴国外先进的设备和技术,目前已经实现国产化,中煤科工集团西安研究院、重庆研究院等企业均可生产。下面以澳大利亚 Vally Longwall 公司生产的 VLD-1000 型千米定向钻机为例进行介绍。VLD-1000 型千米定向钻机功率为 90 kW,配套专用的 DDM-MECCA、DGS 钻进实时监测系统。钻机由行走机构、动力系统、钻进系统、电气控制系统及测斜定向系统组成,其主要技术参数如表 5-2 所列。

表 5-2　VLD-1000 型千米定向钻机主要技术参数

钻进长度	1 000 m
电动机功率	90 kW (1 140 V,50 Hz)
测斜定向系统测量精度	上下偏差±0.2°,水平偏差±0.5°
钻机总重	8 500 kg
外形尺寸(长×宽×高)	4 000 mm×2 000 mm×1 600 mm

VLD-1000 型千米定向钻机及钻杆具体情况见图 5-4。

（a）VLD-1000型千米定向钻机

（b）VLD-1000型千米定向钻机所用钻杆

图 5-4　VLD-1000 型千米定向钻机及钻杆

　　VLD-1000 型千米定向钻机的关键部位在于孔内马达驱动装置和配套的测量技术[3],如图 5-5 所示。高压水通过钻杆输送至孔内马达,孔内马达内部的转子在高压水的冲击作用下转动,通过前端轴承带动钻头旋转,达到破煤的目的,在钻进过程中,钻杆本身不转,只有钻头旋转运动,从而有效降低了钻机的负载。孔内马达的弯接头是一个关键部件,它和钻杆之间有一定的夹角,由于弯接头的作用,钻孔的轨迹将不再是传统钻机所形成的略带抛物的直线轨迹,而成为一条偏向弯接头方向的空间曲线。

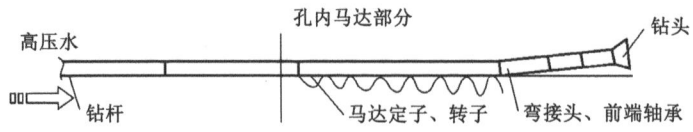

图 5-5　孔内马达驱动装置

定向钻机长钻孔抽采工艺是井下煤层瓦斯抽采的有效技术,它具有以下特点:

① 良好的定向性。钻机采取孔底马达钻进,通过钻杆供给的高压水驱动,具备良好的定向性,可施工拐弯钻孔。在煤层中无构造软煤的条件下,可施工千米以上的分支长钻孔,真正实现"指哪打哪"。

② 抽采效果好。由于钻孔分支较多,瓦斯抽采初始流量大,且钻孔越长,瓦斯流量衰减系数越小。

③ 定向钻机施工的长钻孔可覆盖 1~2 个区段,区段间实现递进式瓦斯抽采,进而取消底板岩巷,节省瓦斯治理成本。

5.4.1.2　扇形顺层长钻孔模块预抽区段煤层瓦斯

扇形顺层长钻孔模块预抽区段煤层瓦斯是利用定向钻机,从采煤工作面一侧巷道向工作面煤体及另一侧巷道的煤巷条带施工顺层长钻孔抽采煤层瓦斯,可有效降低采掘工作面瓦斯含量,消除该模块瓦斯突出危险,钻孔布孔方式为扇形布置,每个钻场布孔数量为 15~20 个,钻孔深度和孔底间距根据采掘计划确定的待掘区域可供抽采时间、煤层地质条件、煤层透气性等来确定。扇形布孔在走向上的控制范围有限,一般情况需要将工作面划分为几个单元独立进行钻孔施工、抽采。定向钻机扇形顺层钻孔模块抽采有多种钻孔布置形式[4]。

晋城大宁煤矿在定向钻机使用方面是国内引进较早、技术应用较成熟的企业之一,在定向长钻孔的施工与设计方面积累了大量的经验,目前大多数工作面均采用定向钻孔进行瓦斯抽采,该方法有效地降低了煤层瓦斯突出危险性,为大宁煤矿的安全生产提供了保障。钻孔布孔模式如图 5-6 所示,钻孔施工直径为 96 mm,钻孔终孔间距 6~8 m,每组施工 20 个长钻孔,钻孔长度 300~350 m,另外施工 8~10 个短钻孔覆盖两组扇形钻孔形成的空白带。

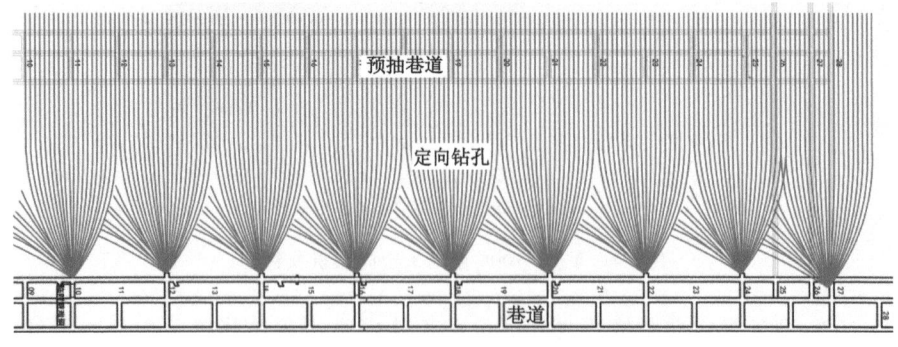

图 5-6　大宁煤矿顺层长钻孔递进掩护抽采模式

以大宁煤矿 105 工作面为例,该工作面共计施工 162 个瓦斯抽采钻孔,钻孔累计进尺 12.71 万 m,吨煤施工钻孔量为 0.024 3 m。经过 12~18 个月的煤层瓦斯预抽,105 工作面预抽区域钻孔累计抽采瓦斯总量为 0.553 1 亿 m³,每米钻孔抽采瓦斯量为 435.17 m³,煤层瓦斯预抽率为 70.37%。工作面推算残余瓦斯含量为 4.44 m^3/t,小于临界值 8 m^3/t;现场检验实测残余瓦斯含量为 3.39～7.56 m^3/t,平均实测残余瓦斯含量 5.94 m^3/t,各检验测点均小于临界值 8 m^3/t,区域性消除了煤层的突出危险性。

晋城寺河煤矿也是使用定向钻机扇形长钻孔较早、较成熟的煤矿,该矿布孔方式与大宁煤矿略有不同,下面介绍寺河煤矿 3 号煤层扇形钻孔布置情况。首先在回风大巷内向准备工作面方向施工本煤层定向长钻孔对第一区块进行瓦斯预抽,消除其危险性。随着采煤工作面平巷的掘进,在平巷后方具备条件时,采用定向钻机施工顺层钻孔对第二区块实施瓦斯预抽,消除其危险性。以此类推,直至钻孔覆盖整个工作面。定向钻机钻孔采用钻场扇形施工,每个钻场布孔数量一般为 15 个左右,钻孔覆盖范围一般为 400 m×410 m 范围,每个钻孔设计 2～3 个分支,主孔设计深度为 345～550 m,终孔间距为 12～15 m,单孔施工进尺一般为 1 200～2 000 m,钻场总工程量为 18 000 m 左右,钻孔施工直径为 96 mm。钻孔控制下一个工作面平巷外 30 m,通过瓦斯抽采,确保下一个工作面平巷安全施工。下一个工作面平巷掘进时,对切断的钻孔根据情况采取接连抽采或采用水泥及时封堵。钻孔布置方式如图 5-7 所示。

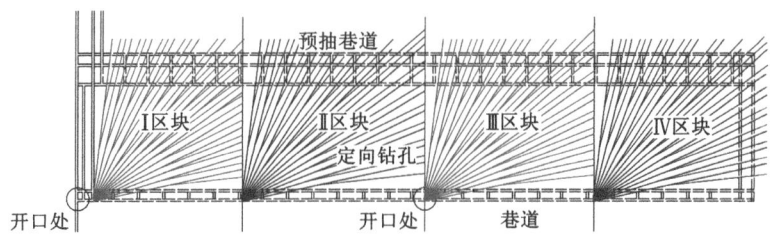

图 5-7　寺河煤矿顺层长钻孔递进掩护抽采模式

5.4.1.3　走向平行顺层长钻孔预抽区段煤层瓦斯

在具备施工超长钻孔的煤层条件下,可运用定向钻机沿煤层走向施工平行顺层钻孔预抽区段煤层瓦斯,通过对煤层瓦斯预抽,降低其煤层瓦斯含量和压力,消除工作面区段煤体的突出危险性。钻场需布置在工作面运输巷附近的底板钻场内,钻场设计深度为 30 m,为了确保安全,钻孔开孔位置距离煤层法距不小于 7 m。钻孔直径 96 mm,深度 500～600 m,间距 10～12 m,两个循环钻孔之间压茬不少于 20 m,钻孔布置图如图 5-8 所示。

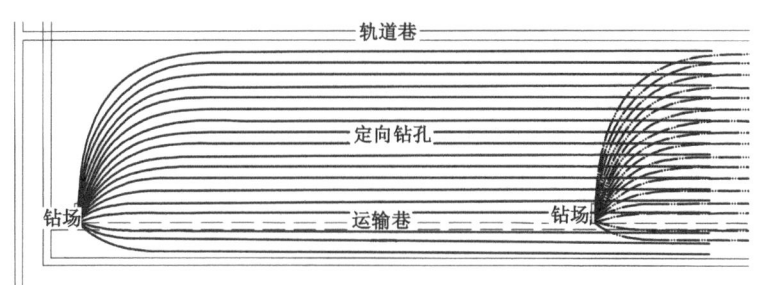

图 5-8　走向平行顺层长钻孔布置图

5.4.1.4　以钻代巷瓦斯抽采方法

以钻代巷抽采瓦斯方法是运用定向钻机在顶、底板岩层中先施工主孔,之后每隔一段距离施工分支钻孔,主孔布置在顶、底板岩层中,代替顶、底板瓦斯抽采巷道,以钻代巷,以达到抽采煤层瓦斯的目的。该方法与穿层钻孔预抽煤层瓦斯措施相比,可以减少岩巷工程,减少矸石外排、缓解接替关系、降低工程成本。与顺层钻孔预抽煤巷条带瓦斯措施相比,钻孔在岩巷中开孔,安全性高,且主孔布置在岩层中,不受煤层坚固性系数影响,可灵活布置分支钻孔,控制范围大。此外,该方法采用钻孔轨迹测定技术,可以实时掌握钻孔轨迹,并根据设计情况进行测斜纠偏,钻孔布孔均匀,误差小,避免了钻孔控制空白区域。以钻代巷钻孔布置如图 5-9 所示。另外,该方法可以作为顺层钻孔抽采方法的补充进行使用,在煤体松软、破碎带,顺层钻孔容易塌孔、无法顺利施工时可采用以钻代巷进行钻孔施工,确保钻孔全覆盖。

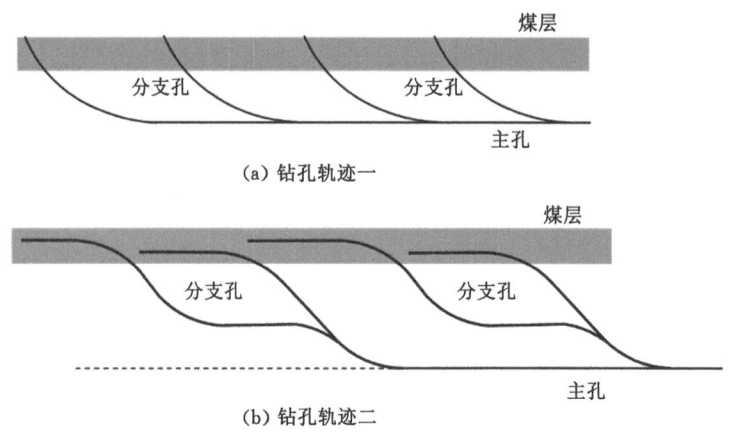

图 5-9　以钻代巷钻孔布置剖面图

5.4.1.5　倾向顺层平行长钻孔预抽区段煤层瓦斯

在煤层赋存条件稍差的矿区,例如煤层较薄、煤体较软、角度较大的矿区,定向钻孔很难施工分支钻孔,在这种情况下可施工平行下向顺层钻孔和上向顺层钻孔,覆盖 1～2 个区段进行区域瓦斯抽采。

对于平行下向顺层钻孔,需先在首采工作面施工一条预抽巷,然后通过预抽巷向采煤工作面煤体及煤巷条带施工下向顺层钻孔,下向孔由于不利于排渣,钻孔施工长度较短,长度 220～250 m,在倾向上覆盖一个工作面,钻孔间距 5～8 m。经过一段时间的抽采,区域性消除钻孔控制的区段煤体突出危险性后,再在留有预抽超前距不小于 15 m 的前提下施工下个采煤工作面的预抽巷,依次类推,直至钻孔覆盖采区内所有工作面煤体,钻孔终孔位置与被预抽掩护巷道的距离不小于 15 m,如图 5-10 所示。

对于平行上向顺层钻孔,由于上向孔排渣容易,施工的钻孔长度较长,长度可达 450～500 m,在倾向上可覆盖 2 个区段,钻孔间距 5～8 m,钻孔终孔位置与掩护巷道的距离不小于 15 m,经过一段时间的抽采,区域性消除钻孔控制的区段突出危险性后,再施工上一采煤工作面的巷道,以此类推,直至覆盖抽采所有工作面。对于采区内深部的第一条煤层巷道,需要施工底板岩巷穿层钻孔进行瓦斯抽采,消除危险性并安全掘进施工出第一条煤巷后便可实行上述方法,见图 5-11。

5.4.2　普通钻机顺层长钻孔瓦斯抽采

在一些煤层条件较好、无千米定向钻机的矿井,工作面煤层巷道施工期间或施工结束

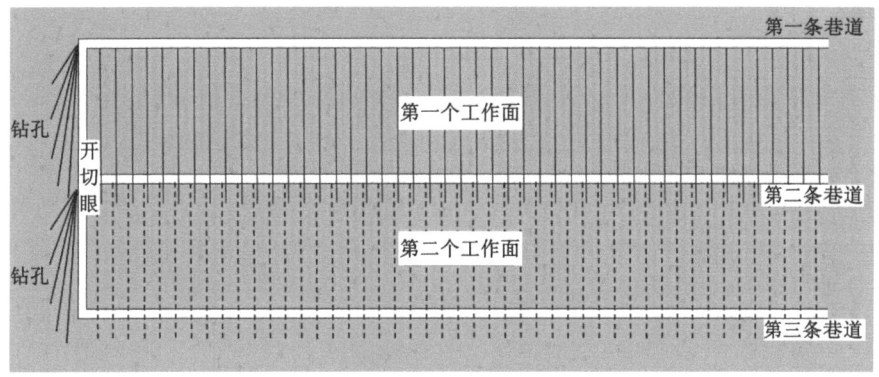

图 5-10　下向顺层长钻孔递进掩护抽采模式

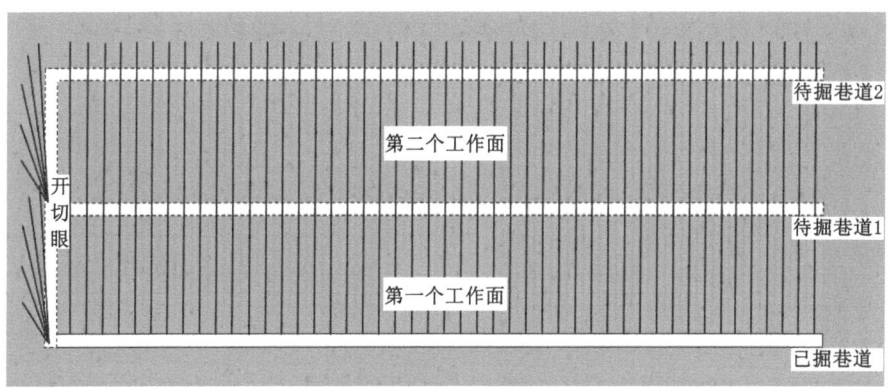

图 5-11　上向顺层长钻孔递进掩护抽采模式

后,可使用普通大功率钻机从工作面的一侧巷道中施工较长的顺层倾向钻孔覆盖整个工作面,抽采煤层瓦斯,消除其突出危险性。对于一个采煤工作面而言,该方法钻孔个数少,封孔工程量小,只需要一条抽采管路,工作面抽采系统简单,便于管理。钻孔直径不低于90 mm,一般钻孔长度为采煤工作面倾向长度减 20 m,封孔深度不低于 12 m。钻孔布置图见图 5-12。

　　在煤层地质条件不好,无法施工较长钻孔的情况下,可考虑采用普通钻机先施工一茬下向顺层钻孔,之后在工作面倾向中部施工一条腰巷接替施工下一茬钻孔,将一个工作面分为上、下两个单元分别进行抽采,实现普通钻机的递进掩护抽采。

　　顺层钻孔递进掩护瓦斯抽采是利用已有的煤层巷道(上区段工作面机巷)向邻近工作面煤层施工顺层钻孔,预抽钻孔控制范围内(上半工作面)的煤层瓦斯;经过一段时间的抽采,区域性消除钻孔控制范围的突出危险性后,在留有不低于 15 m 的预抽超前距的前提下施工工作面腰巷;然后在腰巷中继续向工作面下部煤体施工倾向顺层钻孔,预抽钻孔控制范围内(下半工作面)的煤层瓦斯,经过一段时间抽采,区域性消除顺层钻孔控制范围的突出危险性后,在留有不低于 15 m 预抽超前距的前提下施工工作面机巷;风巷、机巷、开切眼均处于预抽范围内,可直接施工。至此,风巷、机巷、开切眼施工完成,形成工作面通风系统,如图 5-13

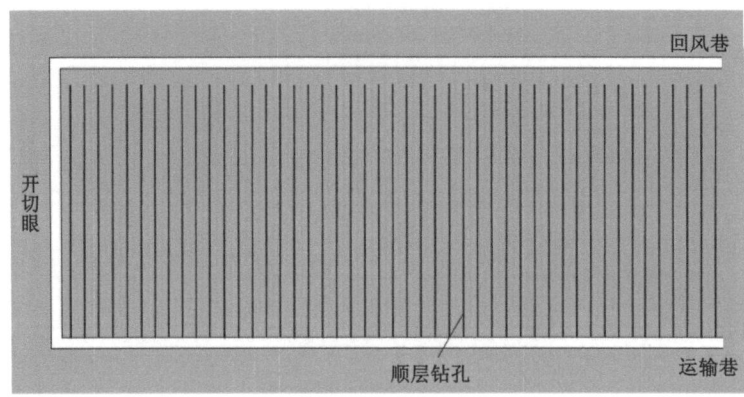

图 5-12　普通钻机顺层长钻孔布置图

所示。顺层钻孔直径不低于 90 mm,间距 2～5 m。如果煤层厚度大,可适当增加煤层厚度上的钻孔数。顺层钻孔采用"两堵一注"的封孔方法,封孔深度不低于 12 m,抽采负压在 13 kPa 以上。

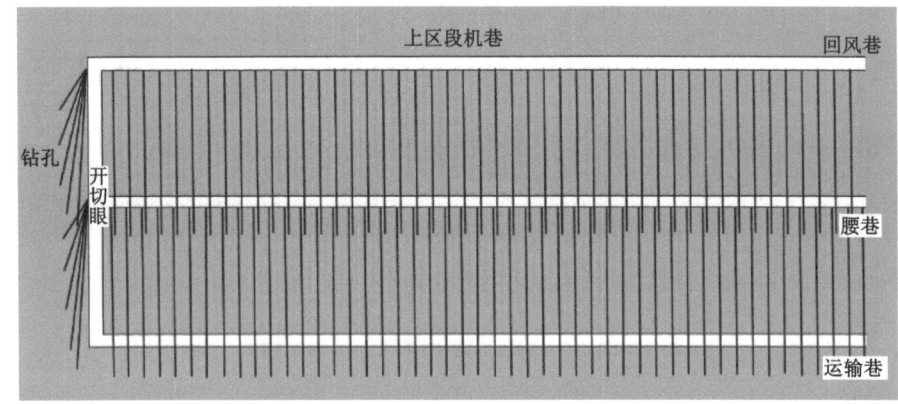

图 5-13　顺层长钻孔递进掩护瓦斯抽采钻孔布置示意图

5.5　高瓦斯煤层瓦斯抽采方法

高瓦斯煤层瓦斯含量较高,有些煤层的瓦斯含量甚至达到 10 m³/t 以上,而且由于受煤层沉积环境和地质变化等多方面因素的影响,我国高瓦斯矿区煤层渗透性普遍较低,不利于煤层瓦斯抽采。在采掘前,必须对煤层施工钻孔进行瓦斯抽采,以满足《抽采达标》要求。高瓦斯煤层瓦斯的抽采不需要考虑防突问题,抽采相对比较简单。目前,高瓦斯煤层主要采用顺层钻孔进行抽采,对于瓦斯含量特别高的区域,也可参考突出煤层的瓦斯抽采方法,采用穿层钻孔进行抽采。采煤工作面煤体瓦斯抽采方法与突出煤层基本一致,本节重点介绍高瓦斯煤层煤巷条带顺层钻孔瓦斯抽采相关方法。

5.5.1　定向钻井顺层长钻孔煤巷条带瓦斯抽采

在煤层赋存条件较好的高瓦斯矿区,可采用定向钻机施工顺层长钻孔,抽采煤巷条带瓦斯,降低其瓦斯含量,确保煤巷的施工安全。钻孔的施工长度根据煤层条件确定,在条件允许的情况下设计钻孔长度可达 $500\sim600$ m,钻孔间距 $8\sim10$ m,钻孔控制两帮轮廓线不小于 20 m,并保证定向钻孔需全煤厚覆盖,定向钻孔施工过程中需做到探顶、底板。单煤巷掘进和双煤巷掘进均可采取该方法,定向钻孔布置如图 5-14 所示。

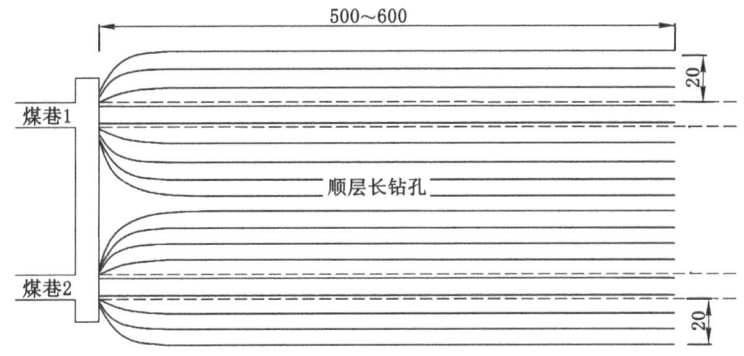

图 5-14　双煤巷掘进面定向钻孔布置图(单位:m)

5.5.2　普通钻机煤巷条带瓦斯抽采

5.5.2.1　赋存较稳定煤层瓦斯抽采

在煤层赋存较稳定、硬度较高的高瓦斯煤巷条带区域,可采用大功率普通钻机施工走向长度不低于 150 m 的顺层长钻孔,抽采煤巷条带瓦斯,降低其瓦斯含量。图 5-15 为双巷掘进情况下的钻孔布置,需要在双巷道外侧布置钻场,从钻场、迎头及横川(联络巷)中向前方施工走向顺层长钻孔。钻孔间距 $1\sim2$ m,钻孔长度 $150\sim200$ m,钻孔直径不小于 90 mm,顺层钻孔需全煤厚覆盖。若煤层较厚,钻孔呈三花形双排布置。待该抽采单元瓦斯达标后,掘进巷道至预定位置(留有 20 m 的超前距),再施工下一循环的钻孔。

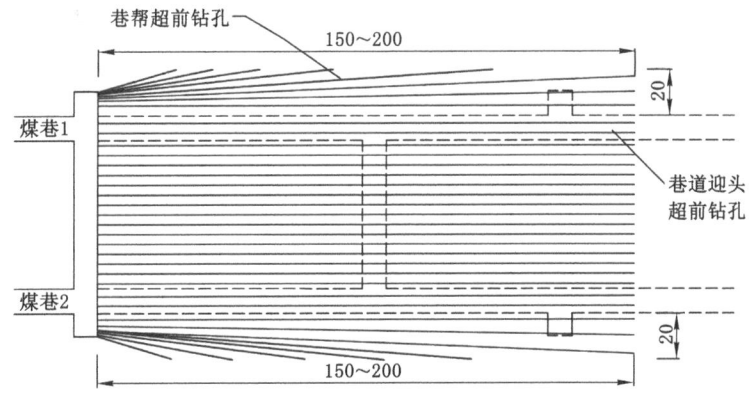

图 5-15　稳定煤层煤巷条带顺层长钻孔布置图(单位:m)

5.5.2.2　赋存不稳定煤层瓦斯抽采

在煤层赋存不稳定、硬度较低且不易成孔的高瓦斯煤层中,一般仅能施工长度为 $60\sim100$ m 的走向顺层钻孔。钻孔布置如图 5-16 所示,钻孔可单独在迎头施工,也可在巷道两侧施工不对称钻场用于钻孔施工。钻孔开孔位置不小于 0.3 m,钻孔终孔间距 $3\sim4$ m,顺层钻孔应控制的条带长度不小于 60 m,巷道两侧的控制范围为巷道轮廓线外不低于 15 m。掘进过程中的钻孔控制范围应包括工作面前方、左右的煤体,如果煤层较厚,还需要控制上、下方的煤体。钻孔直径不小于 90 mm,钻孔超前距不小于 20 m。

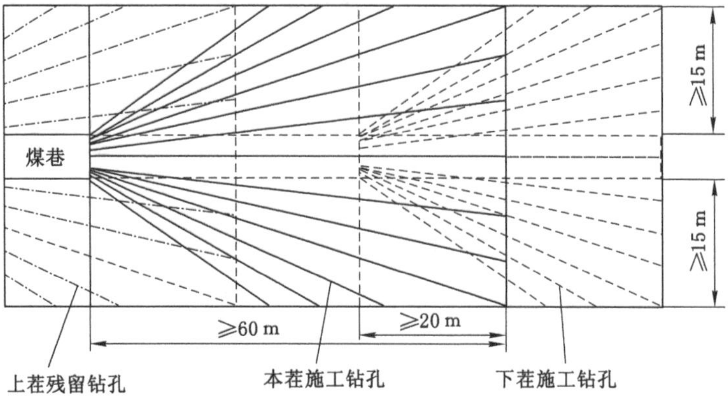

图 5-16　不稳定煤层煤巷条带顺层钻孔布置示意图

5.5.2.3　采区煤层巷道瓦斯抽采

采区大巷施工时,往往是几条大巷依次施工,第一条大巷施工后,就为后续施工的煤层巷道提供了施工顺层钻孔的空间。该方法运用于裕兴煤矿北翼胶带运输巷的掘进方案中,裕兴煤矿北翼回风巷和辅助运输巷迎头超前北翼胶带运输巷迎头 400 m,对于相差的这 400 m 胶带运输巷瓦斯治理,充分利用已施工的辅助运输巷开展工作。从辅助运输巷中向胶带运输巷掘进位置施工顺层钻孔进行目标区域的瓦斯抽采工作,降低掘进区域煤层的瓦斯含量,钻孔布置如图 5-17 所示。胶带运输巷与辅助运输巷间距约 30 m,巷道两侧瓦斯排放宽度设计不低于 15 m,则施工的顺层钻孔长度不低于 45 m,钻孔直径不小于 90 mm,钻孔间距 3～5 m。顺层钻孔应提前施工,确保较长的抽采时间,在巷道掘进之前将煤层瓦斯含量降至一定值以下。

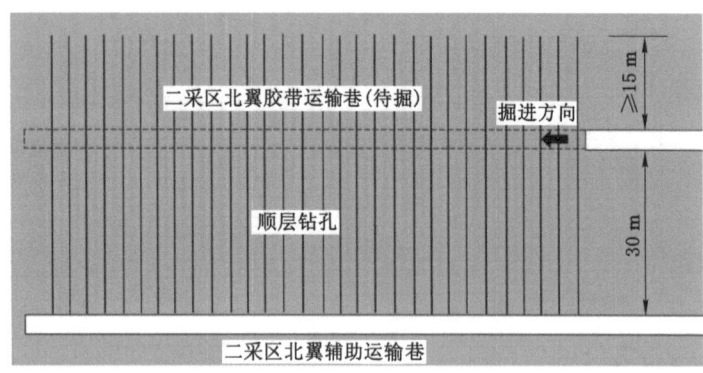

图 5-17　二采区北翼胶带运输巷前 400 m 钻孔布置

5.6　瓦斯抽采钻孔护孔及封孔技术

5.6.1　煤层顺层钻孔护孔技术

我国许多煤矿的煤层松软、煤体破碎且稳定性差,在这些区域抽采瓦斯时,钻孔极易因煤层松软而发生塌孔,造成钻孔堵塞,导致瓦斯抽采效果差。为了防止钻孔塌孔堵塞,需要对松软煤层中的钻孔进行护孔,其中筛管护孔技术最为成熟,效果也最好。

筛管护孔技术是一种不提钻直接从钻杆内通孔下入筛管进行钻孔护孔的一种技术。该技术以钻孔施工完成后的钻杆内通孔作为筛管通道,当筛管输送到钻头部位时在轴向力的作用下通过钻杆内通孔顶开可开闭式钻头,进入孔底后由前端悬挂装置固定筛管,而后退出整个钻杆,筛管留在钻孔内作为长期的瓦斯抽采通道。筛管护孔技术关键装置及安设效果如图 5-18 所示。前端悬挂装置工作原理为:当悬挂装置顶开钻头活动部件进入钻孔后,安设在悬挂装置上的压缩可活动翼片在强力弹簧作用下张开并锲入煤壁提供反向支撑力,使筛管留在钻孔内。

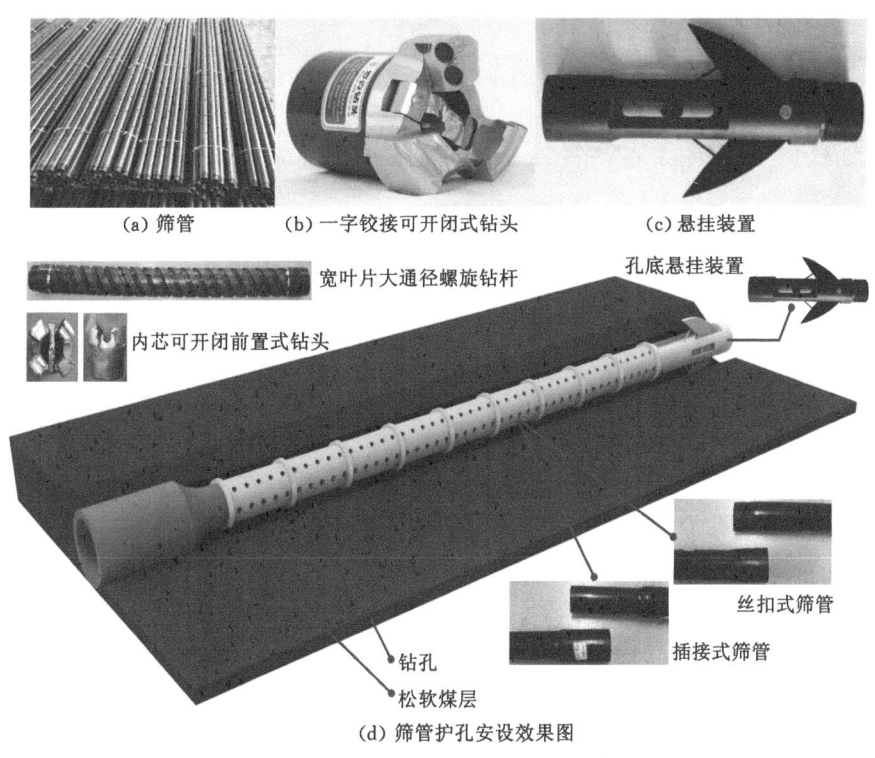

(a) 筛管　　　(b) 一字铰接可开闭式钻头　　　(c) 悬挂装置

(d) 筛管护孔安设效果图

图 5-18　筛管护孔技术关键装置及安设效果图

筛管护孔技术有如下优点:① 筛管下入深度不受孔壁稳定性影响,实现打多深下多深,保障瓦斯抽采钻的有效深度;② 孔底悬挂装置能够有效固定筛管;③ 不提钻下筛管,提高了下入深度及施工效率,降低了筛管下入难度;④ 筛管护孔技术装备组合形式多样,施工工艺灵活度高,地层适应性强。

松软煤层筛管护孔技术在两淮地区得到了大面积应用,淮南丁集煤矿现场应用表明,运用筛管护孔技术,单孔抽采瓦斯体积分数由 30% 增至 60%,抽采瓦斯纯量由 0.03 m³/min 增至 0.06 m³/min;评价单元抽采瓦斯体积分数提高约 120%,瓦斯抽采纯量由 2.0 m³/min 增至 4.2 m³/min,瓦斯抽采效果如图 5-19 所示。该技术大幅度提高了钻孔预抽瓦斯的可靠性,极大地保证了工作面瓦斯预抽的效果。

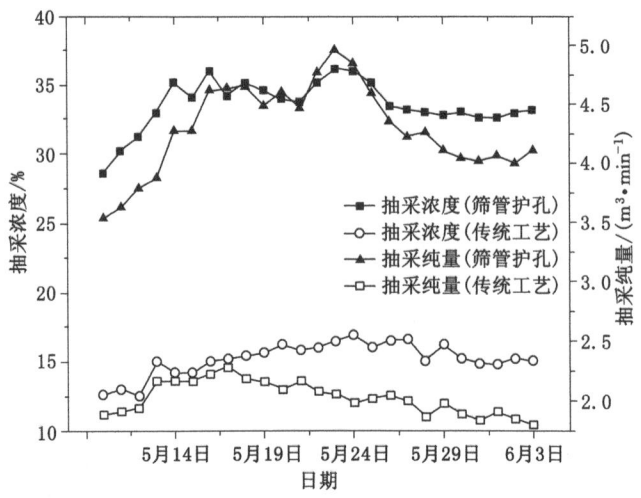

图 5-19　筛管护孔与传统工艺瓦斯抽采效果对比

5.6.2　瓦斯抽采钻孔封孔技术

瓦斯抽采钻孔施工后,受巷道卸压带裂隙及钻孔卸压圈裂隙影响,孔口近端裂隙发育,若钻孔封孔不严则会出现漏气、瓦斯抽采浓度低等问题。为解决这一问题,近年来发展形成了"两堵一注"钻孔封孔技术,较好地解决了抽采瓦斯时的外部漏气问题。

"两堵一注"技术是一种带压封孔法,其原理是:先将两端固定有聚氨酯材料或囊袋的封孔管下入钻孔内,待聚氨酯膨胀凝固或是囊袋注浆膨胀凝固后形成堵头,再通过注浆管对两端堵头之间的封孔段进行带压注浆,注浆压力不小于 2 MPa,在注浆压力的作用下,浆液向钻孔壁渗透并填充钻孔周围裂缝,实现瓦斯抽采钻孔的高效高质量封孔。下面以囊袋式注浆封孔为例对抽采钻孔封孔技术做一简要介绍,如图 5-20 所示。

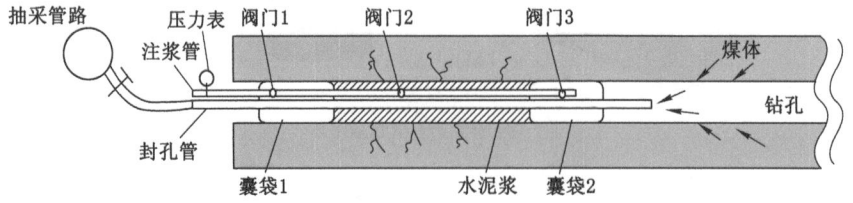

图 5-20　囊袋式注浆封孔示意图

囊袋式封孔装置是在封孔管上绑扎 2 个囊袋作为堵头封堵钻孔,采用注浆管进行注浆。注浆封孔步骤如下:将固定有注浆管的囊袋绑扎在封孔管前端后送入钻孔内,再在封孔管的孔口侧绑扎另一囊袋。启动注浆泵,通过注浆管先向两端囊袋注入封孔材料形成堵头。之后打开阀门 2 向两堵头之间的钻孔注浆,并向周围裂隙渗透,待封孔水泥浆凝固后,便形成了具有一定长度、一定厚度的密封环,从而实现钻孔的密封,为抽采高浓度瓦斯提供保障。

如封孔材料为普通水泥,则采取"两堵两注"的封孔方式,同样可以达到良好的钻孔封堵效果。与"两堵一注"技术相比,两者的区别在于"两堵两注"技术需要进行两次注浆,即在第一次注浆初凝后再次高压注浆,保证水泥在钻孔内凝固后不会开裂,确保封孔效果。

图 5-21 为在淮南丁集煤矿松软煤层不同封孔方式瓦斯抽采效果图,结果显示第三单元采用传统工艺封孔,抽采支管浓度 5%～8%,抽采瓦斯纯量为 0.4～0.8 m³/min,抽采浓度较低,混合量大,纯量较小,预抽效果差。而第五单元采用"两堵一注"封孔方式后,抽采支管浓度提高至 42%～58%,瓦斯抽采纯量为 0.75～1.10 m³/min,抽采浓度稳定,纯量大,抽采效果好。

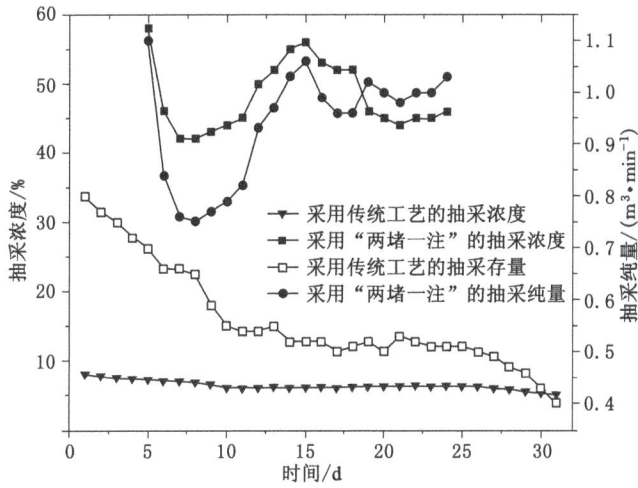

图 5-21　传统封孔与"两堵一注"封孔方法的瓦斯抽采效果对比

图 5-22 为在淮南丁集煤矿松软煤层不同封孔长度瓦斯抽采效果图,实验表明封孔深度越长,封孔效果越好,瓦斯抽采效果越好。淮南、淮北地区煤矿钻孔封孔长度一般不低于 15 m,部分矿井封孔长度达 20 m 以上,而山西等地区煤矿钻孔封孔长度普通较短,一般为 8～12 m。

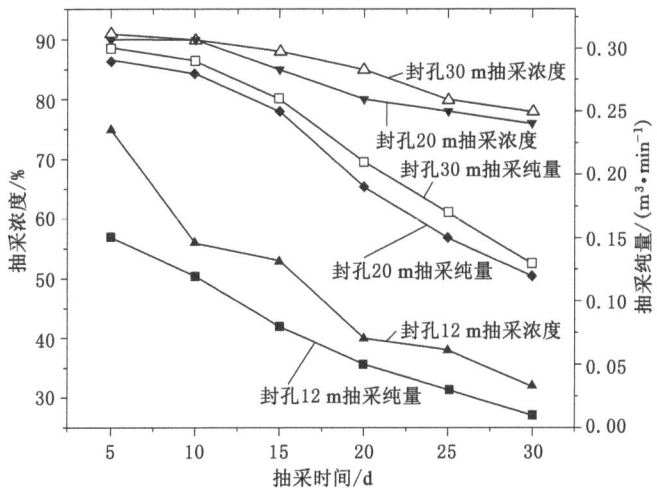

图 5-22　淮南丁集煤矿不同封孔长度瓦斯抽采效果

5.7　单一煤层井下增透技术

为提高低渗透性煤层的瓦斯抽采效果,国内外学者研发了一系列改造煤储层性质、提高煤层瓦斯渗透性、增强预抽煤层瓦斯效果的技术,主要包括:水力压裂技术、水力冲孔技术、水力割缝技术、深孔松动爆破技术、高压气体爆破致裂技术等[5-9]。本节主要对常用的井下水力冲孔造穴增透技术和二氧化碳爆破增透技术作简要介绍。

5.7.1　水力冲孔造穴增透技术

5.7.1.1　水力冲孔造穴增透原理

水力冲孔造穴增透技术是利用高压水、冲孔造穴钻头和钻机等设备,从煤层巷道施工顺层钻孔或是底板巷施工穿层钻孔,在一定厚度煤岩柱的掩护下,钻孔施工过程中依靠一定压力的水冲击钻孔周围的煤体,特别是软分层煤体,冲出煤体形成孔洞,为周围煤体的移动变形留出空间,煤体移动变形后使钻孔周围的煤体得到充分卸压,增加煤层裂隙,极大提高钻孔周围煤体的透气性[10-13]。多个钻孔冲孔后煤巷条带煤体形成连通的裂隙网络,再补充施工部分瓦斯抽采钻孔,便可在短时间内大幅度降低煤层瓦斯含量,释放煤岩弹性潜能,消除其煤与瓦斯突出危险性。水力冲孔造穴技术分为高压水力冲孔造穴技术和低压水力冲孔造穴技术两类。

5.7.1.2　高压水力冲孔造穴技术及应用效果

（1）高压水力冲孔造穴装备

安全高效钻冲一体化设备如图 5-23 所示,该装置包括履带式液压钻机、锥面耐高压密封钻杆、钻进冲孔两用双喷嘴钻头、高压旋转接头以及高压水泵站。履带式液压钻机通过转动盘以及调角油缸,可以实现钻杆在水平面内±180°旋转以及竖直面内±90°的角度调节,从而使得履带式液压钻机完成球面布孔。对钻头、钻杆以及钻机的结构进行改进,将钻进、冲孔的过程进行整合,可实现煤矿井下钻进与冲孔的施工过程。

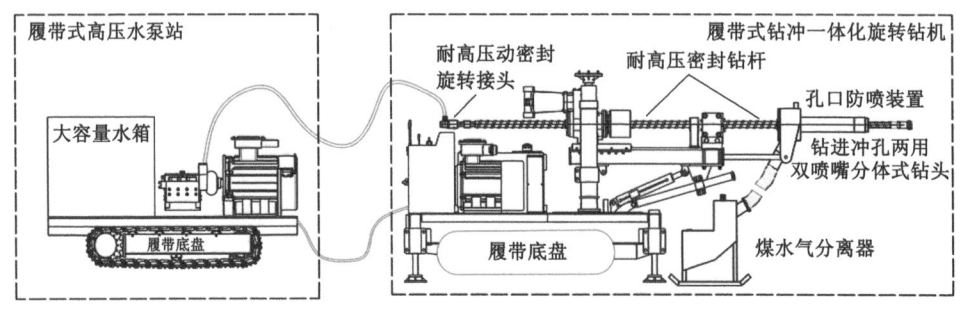

图 5-23　高效钻冲一体化设备图

在进行钻孔时,将履带式液压钻机移动到所需钻孔的位置,将密封钻杆穿过履带式液压钻机的动力头内孔后,将钻进冲孔两用双喷嘴钻头与密封钻杆前端连接,通过操作系统调整密封钻杆的位置与角度,然后将冲孔所用的高压旋转接头连接在密封钻杆的后端,将孔口防喷装置推入所钻的钻孔内,并通过高压旋转接头向密封钻杆内通入煤矿井下提供的低压水,然后启动钻机进行钻孔,钻孔推进过程中产生的瓦斯、水、煤渣、岩石进入下方的分离箱中,实现气渣分离。在进行冲孔时,将履带式高压水泵站的高压柱塞泵出水管通过压力水通道连接高压旋转接头进行水力冲孔,冲孔中产生的碎煤及颗粒通过煤气渣分离装置流出。在冲孔结束后,需要先关闭履带式高压水泵站,再拆除履带式高压水泵站与履带式液压钻机之间的管路,然后卸掉高压旋转接头,再将密封钻杆从动力头内孔中退出,最后拆下气渣收集分离装置。

(2) 煤巷条带顺层钻孔造穴抽采技术

采取前进式造穴施工技术,钻孔向前施工过程中在预定位置进行造穴,造穴抽采钻孔长度沿走向覆盖迎头前方 80~100 m 的煤体,巷道两侧覆盖区域不小于 15 m,为了安全考虑,迎头前方 20 m 范围内的煤体不进行造穴,一个循环共布置施工 8~10 个造穴钻孔,造穴压力 18~20 MPa,设计单穴造穴平均半径 0.50 m,造穴间距为 6~10 m,每一循环造穴个数为 60~80 个。为了强化卸压瓦斯抽采,造穴钻孔施工结束后,在每两个造穴钻孔间补充施工 1 个顺层钻孔,钻孔施工完成后接入管网,合茬进行抽采,钻孔布置如图 5-24 所示。该方法也可用于底板岩巷穿层钻孔的冲孔造穴。

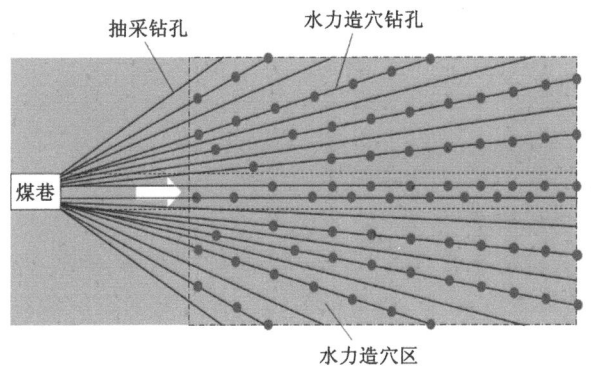

图 5-24 钻冲一体化水力冲孔造穴钻孔布置示意图

(3) 瓦斯抽采效果

水力造穴冲孔技术在煤矿现场获得了广泛应用,取得了良好的瓦斯抽采效果。以阳泉新景煤矿南五正巷掘进工作面某循环为例,共施工了 10 个造穴钻孔,造穴钻孔间距 6~10 m,造穴水压为 18 MPa,每个造穴时间约为 45 min,造穴过程中的单穴出煤量约为 1.1 t,单穴造穴半径约为 0.50 m,该循环共造穴 76 个,总出煤量为 70.61 t。在之后的抽采过程中平均瓦斯抽采浓度约为 16%,平均瓦斯抽采纯量为 0.9 m^3/min。经过为期 18 d 的瓦斯抽采后煤层残余瓦斯含量由 16.38 m^3/t 降至 10 m^3/t 以下,基本满足了巷道安全掘进要求。

5.7.1.3 低压水力冲孔技术

低压水力冲孔利用矿井静压水提供动力,水压一般不超过 6~8 MPa。该方法一般应用于底板岩巷穿层钻孔的水力冲孔。在穿层钻孔施工到位退钻过程中利用静压水对煤层进行冲孔造穴。若煤层全部为松软煤层,则全煤厚冲孔;若煤层较硬存在软分层,则重点对软分层进行冲孔。穿层钻孔水力冲孔工作原理是利用水射流作用对松软煤体进行冲刷,形成各种缝槽、孔洞等人为空间,利用煤体的流变作用,钻孔周围煤体产生卸压增透作用,使得抽采钻孔的有效半径扩大,提高瓦斯抽采效果。

　　水力压穿增透技术是在水力冲孔和水力压裂技术的基础上发展起来的,即对煤巷条带煤体先利用穿层钻孔进行水力冲孔,待排出一定的煤量后,再进行水力压裂,将煤层内的水力冲孔钻孔连通,扩大煤层裂隙发育效果,进而提高煤层透气性和瓦斯抽采效果。郑煤振兴二矿对水力冲孔、水力压裂和水力压穿技术进行了试验(图 5-25),孔径 94～113 mm,钻孔间距 9.6 m×10 m。根据效果考察,水力冲孔钻孔抽采影响半径可达 10 m,三者的煤层增透倍数为 1∶38∶84,三者的瓦斯抽采浓度为 1∶3∶6。试验表明,通过水力化措施,煤层透气性增加明显,瓦斯抽采浓度大幅度提高,取得了显著的增透增流效果。

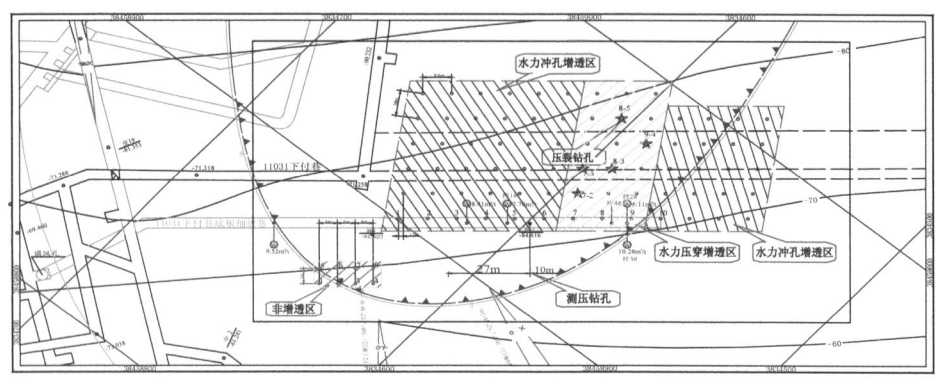

图 5-25　郑煤振兴二矿水力化措施钻孔布置图

5.7.2　二氧化碳爆破增透技术

5.7.2.1　二氧化碳爆破增透原理

　　液态二氧化碳爆破致裂技术[14-15]已发展成为一种成熟的煤层致裂增透技术,具有致裂过程无火花外露、爆破压力可控、操作简便等优点,在单一煤层增透中运用广泛。二氧化碳有四种相态,除一般的气、液、固三种形态外,还存在超临界状态,见图 5-26。液态二氧化碳爆破致裂的技术原理为:二氧化碳在温度 31 ℃以下、压力 7.2 MPa 以上时呈液态存在,通过加热等手段当温度超过 31 ℃时,液态二氧化碳在 100～300 ms 内气化,其产生的高压冲击波能够在 30～60 ms 内对煤体冲击致裂,并通过控制孔的导向作用,使原始煤体产生裂隙并卸压,从而达到增加煤体的透气性、提高煤层瓦斯抽采效率的目的。二氧化碳爆破致裂煤层增透机理实质上是爆破冲击波、高压气体、煤的物理性质、瓦斯压力、地应力等多种因素共同作用下,煤体发生起裂、扩展、分叉、止裂的过程。

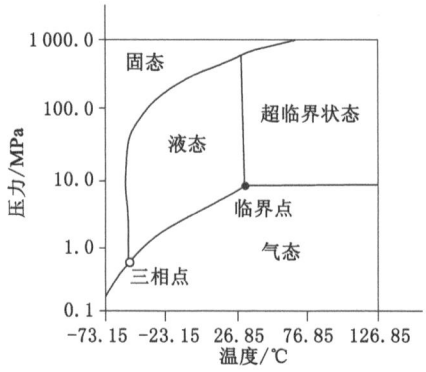

图 5-26　二氧化碳四种相态图

　　爆炸压裂、高压气体压裂和水力压裂三种压裂技术的压力特征曲线如图 5-27 所示,常规炸药爆炸压裂过程升压急剧,峰值压力大,而水力压裂的升压缓慢,峰值压力较小,持续时间长。相比较而言,高压气体压裂的峰值压力、升压时间、加载速度及总过程均介于炸药压裂和水力压裂之间,该压裂升压较快,峰值压力适中。其特征有利于高压气体压裂在钻井周边形成不受地应力控制的多条裂隙,提高煤体的通透性,有利于瓦斯抽采,缩短瓦斯抽采时间。

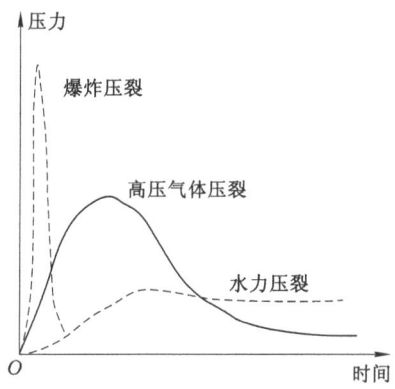

图 5-27　三种压裂压力特征曲线[16]

5.7.2.2　液态二氧化碳爆破致裂设备

　　液态二氧化碳爆破致裂设备主要由四个系统组成,分别是推送系统、致裂系统、启动系统和检验系统。推送系统是将致裂系统快速、方便和安全地推送到预定致裂位置。在致裂过程中,推送系统具有控制和固定的作用。在致裂结束后,推送系统还有退出致裂系统的功能。推送系统主要由特制的推送机和特殊的推送杆组成。如果致裂的深度很浅,也可以用人力配合特殊的推送杆将致裂系统送到预定位置,也可以利用井下的钻机进行推送。致裂系统是整个液态二氧化碳相变致裂技术装备的核心,这个系统由多个部件组成,如图 5-28 所示,包括释放管、储液管、加热管、定压泄能片和一些压力密封连接部件。在试验应用时,多套致裂系统可首尾串联同时使用,提高预裂强度。

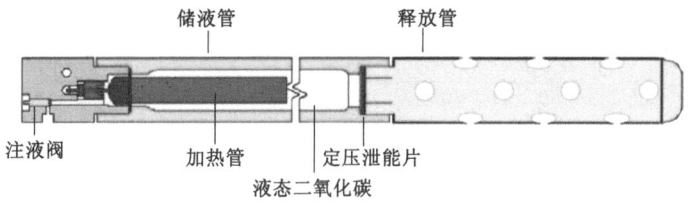

图 5-28　致裂系统部件图

　　储液管是一密闭容器,用于灌装液态二氧化碳,不同规格的储液管可装入 1.0~1.4 kg 不等的液态二氧化碳。加热管是一种特制的化学药卷,安放在储液管内部,其内置有桥式电路,通过 0.8 A 电流后能剧烈燃烧产生大量的热,使得液态二氧化碳瞬间气化,形成高压气体。加热管为一次性耗材。在储液管与释放管之间安置一个控制二氧化碳释放压力的定压泄能片。当输液管内的二氧化碳加热气化到设定压力后,便可击破定压泄能片,高压二氧化碳气体喷射入释放管。定压泄能片根据其破坏压力有不同型号,可根据需要进行选择。释放管是用来改变高压二氧化碳气体的喷射方向,将二氧化碳喷射方向由轴向喷射改变为径向喷射,进而对煤层进行均匀压裂增透。试验过程中可根据煤层钻孔情况连接多组储液管和释放管,储液管与释放管可重复使用。

5.7.2.3 液态二氧化碳爆破致裂应用效果

在潞安常村煤矿 3# 煤层进行了二氧化碳爆破试验,其 2103 胶带运输巷施工 6 个钻孔,钻孔孔径 94 mm,孔深 30 m,仰角 3°,方位角 10°,开孔高度 1.6 m,钻孔间距 10 m。抽采效果如图 5-29 所示。

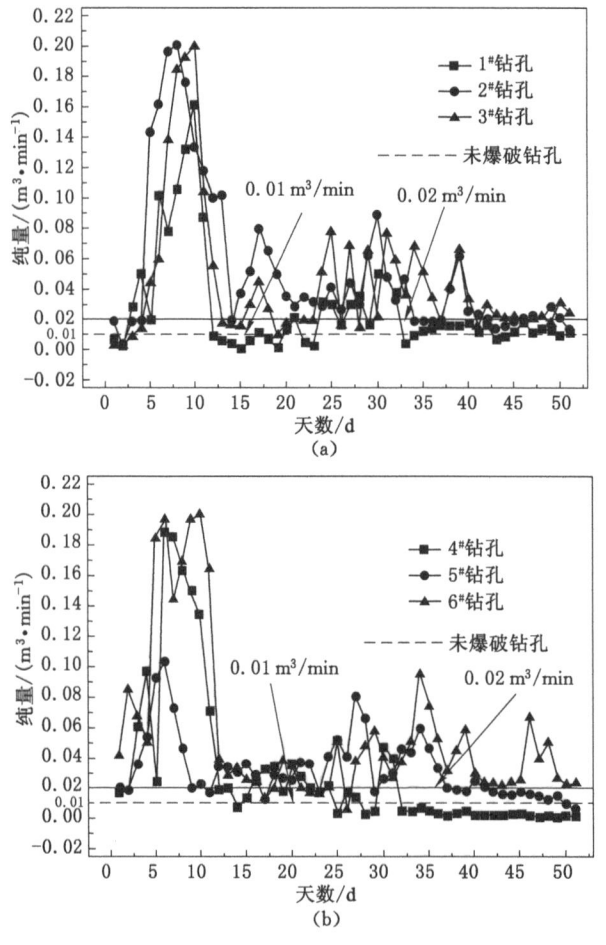

图 5-29 钻孔的瓦斯抽采纯量、浓度曲线图

综合 1#~6# 钻孔的瓦斯抽采纯量、浓度曲线图分析可知,通过液态二氧化碳爆破致裂增透后,钻孔瓦斯抽采纯量显著增加,从累计瓦斯抽采纯量来看,液态二氧化碳爆破致裂试验后单孔的瓦斯抽采效果比未进行致裂的钻孔瓦斯抽采效果提高 1.4~3.5 倍。说明爆破增透后,煤层透气性系数显著增加,有利于瓦斯的快速抽采。

参 考 文 献

[1] 俞启香.矿井瓦斯防治[M].徐州:中国矿业大学出版社,1992.

[2] 俞启香,程远平.矿井瓦斯防治[M].徐州:中国矿业大学出版社,2012.

[3] 山西亚美大宁能源有限公司.深孔定向千米钻机在大宁煤矿瓦斯治理方面的应用[R].晋城:山西亚美大宁能源有限公司,2006.

[4] 姜铁明,苗惠东.千米钻机在晋煤集团应用前景展望[J].煤矿开采,2003,8(3):17-20.

[5] 赵耀江,谢生荣,温百根,等.高瓦斯煤层群顶板大直径千米钻孔抽采技术[J].煤炭学报,2009,34(6):797-801.

[6] 王兆丰,田富超,赵彬,等.羽状千米长钻孔抽采效果考察试验[J].煤炭学报,2010,35(1):76-79.

[7] 丁仲翔.THJ-2000 型钻机在超千米钻孔中的应用[J].中国煤炭地质,2008,20(5):75-76.

[8] 卫永清.千米钻机在突出煤层掘进预抽中的应用研究[J].山西煤炭,2008,28(3):19-21.

[9] 李学臣.提高单一低透气性煤层抽采效果的增透途径[J].煤矿安全,2011,42(4):90-92.

[10] 金学龙.高突低透气煤层水力冲孔防突技术研究与实践[J].煤矿现代化,2013(2):91-93.

[11] 刘明举,任培良,刘彦伟,等.水力冲孔防突措施的破煤理论分析[J].河南理工大学学报(自然科学版),2009,28(2):142-145.

[12] 魏建平,李波,刘明举,等.水力冲孔消突有效影响半径测定及钻孔参数优化[J].煤炭科学技术,2010,38(5):39-42.

[13] 郝从猛,刘洪永,程远平.穿层水力造穴钻孔瓦斯抽采效果数值模拟研究[J].煤矿安全,2017,48(5):1-4.

[14] 孙建中.基于不同爆破致裂方式的液态二氧化碳相变增透应用研究[D].徐州:中国矿业大学,2015.

[15] CHEN H D,WANG Z F,CHEN X E,et al. Increasing permeability of coal seams using the phase energy of liquid carbon dioxide[J].Journal of CO_2 utilization,2017,19:112-119.

[16] 郭帅飞.高压氮气爆破致裂煤岩体实验研究[D].徐州:中国矿业大学,2016.

第6章 井上下卸压瓦斯抽采

2019版《防突细则》第六十条规定[1]，区域防突措施是指在突出煤层进行采掘前，对突出煤层较大范围采取的防突措施。区域防突措施包括开采保护层和预抽煤层瓦斯两类。2019版《防突细则》第六十一条规定，具备开采保护层条件的突出危险区，必须开采保护层。我国多数矿区赋存着多个煤层(煤层群)，具备保护层开采、卸压瓦斯抽采的条件[2]。其原理是在首采煤层(保护层)开采的采动作用下，会引起邻近煤层(被保护层)的地应力下降、移动变形、裂隙发育和透气性系数的增加，被保护层表现出明显的卸压特征。在邻近煤层为矿井主采煤层，且煤层瓦斯赋存丰富、瓦斯灾害严重的情况下，需要在卸压状态下对邻近的主采煤层进行瓦斯抽采，即进行邻近层的采前卸压抽采，降低邻近煤层的瓦斯压力和瓦斯含量。这样一方面可以减少瓦斯向首采煤层工作面的涌入，提高首采煤层工作面的安全开采程度；另一方面，可彻底消除邻近主采煤层的突出危险性，为主采煤层的安全开采创造条件。上述技术即为保护层开采技术[3-5]。卸压抽采技术主要包括地面钻井卸压抽采和井下穿层钻孔卸压抽采两种。因此，在具备煤层群开采条件的矿区，优先选择保护层开采技术[6]，实现矿井准备区、回采区井上、下卸压瓦斯抽采。本章重点是对邻近煤层(被保护层)工作面的瓦斯抽采，不涉及首采层(保护层)工作面的瓦斯抽采。

6.1 煤层群开采卸压增透原理

首采煤层(保护层)工作面开采之后，采空区顶(底)板邻近煤岩层(被保护层)发生破坏、移动和变形，引起顶(底)板煤岩体应力场与裂隙场的重新分布[7-8]。使得顶(底)板邻近煤岩层在特定的空间和时间内存在一定范围的卸压区，且卸压区内煤层膨胀、裂隙发育、透气性系数呈数百倍以上的增加，煤层吸附瓦斯大量解吸，这为邻近煤层(被保护层)的卸压瓦斯抽采提供了有利条件。

6.1.1 保护层开采技术工艺流程

保护层开采及卸压瓦斯抽采工作程序如图6-1所示，可分为准备阶段、实施阶段和效果检验达标阶段3个阶段。

保护层开采的准备阶段包括煤层群的瓦斯赋存条件分析、保护层开采选择和保护层开采规划设计3个部分。首先进行各开采煤层的基本参数考察，掌握煤层瓦斯的赋存规律，分析各煤层的突出危险性。其次，在充分论证的基础上，选择无突出危险煤层或是突出危险性相对较小的煤层作为保护层开采。最后进行保护层开采的规划设计，制订矿井开拓、掘进和回采接替计划，以及配套的瓦斯抽采和治理技术方案，做到矿井"抽、掘、采"平衡，必要时可

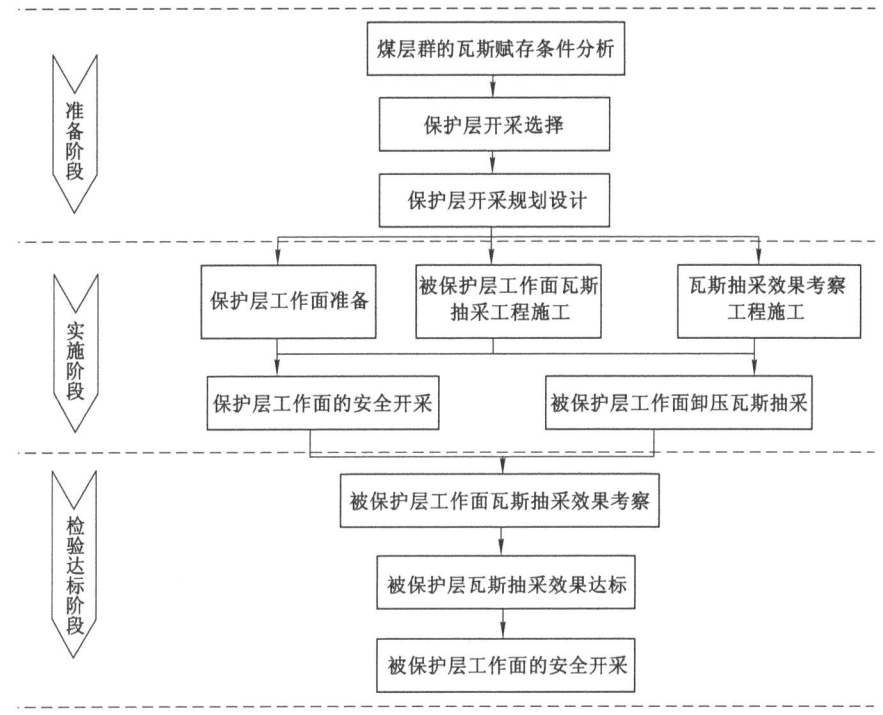

图 6-1　保护层开采及卸压瓦斯抽采工作程序

调整矿井煤层的开采顺层,确保保护层开采规划的实施。

　　保护层开采进入实施阶段后,一方面需要进行保护层工作面巷道施工、工作面安装等准备工作,并根据保护层开采设计进行被保护层瓦斯抽采工程的施工,另一方面还需施工被保护层的措施效果考察工程。上述的三项工作需同时完成,保证保护层开采时,能对被保护层进行有效的卸压瓦斯抽采,同时对抽采的卸压瓦斯计量。

　　保护层开采结束后,需要采用残余瓦斯含量、残余瓦斯压力和膨胀变形量等指标对被保护层的保护边界、保护范围内煤体的瓦斯抽采效果进行考察。根据保护边界考察结果,划定被保护层工作面的卸压保护范围。根据瓦斯抽采达标评判要求,对保护范围内的煤体进行瓦斯抽采达标评判,若抽采已经达标则可进行被保护层工作面的采掘作业,反之继续进行瓦斯抽采,直至瓦斯抽采达标为止。

6.1.2　邻近煤岩层的卸压特征

6.1.2.1　首采层(保护层)开采后顶底板煤岩层的地应力变化规律

　　首采煤层(保护层)工作面开采之后,原有的应力平衡环境被打破,随着围岩的移动变形,采场围岩应力进行重新分布,应力向煤岩层深部转移,并最终获得新的应力平衡。图 6-2 为采用 FLAC3D 软件模拟获得的保护层开采之后采场围岩的应力重新分布情况。计算模型的原型选择为山西某煤矿,赋存多个煤层,赋存条件稳定。建立数值模拟模型长宽各 500 m,高为 406 m 的六面体模型,模拟首采层工作面开采后顶板围岩的应力变化特征。从图中可以明显地看出,在保护层工作面采空区的顶板围岩内形成大面积的应力降低区,应力降低区的范围与保护层的采高、顶板围岩岩性等有很大关系。在工作面前方煤柱及采空区后方煤柱附近应力较高,出现应力集中现象。由于采空区顶板岩层随时间的垮落、压实,保护层采空区的后部出现了应力恢复现象。底板围岩应力变化规律与顶板基本相同。

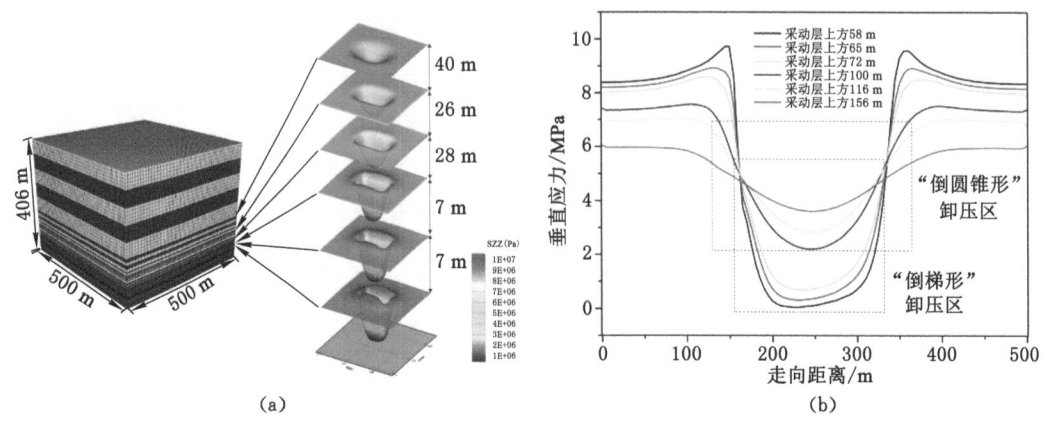

图 6-2   保护层开采后不同层位垂向应力分布

保护层采动后,上覆不同层位被保护层的卸压效果,也将相对层间距作为保护层分类的指标,认为当相对层间距在 20 以下能够取得良好的卸压效果。在本书模拟情景下从整体上看,各层位的卸压比与层间距呈对数关系:

$$
\begin{cases}
R_{sr} = 0.364\ln D_1 - 1.181 \\
R_{sr} = \dfrac{S_v}{S_{vi}}
\end{cases}
\tag{6-1}
$$

式中 R_{sr} ——卸压比;

$\qquad D_1$ ——层间距;

$\qquad S_v$ ——层位垂向卸压后应力;

$\qquad S_{vi}$ ——层位垂向卸压后应力。

相对层间距小于 20 时,即顶板上方 80 m 以下,其卸压比均在 40% 以上,卸压效果明显,根据层间距与卸压效果的拟合关系推断当层间距离达到 400 m 以上,即约 100 倍相对层间距时,原岩应力将不受采动影响。不同层位卸压圈外侧,对应于工作面前方和煤壁外围投影应力集中也随层位的变化表现出一定特征。图 6-3 给出了应力集中即峰值位置与层间距的关系。

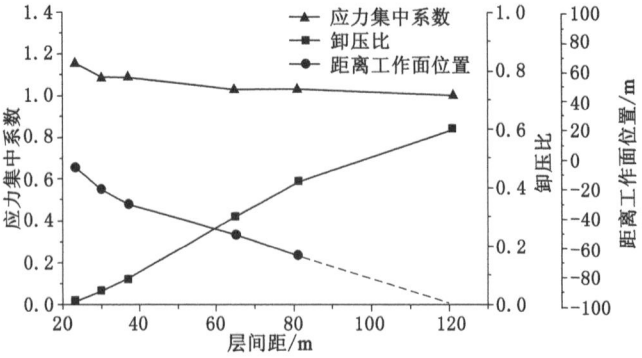

图 6-3   层间距与应力变化关系

应力集中程度也与层间距离关系明显,距离工作面较近层位最大应力集中系数高于远离工作面层位,并当层间距达到一定距离后,应力集中现象消失,即卸压圈外侧不出现应力集中区,卸压区的外沿与原岩应力平滑过渡。拟合发现,层间距与应力集中系数、层间距与峰值点距离工作面位置均可用对数函数进行描述。

6.1.2.2　沿走向顶底板煤岩层的应力分带

在走向上,随着保护层工作面的向前推进,采空区顶(底)板煤岩层发生移动变形,采场围岩应力获得重新分布。根据围岩应力分布的不同,沿走向可划分为四个区,从前至后分别为:原始应力区、支承应力区、卸压区和应力逐渐恢复区,如图 6-4 所示。下面对各区的应力大小及瓦斯动力参数做详细阐述。

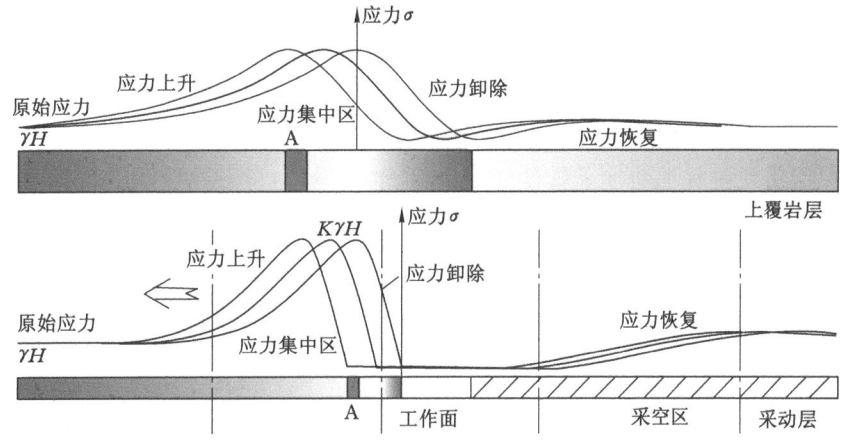

图 6-4　保护层开采煤体应力分布示意图

（1）原始应力区

原始应力区即为未受到保护层开采影响的区域,一般处于保护层工作面前方 50～100 m 以外,该带承受正常应力,其承受的垂直应力与埋深成正比。煤层瓦斯动力参数未发生变化,保持原始数值,抽采钻孔瓦斯量同预抽煤层瓦斯效果相同,按负指数规律自然衰减。

（2）支承应力区

支承应力区指的是保护层工作面附近,由于采动影响、应力转移,形成的集中应力区,一般在保护层工作面前方 50 m 至后方 20 m 处,其长度取决于工作面的开采深度、工作面长度、开采厚度、倾角和层间距等。最大支承应力点的位置,一般位于保护层工作面前方 2～30 m 处,且大多数在工作面前方 10 m 处。支承应力区影响范围内的被保护层处于压缩状态,根据淮南潘一矿开采 B_{11} 煤层保护 C_{13} 煤层的现场考察数据,被保护层 C_{13} 煤层的最大压缩变形达 0.337%。在应力加大、煤层压缩条件下,煤层裂隙闭合,造成该区煤层的透气性系数下降,该区内的钻孔瓦斯抽采量低于原始应力区的瓦斯抽采量。

支承应力的应力集中系数与层间垂距有关,随着层间距的加大,应力集中系数逐渐减小,但支承应力影响的范围有所加大。这就要求,在保护层开采过程中,被保护层工作面与保护层工作面之间需要留有足够的间距,防止被保护层工作面推进速度加快进入保护层工作面形成的支承应力区,进而引发煤与瓦斯突出事故。

为确保被保护层的卸压效果,防止发生意外事故,2019 版《防突细则》规定,正在开采的保护层工作面超前于被保护层的掘进工作面,其超前距离不得小于保护层与被保护层层间垂距的 3 倍,并不得小于 100 m。

(3)卸压区

卸压区指的是由于保护层的采动作用,产生应力转移,在采空区顶(底)板一定范围的煤岩层内形成的应力降低区。被保护层从保护层工作面后方 0～20 m,有时甚至从保护层工作面前开始出现卸压现象,被保护层开始卸压的位置与层间岩性、层间距等有直接的关系。被保护层的卸压程度有一个由小到大的变化过程,最大卸压点在保护层工作面后方 20～130 m 处,过了最大卸压点,由于岩层垮落,应力逐渐恢复,被保护层的卸压程度逐渐减小。卸压区内被保护层承受的应力远小于原始应力。

在卸压区,被保护层所承受的应力低于原始应力,煤层发生膨胀变形,原生裂隙张开,且随着煤岩体的移动形成次生裂隙,被保护层透气性呈几何级倍数增加,为被保护层的卸压瓦斯抽采提供了有利条件。钻孔瓦斯抽采量也呈现由小到大的变化过程。根据淮南潘一矿远距离下保护层开采的考察数据,被保护层膨胀变形可达 2.633%,煤层透气性系数增加了 2 880 倍,穿层钻孔单孔瓦斯抽采量达到了 1 m³/min 以上,有效地降低了煤层瓦斯含量。

被保护层卸压区是一个时空概念,与时间、空间有关,卸压区过后是应力逐渐恢复区,在应力逐渐恢复区内煤层透气性系数有所下降,其瓦斯抽采效果无法与卸压区相比,因此需要对处于卸压区范围内的被保护层煤层进行及时的瓦斯抽采。这就要求被保护层的瓦斯抽采工程必须提前施工、提前投入使用,能够保证保护层开采过程中及时地进行卸压区瓦斯抽采,以实现保护层开采技术应用效果的最大化。

(4)应力逐渐恢复区

应力逐渐恢复区是由于采空区后部矸石垮落,顶板岩层充分移动形成的,位于采空区后部较远处。进入应力逐渐恢复区,煤岩体所承受的应力还是小于原始应力,被保护层的透气性系数与卸压区的相比有所下降,但还是远高于原始煤体的透气性系数。由于卸压区内对被保护煤层瓦斯的有效抽采,进入该区,钻孔瓦斯抽采量逐渐下降,直至煤层瓦斯枯竭,失去抽采价值。

6.1.3　邻近煤岩层的裂隙发育规律

工作面开采使得采空区顶(底)板煤岩层发生移动、变形、破断,顶板煤岩层自然垮落,底板煤岩层向上底鼓,使得地应力向外转移,在一定范围内形成应力降低区。根据矿山压力理论,工作面开采后,随着顶板煤岩层的不断垮落,采空区顶板内由下至上逐渐形成垮落带、断裂带和弯曲带[7],如图 6-5 所示。垮落带是上覆岩层破坏并向采空区垮落的岩层带,在垮落带内破断的岩块以较大的松散系数呈不规则堆积。断裂带是垮落带上方的岩层产生断裂或裂隙,但仍保持其原有层状的岩层带,在断裂带内形成的裂隙主要为岩层离层后形成的顺层张裂隙和岩层破断后形成的穿层裂隙。弯曲带是断裂带上方岩层产生弯曲下沉的岩层带,在弯曲带下部一定范围的岩层内形成的裂隙主要为岩层离层后形成的顺层张裂隙和少部分岩层破断后形成的穿层裂隙。

处于垮落带内的邻近煤层在保护层开采后,煤层的开采条件将受到破坏,无法再进行开采,其邻近煤层的瓦斯解吸后全部涌入保护层工作面。处于断裂带内的邻近煤层在保护层开采后,煤层获得卸压效果,透气性增大,煤层瓦斯部分进入保护层工作面,需要对其进行瓦斯抽采,将卸压瓦斯涌入保护层工作面的比例控制在一定范围之内,断裂带上限一般为采高的 12～22 倍。处于弯曲带下部一定范围的邻近煤层也同样获得卸压效果,但裂隙发育程度

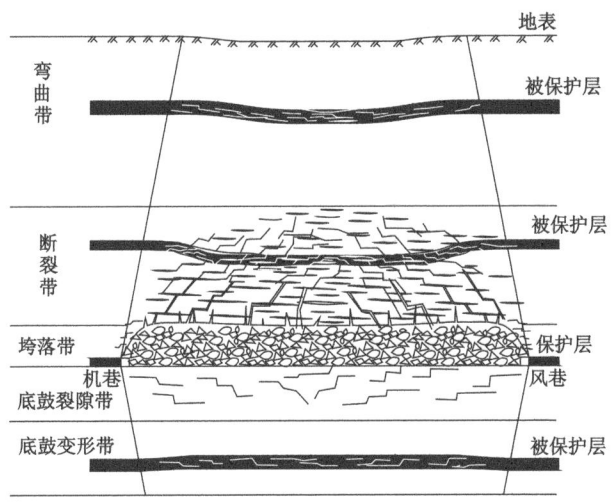

图 6-5　采场顶(底)板煤岩体裂隙发育及分带示意图

较断裂带要小,层间岩层内导通裂隙发育有限,煤层瓦斯无法大量向层外流动,必须采取措施进行卸压瓦斯抽采,消除其突出危险性、降低煤层瓦斯含量。

　　工作面开采使得采空区底板一定范围的煤岩层发生底鼓破坏和膨胀变形[5],结合采场底板岩层的裂隙发育状况,将底板受到采动影响的煤岩层分为底鼓裂隙带和底鼓变形带两个带。根据现场试验考察及相关资料统计分析,底鼓裂隙带下限为底板下方 15~25 m,该带内的裂隙主要为煤岩层离层后形成的沿层理的顺层张裂隙和岩层破断后垂直、斜交层理形成的穿层裂隙,穿层裂隙将该带内的煤层与采空区导通,卸压瓦斯可沿穿层裂隙进入保护层采空区,瓦斯涌入采空区的阻力随层间距的增加逐渐加大。底鼓变形带下限为底板下方 50~60 m,该带内裂隙以沿层理形成的顺层张裂隙为主,处于该带的被保护层发生膨胀变形,煤层透气性增大,为卸压瓦斯抽采创造了有利条件,裂隙发育随层间距加大逐渐减少。

　　顶(底)板煤岩层性质不同、受采动破坏条件不同,造成底板煤岩层内的裂隙发育没有顶板煤岩层内的裂隙发育充分,采动的影响范围也较小。顶板煤岩层的裂隙发育状况、卸压程度及影响范围与工作面的开采厚度、工作面倾斜长度和顶板煤岩层的物理力学性质等有很大关系。底板煤岩层的裂隙发育状况、卸压程度及影响范围与煤岩层性质和倾角关系很大,而工作面的开采厚度对其影响较小。煤层为急倾斜煤层时,上保护层开采对底板的影响范围比近水平和缓倾斜煤层的影响范围大。保护层与被保护层之间存在坚硬岩层时,坚硬岩层在一定程度上限制了岩层的移动变形,相应也就减弱了对被保护层的卸压保护作用。

　　处在不同分带内的邻近煤层裂隙发育状态、透气性变化、瓦斯的解吸及流动条件均不相同,针对上述情况需选用不同的瓦斯抽采工艺及参数对邻近煤层进行卸压瓦斯抽采,有效降低煤层瓦斯含量,彻底消除邻近煤层的突出危险性,实现突出煤层的安全高效开采。

6.1.4　邻近煤岩层的透气性变化特征

　　煤层透气性系数是煤层瓦斯流动难易程度的标志,也是卸压程度的重要指标之一。煤层透气性与煤层承受的应力状态和裂隙发育特征关系密切。在保护层采动作用下,被保护层的应力下降、膨胀变形及裂隙发育共同促进了煤层透气性系数的显著增加,可实现煤层透气性系数呈百倍至上千倍的增长。在淮南潘一煤矿的远距离下保护层开采试验中,C_{13} 煤层的透气性系数增加了 2 880 倍,在郑州崔庙煤矿极薄钻采下保护层开采试验中,二₁煤层的透气性系数增加了 403 倍。表 6-1 给出了保护层顶(底)板不同分带内煤层的裂隙发育特征、膨胀变形大小及透气性系数增加倍数。

表 6-1　不同分带裂隙发育特征及邻近煤层透气性变化

煤层所处位置	裂隙分带	裂隙特性	煤层瓦斯流动特性	影响范围	煤层膨胀变形	煤层透气性系数增加倍数
采空区顶板	弯曲带	以顺层裂隙为主	瓦斯层内流动活跃	裂隙带上部直至地面	>1%	>1 000 倍
	断裂带	穿层裂隙和顺层裂隙均发育充分	层内瓦斯流动活跃,且具备流向开采工作面的条件	上限为采高 12~22 倍		
	垮落带	垮落岩石堆积,存在较大的裂隙通道	瓦斯解吸,流入开采工作面	上限为采高 4~6 倍		
采空区底板	底鼓裂隙带	穿层裂隙和顺层裂隙发育较均充分	瓦斯流动活跃,且具备流向开采工作面的条件	下限为 15~25 m	>0.3%	>300 倍
	底鼓变形带	以顺层裂隙为主	瓦斯层内流动活跃	下限为 50~60 m		

注:对于下保护层开采而言,上被保护层位于弯曲带和裂隙带内才具有开采价值。

6.2　被保护层卸压瓦斯抽采方法选择

常见的被保护层卸压瓦斯抽采方法包括地面钻井瓦斯抽采和底板岩巷穿层钻孔瓦斯抽采两种,有时在不具备施工底板岩巷的情况下可施工顶板岩巷。两种方法各有优缺点,地面钻井抽采方式可实现"一井多用",且钻井在地面施工,不影响井下作业,但地面钻井的井身稳定性是个关键问题,若地面钻井断裂后只能放弃抽采,无补救措施,因此需要采取必要的措施确保钻井不被破坏。底板巷穿层钻孔瓦斯抽采技术,瓦斯抽采工作机动灵活,可系统地考察被保护煤层的膨胀变形、透气性变化、瓦斯抽采等相关参数,还能在考察工作的基础上调整后续抽采钻孔的布置,但工程量较大。

煤矿应根据两种瓦斯抽采技术的抽采效果、抽采成本、优缺点,并考虑矿井地质条件、煤层赋存特性等因素,综合确定安全、高效和经济的瓦斯抽采方案。表 6-2 给出了两种瓦斯抽采技术优选条件。如果煤矿具备被保护煤层赋存稳定,瓦斯含量和压力较大,井下采掘交替紧张,地面平坦等条件,应优先选取地面钻井抽采卸压瓦斯。如果被保护层倾角大,或者需要考察卸压增透效果,地表存在高山、深谷及水体等情况,应优先采用底板巷穿层钻孔抽采方式。

表 6-2　两种卸压瓦斯抽采方法的优选条件

瓦斯抽采方式	方式一　地面钻井瓦斯抽采	方式二　底板岩巷穿层钻孔瓦斯抽采
优选条件	地面平坦 被保护层为多个煤层 被保护层瓦斯储量大 被保护层赋存稳定 井下采掘紧张 下保护层开采工作面	地表存在高山、深谷及水体 被保护层倾角大 需考察被保护层卸压效果 上保护层开采工作面

6.3　地面钻井卸压瓦斯抽采方法

6.3.1　方法简介

地面钻井瓦斯抽采方法是指从地面向目标区域施工大直径的地面钻井,并在地面安装抽采管网,在孔口负压作用下抽采井下卸压煤层瓦斯[9-10]。地面钻井结构如图 6-6 所示。地面钻井结构一般分为三段:第一段为表土段,钻井穿过表土进入坚硬基岩,下套管,进行表土段固井;第二段为基岩段,钻井钻进至目标层(卸压瓦斯抽采煤层或煤层群)顶板 20～40 m,下套管,进行基岩段固井(套管长度为第一段与第二段之和、固井至地面);第三段为目标段,钻井钻进至保护层顶板 5～10 m(取决于保护层开采厚度),下筛管,不固井。钻井在施工过程中需进行以下几个环节:测井、井径检查、井斜、固井、洗井、完井,以保证地面钻井的施工质量。地面钻井的表土段孔口直径不小于 311 mm,水泥固井后表土段有效抽采直径不小于 177.8 mm,基岩段钻井的抽采直径略小于表土段。

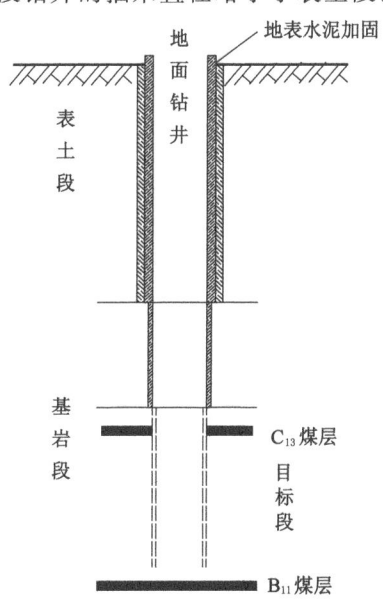

图 6-6　地面钻井结构示意图

地面钻井抽采卸压瓦斯方法适用于下保护层开采条件,其优点为:

(1)地面钻井将穿过下保护层顶板上覆卸压煤岩层,抽采范围大、抽采效果好;

(2)从地面钻井处在保护层开采的卸压区开始,到地面钻井报废止(钻井损坏或抽不出瓦斯),全部为抽采期,抽采期长;

(3)地面钻井施工不受井下巷道工程条件的限制,只要保证保护层工作面推进到钻井设计位置之前,地面钻井施工完成,即可满足瓦斯抽采的需要。

根据淮南、淮北矿区地面钻井卸压瓦斯抽采试验证明,有效抽采半径可达 200 m,设计时地面钻井的抽采半径取 150 m。沿工作面走向第一个钻井距开切眼 50～70 m,之后钻井间距为 300 m,在倾斜方向上钻井距风巷的距离为工作面长度的 1/3～1/2。在煤层群条件下,地面钻井能够取得较好的瓦斯抽采效果,卸压瓦斯抽采活跃期达 2～3 个月,在活跃期内,单井瓦斯抽采量可达 $10\sim30$ m³/min,抽采瓦斯浓度达 70% 以上,煤层瓦斯抽采率可达 60% 以上。为保证地面钻井取得良好的瓦斯抽采效果,需根据特定的煤层地质条件采取必要的措施,防止地面钻井从中间错断,堵塞瓦斯的流动通道。

在抽采的卸压瓦斯煤层较多或是煤层较厚时,当采用下保护层开采时,可考虑从井下巷道向被保护层工作面底板岩层中施工钻孔拦截抽采卸压瓦斯,防止大量卸压瓦斯进入保护层工作面,造成保护层工作面瓦斯超限。淮北矿业集团芦岭煤矿、袁店一矿在保护层开采卸压瓦斯抽采过程中,除了施工地面钻井抽采中组煤卸压瓦斯外,还在中组煤下方施工了大量钻孔抽采中组煤卸压瓦斯,确保了保护层开采的安全。

6.3.2 瓦斯抽采应用实例

6.3.2.1 试验矿井及工作面概况

安徽淮南潘三煤矿井田赋存可采或局部可采煤层 14 层,平均厚度 24.61 m,其中 C_{13}、B_{11}、B_8、B_6 和 B_4 煤层为本区主要可采煤层,其平均总厚度 15.48 m,约占可采煤层总厚度的 63%。矿井瓦斯涌出量为 $120\sim150$ m³/min,为煤与瓦斯突出矿井,主采的 C_{13}、B_{11}、B_8 煤层均具有较强的突出危险性,其中 C_{13} 煤层的突出危险性较强。目前采用开采 B_{11} 煤层作保护层来保护 C_{13} 煤层。工作面煤层柱状如图 6-7 所示。

厚度/m	岩层柱状	岩 性
3.25		泥岩
1.10		煤13-2
0.85		泥岩
3.65		煤13-1
2.75		泥岩
0.55		煤12
7.70		泥岩
6.25		细砂岩
1.15		泥岩
5.05		粉砂岩
7.55		泥岩
3.40		粉砂岩
3.25		泥岩
1.75		粉砂岩
8.35		泥岩
2.50		粉砂岩
4.65		泥岩
1.00		粉砂岩
17.15		泥岩
1.7		煤11-2
3.28		泥岩
0.85		煤11-1

图 6-7 煤层柱状图

B_{11} 煤层平均厚度 1.9 m,煤层倾角平均为 7°,煤质松软,瓦斯压力高,透气性低,瓦斯含量大。C_{13} 煤层平均厚度 5 m,煤质松软,煤层瓦斯压力达 5 MPa,瓦斯含量达 15 m³/t,地应力达 25 MPa,透气性很低,仅为 0.000 81 m²/(MPa²·d)。煤层直接顶板为砂质泥岩或泥质粉砂岩,仅外段(东部)发育,自东向西由砂质泥岩相变为泥质粉砂岩,砂质泥岩厚约 0~

1.2 m,泥质粉砂岩厚约 0～2.5 m;基本顶自东向西由粉砂岩相变为中粒砂岩,厚 8.2～11.9 m,平均 10.5 m;直接底板为厚约 2.5 m 的含砂泥岩。

　　下保护层工作面为四采区 B_{11} 煤层的 1792(1)综采工作面,对应的上被保护层工作面为 C_{13} 煤层的 1792(3)工作面。保护层工作面标高−745～−815 m。该面走向长 740 m,倾向长度为 200 m。工作面采用综合机械化采煤,走向长壁后退式回采,全部垮落法管理顶板。

6.3.2.2　地面钻井的布置及钻井结构

　　根据工作面巷道的布置,被保护层卸压瓦斯抽采采用两种方式,工作面里段采用地面钻井抽采和工作面外段采用底抽巷加穿层钻孔抽采,这里重点讨论的是地面钻井的瓦斯抽采。为了保证保护层工作面的开采安全,在保护层开采过程中采取了随采随抽的措施,包括采空区埋管抽采和顶板走向钻孔抽采。

　　(1) 地面钻井的布置位置

　　1792(1)工作面可采走向长 740 m,在近开切眼端 430 m 范围内布置地面井。结合 1792(1)工作面井下和地面条件,将 1792(1)工作面地面瓦斯抽采钻井设计为两口地面钻井。第一口井距开切眼 60 m,以利于近距离、长时间预抽 C_{13} 煤层未被保护段(未卸压)范围瓦斯。第二口井至第一口井距离 270 m,距外段底抽巷迎头距离 100 m。地面井在工作面倾斜方向位置,布置在工作面中部,距上风巷 100 m 处,保护层工作面及地面钻井布置如图 6-8 所示。

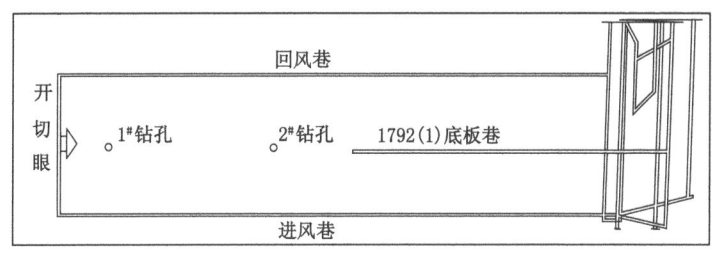

图 6-8　1792(1)工作面地面瓦斯抽采钻井平面布置图

　　(2) 地面钻井结构

　　1792(1)工作面表土段为巨厚新地层、针对工作面埋藏深、涌水量大、推进速度快等地质和开采条件,结合以前试验井的成功经验和失败教训,对该工作面 1# 和 2# 井采用改进型的钻井结构,并进行工业性试验。

　　(1) 表土段地层属巨厚新地层,根据以往实践经验和理论分析,新地层易发生断管的地方都在硬岩和软层交接面附近,为此,在内、外套管安装了二组调节管接头,以适应新地层段弯曲下沉造成水平位移大的要求,活管节安装位置:第一组在深 368 m 基岩风化带上端,第二组在 200 m 左右厚黏土层处(准确位置必须经测井曲线确定岩性后决定)。外套管调节管接头外径为 298.00 mm,钻井直径为 345.50 mm,内套管调节管接头的外径为 204.40 mm,比外套管 ϕ244.05 mm×11.05 mm 的内径小 18.60 mm。

　　(2) 内套管 ϕ177.80 mm×9.19 mm 的生根。一是膨胀橡胶(全膨胀需 2 d),以上全部注水泥浆,并要在 ϕ177.80 mm 套管外壁加扶正器,以保证注浆均匀;二是在 ϕ177.80 mm 套管井口焊接 ϕ300.00 mm×25.00 mm 托盘,并加焊 4 个三角铁支撑,托盘坐在

$\phi 244.05$ mm×11.05 mm 外套管口上。由于 $\phi 114.30$ mm 筛管不能承担 $\phi 177.80$ mm 管的重量,在 $\phi 177.80$ mm管下到位后必须采用钻机悬吊注浆,待水泥浆凝固后才能生根。

(3) $\phi 177.80$ mm 套管膨胀橡胶的下段不注水泥浆,钻筛孔。过煤层段筛管为 $\phi 177.80$ mm×9.19 mm,上端焊接 $\phi 139.70$ mm×9.17 mm 筛管,长 8 m,插入上段 $\phi 177.80$ mm 套管内;下端与 $\phi 114.30$ mm×8.56 mm 石油筛管焊接相连,坐落在 11 煤层顶板上 8 m 处,该段长约 46 m,其孔径仍为 216 mm,筛管外直径为 $\phi 114.30$ mm,孔径大于管径 101.70 mm。当垮落带和裂隙带坚硬厚砂岩大面积垮落时,留有错断空间,有利于保护 $\phi 114.30$ mm 筛管不被破环。钻孔钻进至 11 煤层底板钻孔直径为 152 mm,其上段 7 m 为裸孔与垮落带采空区沟通。

6.3.2.3 工作面地面钻井抽采瓦斯效果考察分析

在地面钻井施工完成、抽采系统形成后,随着工作面的不断推进,陆续对 2 个地面钻井进行了现场考察。图 6-9 为 $1^{\#}$ 钻井瓦斯抽采随工作面推进距离的关系,图 6-10 为 $1^{\#}$ 钻井瓦斯抽采浓度随工作面推进距离的关系,图中不仅给出了地面钻井的瓦斯抽采情况,同时也给出了保护层工作面采空区埋管抽采和顶板走向钻孔抽采的情况。从图中可以看出,在工作面推过钻井 3.5 m 后,$1^{\#}$ 钻井开始产气,刚开始抽采浓度较低,在 40% 左右,抽采流量在 10~20 m³/min,随工作面推进,煤层卸压面积的增大,钻井抽采流量和抽采浓度逐渐上升,在工作面推过钻井 36~66 m 的范围内,抽采流量为 30~40 m³/min,抽采浓度为 70%~85%。之后瓦斯抽采量及抽采浓度有所下降,但仍保持在较高的水平,在工作面推过钻井 66~145 m 的范围内,钻井抽采量为 10~20 m³/min,瓦斯浓度为 35%~55%,钻井存在一个约 2 个月的抽采活跃期。在工作面推过钻井 145~224 m 的范围内,钻井抽采量逐渐下降,但抽采浓度保持在一较高水平,钻井抽采量为 5~10 m³/min,瓦斯浓度为 28%~43%。若以抽采量 10 m³/min 作为抽采半径的考察标准,$1^{\#}$ 钻井的抽采半径达 145 m;若以抽采量 5 m³/min 作为抽采半径的考察标准,$2^{\#}$ 钻井的抽采半径达 240 m。

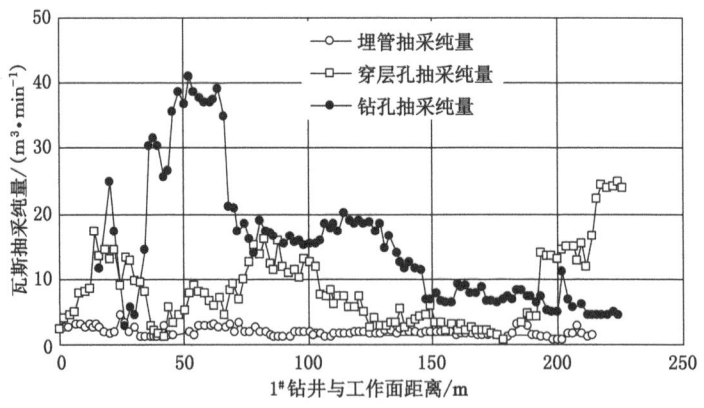

图 6-9 $1^{\#}$ 钻井瓦斯抽采量随工作面推进的变化关系

地面钻井除了对上被保护层具有抽采作用外,对保护层工作面也有一定的抽采作用。从图中还可以看出,当地面钻井抽采量较小时,保护层工作面的顶板穿层钻孔抽采量较大,反之,地面钻井抽采量较大时,顶板穿层钻孔的抽采量很小,说明地面钻井抽采一方面有效地遏制了顶板内邻近煤层向保护层采掘空间的涌入,另一方面地面钻井还可抽采一部分采空区瓦斯,由此可以看出,地面钻井对上被保护层的抽采对保护层工作面的安全开采也能起

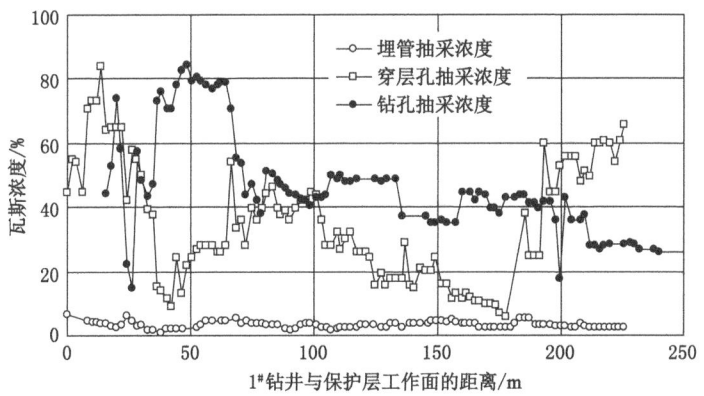

图 6-10　$1^\#$ 钻井瓦斯抽采浓度随工作面推进的变化关系

到一定程度的积极作用。

$2^\#$ 钻井瓦斯抽采量及抽采浓度随工作面的推进距离的变化关系如图 6-11 所示,工作面在推过钻井 3.5 m 后,开始产气,刚开始抽采浓度较低,随着工作面的推进,抽采浓度和抽采量逐渐上升,在工作面过钻井 30~120 m 的范围内,瓦斯抽采量最大,达 10~18 m³/min,抽采浓度达 50%~85%。之后瓦斯抽采量及抽采浓度有所下降,工作面推过钻井 140 m 后,钻井瓦斯抽采量低于 5 m³/min,瓦斯浓度在 20%~25%。通过与 $1^\#$ 钻井的对比分析可知,$2^\#$ 钻井的抽采效果远低于 $1^\#$ 钻井,分析认为主要是因为 $1^\#$ 钻井提前抽采,抽采范围大,并将 $2^\#$ 钻井抽采半径内的瓦斯进行了抽采,钻井抽采半径内瓦斯储量下降,造成 $2^\#$ 钻井的抽采纯量和抽采浓度均低于 $1^\#$ 钻井。

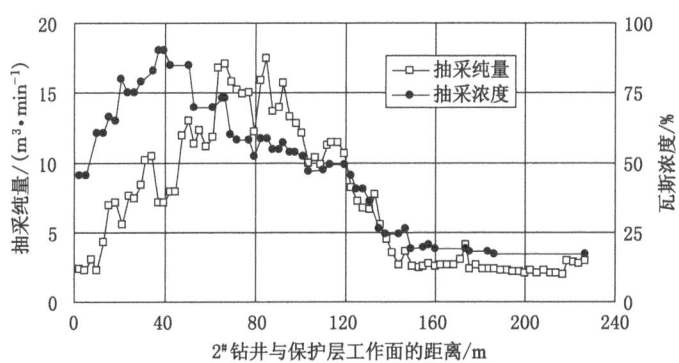

图 6-11　$2^\#$ 钻井瓦斯抽采浓度随工作面推进的变化关系

地面钻井抽采试验共历时 200 d,在整个抽采试验阶段,地面钻井抽采出的煤层瓦斯总量约为 466 万 m³,其中 $1^\#$ 钻井抽采瓦斯 360 万 m³,平均日抽采瓦斯 1.8 万 m³;$2^\#$ 钻井共抽采瓦斯 106 万 m³,抽采时间 132 d,平均日抽采瓦斯 0.8 万 m³。$1^\#$、$2^\#$ 钻井均实现了持续抽采,在工作面收作后,$1^\#$、$2^\#$ 钻井还长期出气。

6.4 井下网格式穿层钻孔抽采方法

6.4.1 方法简介

6.4.1.1 底板岩巷网格式上向穿层钻孔法

底板岩巷网格式上向穿层钻孔瓦斯抽采方法是抽采被保护层卸压瓦斯的最基本方法，也是我国被保护层卸压瓦斯抽采中普遍应用的方法，该方法抽采效果稳定可靠，抽采率高。底板岩巷网格式上向穿层钻孔瓦斯抽采方法首先需要在被抽采的煤层工作面底板岩层内施工一条或多条岩石巷道，在岩石巷道中每隔一定距离施工钻场，在钻场内施工上向穿层钻孔抽采被保护层卸压瓦斯，如图 6-12 所示。

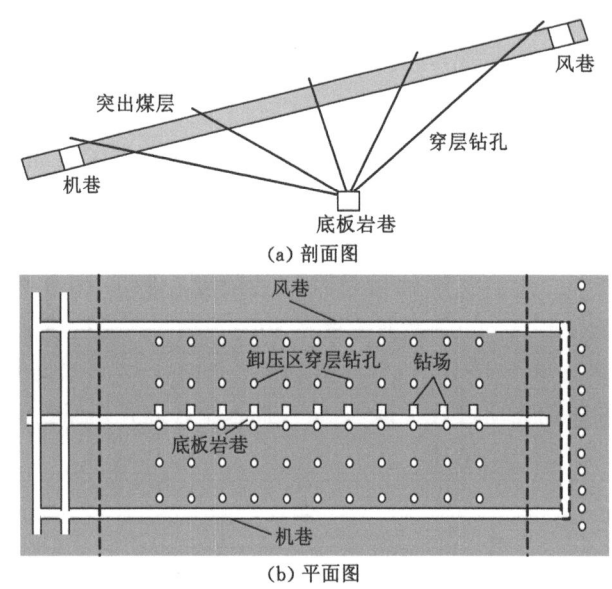

图 6-12 底板岩巷网格式上向穿层钻孔抽采示意图

底板岩石巷道沿工作面走向布置在距被保护层下方 15～25 m 岩性较好的岩层中，岩巷掘进过程中需要准确探测煤层层位，保证岩石巷道的施工安全，防止由于煤层起伏、遇断层等造成误揭煤层，发生煤与瓦斯突出或瓦斯涌入岩石巷道等不利情况的发生。如果为下保护层开采，底板巷所在层位必须保证其不受到较大破坏，满足瓦斯抽采要求。在倾向上，底板巷布置在被保护层工作面的中部，但以穿层钻孔不出现下向钻孔为原则。在工作面倾向较长、角度较大的情况下，可考虑布置两条底板巷。底板巷断面以满足钻机搬运和钻孔施工为准。

在底板巷道内，垂直于底板巷每隔一定距离施工一长度为 5 m 的瓦斯抽采钻场，在卸压范围内，钻场间距与走向上的穿层钻孔间距相同，钻场断面满足钻场施工要求。每个钻场内的穿层钻孔呈扇形布置，钻孔直径不小于 90 mm，对于下保护层开采，钻孔间距设计为 30～40 m，钻孔间距以煤层顶板面为准，钻孔进入煤层顶板长度不小于 0.5 m。对于上保护层开采，钻孔间距与被保护层所在层位有关，若被保护层位于底鼓裂隙带内，则应以不大于一倍层间距作为穿层钻孔的布孔原则，以有效控制被保护层卸压瓦斯涌入保护层工作面，防止保护层工作面瓦斯超限。若被保护层位于底鼓变形带内,穿层钻孔间距设计为 20～30 m。在两个钻场中间或靠近进风巷和回风巷处,各增加 2 个钻孔,分别从两侧钻场施工加密钻孔,以缩短煤巷掘进条带煤体的瓦斯抽采时间,同时提高该条带煤层瓦斯的抽采效果。

在工作面开切眼、停采线附近等未充分卸压或未卸压区域,应根据煤层的原始瓦斯透气性系数确定钻孔间距,该区域钻孔间距建议为 5～10 m。抽采前有两种密闭方法,第一种做法为对各钻孔进行封孔,封孔后接入瓦斯抽采管路,待保护层开采后便可进行卸压瓦斯抽采;第二种做法是不对单个钻孔进行封孔,只需从巷道口对底板岩巷进行密闭,在密闭墙上埋设管路直接对底板巷进行抽采,可降低工作量。

与地面钻井瓦斯抽采方法相比,底板岩巷穿层钻孔法需要施工底板巷道,工期长、成本高,但该方法有以下四个显著的优点:

① 根据保护层与被保护层的瓦斯赋存特点和相对层位关系,可以机动灵活地布置抽采巷道,施工瓦斯抽采钻孔,适应性强,瓦斯抽采钻孔工程量小,易于均匀布孔;

② 瓦斯抽采效果可靠,可以根据前面的瓦斯抽采情况,优化后续抽采工程设计和施工,改善卸压瓦斯的抽采效果;

③ 底板岩石巷道可作为考察巷道使用,可系统地考察被保护煤层的膨胀变形、透气性变化等相关参数;

④ 瓦斯抽采期长,抽采效果好。

根据现场考察,在有效抽采期内穿层钻孔单孔瓦斯抽采量可达 $1\ m^3/min$ 以上,有效抽采时间可达 3～4 个月,煤层瓦斯抽采率可达 65% 以上,可彻底消除煤层的突出危险性。

6.4.1.2　顶板岩巷下向网格式穿层钻孔法

顶板岩巷下向网格式穿层钻孔瓦斯抽采方法的钻孔布置原则与底部岩巷上向穿层钻孔方法类似,不同之处是用于施工穿层钻孔的岩石巷道的层位不同,前者布置在被保护层的顶板岩层内,后者布置在被保护层的底板岩层内。顶板岩巷穿层钻孔多为下向孔,对于倾斜煤层、急倾斜煤层也存在部分上向孔,如图 6-13 所示。由于下向孔施工困难,钻孔容易积水,造成抽采效果不佳,因此顶板岩巷下向网格式穿层钻孔抽采方法应用较少,一般在煤层顶板有现成巷道的情况下使用,对于急倾斜煤层的上保护层开采,可从保护层工作面巷道中施工顶板穿层钻孔抽采被保护层卸压瓦斯。

6.4.1.3　其他巷道穿层钻孔法

为了抽采被保护层卸压瓦斯,除利用煤层底板巷道或是顶板巷道施工穿层钻孔外,还可结合保护层开采的实际情况,从保护层工作面的巷道中向被保护层施工穿层钻孔抽采瓦斯。郑州崔庙煤矿的极薄钻采保护层开采、淮北巨厚火成岩条件下的保护层开采和淮南李二煤矿的急倾斜保护层开采均是利用保护层工作面巷道施工穿层钻孔对被保护层进行卸压瓦斯抽采。

6.4.2　瓦斯抽采应用实例

6.4.2.1　矿井及试验区概况

安徽淮南潘一煤矿为煤与瓦斯突出矿井,主采煤层 C_{13} 煤层,平均厚度 6 m,煤质松软,透气性低,瓦斯含量高,为突出危险煤层。随着矿井开采深度的增加,煤层瓦斯压力增大,瓦斯含量增加,工作面瓦斯涌出量急剧增大,煤与瓦斯突出问题也越来越严重,对矿井安全生

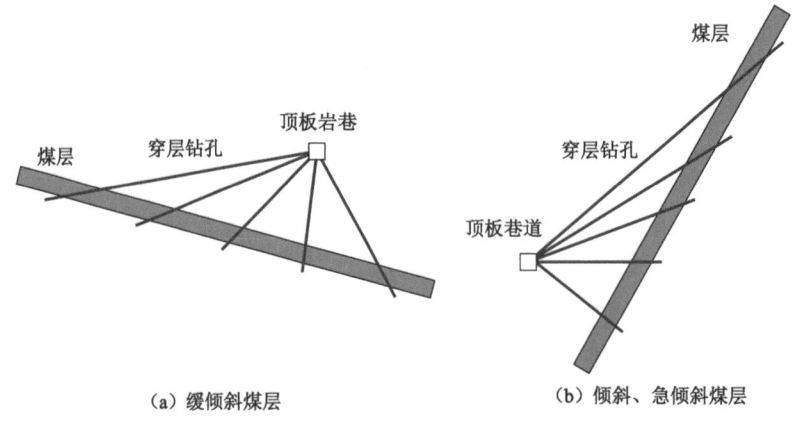

图 6-13 顶板岩巷下向网络式穿层钻孔抽采示意图

产造成极大的威胁,严重制约了生产的发展。C_{13}煤层的下部赋存 B_{11} 煤层,B_{11} 煤层厚 1.5～2.4 m,平均 1.9 m,为稳定的中厚煤层。煤层呈黑色,以块状为主,煤层层理清晰,硬度较大,略致密,属半亮型。煤层结构简单,一般不含夹矸。两层煤间距为 61.55～72.87 m,平均为 66.7 m。B_{11} 煤层原始瓦斯含量为 4.0～7.5 m^3/t,C_{13} 煤层的原始瓦斯含量 12～22 m^3/t。C_{13} 煤层在 -620 m 水平实测的瓦斯压力高达 5.6 MPa,该煤层在以前开采过程中已多次发生煤与瓦斯突出事故,而且还发生过特别重大瓦斯爆炸事故。煤层柱状图如图 6-14 所示。

根据矿方提供的顶板"三带"分布规律,被保护层 C_{13} 煤层处在 B_{11} 煤层开采后形成的弯曲带内,说明 B_{11} 煤层的开采不会造成 C_{13} 煤层的破坏,只能引起 C_{13} 煤层的整体下沉。根据潘一煤矿修改的工作面接续关系,决定对东一下山采区东翼 B_{11} 煤层的 2151(1)工作面和东二下山采区 B_{11} 煤层的 2352(1)工作面进行联合开采,作为远程卸压的保护层工作面,合称 2352(1)工作面。工作面走向长 1 640 m,倾斜长 190 m,煤层厚度平均 1.9 m,倾角平均 9°。被保护层工作面为 C_{13} 煤层的 2121(3)/2322(3)工作面,工作面走向长 1 680 m,倾向长 160 m,煤层厚度平均 6.0 m,原始瓦斯压力 4.4 MPa,原始瓦斯含量为 13 m^3/t。由于煤层巷道布置及走向卸压角的影响,在走向上被保护层工作面存在近 130 m 长的未卸压区。保护层与被保护层工作面布置如图 6-15 所示。

6.4.2.2 被保护层卸压瓦斯抽采钻孔布置

2352(1)工作面为淮南矿区首个保护层开采工作面,为了确保卸压瓦斯抽采效果,并能对 C_{13} 煤层的卸压效果进行系统考察,通过技术比较与论证,结合 C_{13} 煤层的卸压程度及裂隙发育状况,采取底板岩巷网格式上向穿层钻孔方法抽采卸压瓦斯。

该方法需要首先施工底板岩巷,然后在底板岩巷中开挖钻场,在钻场中施工穿层钻孔。底板岩巷布置在 C_{13} 煤层底板 10～20 m 的花斑黏土岩和砂岩中,沿倾斜方向布置在 2121(3)/2322(3)工作面进风巷、回风巷中间。在保护层工作面开采期间,底板瓦斯抽采巷由东一采区进风,东二采区回风。在 C_{13} 煤层底板岩巷内,由 2322(3)工作面停采线向西共布置 51 个钻场。在未卸压区内每隔 10 m 布置一个钻场,在卸压区内每隔 40 m 布置一个钻场,钻场垂直于底板瓦斯抽采巷向北水平布置,每个钻场长度 5 m,净断面为 6.16 m^2,采用锚喷支护。

厚度/m 最小~最大 平均	柱状 1:200	岩石名称及岩性描述
$\dfrac{2.0～12.0}{8.0}$		砂岩：以中细粒结构为主，灰白色，中下部夹薄层泥岩
$\dfrac{0.0～1.59}{0.5}$		泥岩：富含植化碎片，局部含砂
$\dfrac{0.0～1.56}{0.3}$		碳质泥岩：富含植化碎片
$\dfrac{1.8～4.87}{4.0}$		13-1煤：黑色，以片、块为主，中下部含1～2层厚0.05～0.08 m的夹矸
$\dfrac{2.4～3.0}{2.8}$		砂质泥岩：灰~灰黑色，上部夹薄层碳质页岩，富含植化碎片
$\dfrac{0.0～1.0}{0.5}$		12煤：黑色，上部以块状为主，半亮型
$\dfrac{0.5～2.0}{1.1}$		细砂岩：深灰色，富含植化碎片，含云母片
$\dfrac{6.0～11.5}{8.6}$		泥岩：灰~深灰色，上部含较多鲕粒，下部含紫红色花斑，中间夹薄层中细砂岩，局部含砂
$\dfrac{1.1～2.0}{1.5}$		砂质泥岩：深灰色，含少量植物根化石
$\dfrac{4.1～8.1}{6.2}$		粉砂岩：深灰~灰色，含泥质高
$\dfrac{4.0～9.5}{6.6}$		中砂岩：灰白色，上部富含菱铁构成斜层理，硅质胶结
$\dfrac{1.5～3.0}{1.7}$		泥岩：灰~深灰色，上部含植物根化石
$\dfrac{4.0～12.1}{9.7}$		砂岩：以中细粒结构为主，灰色，中部夹薄层泥岩
$\dfrac{3.9～8.4}{6.9}$		泥岩：灰色，上部含较多鲕粒，中间夹薄层砂岩，底部发育11-3煤
$\dfrac{1.5～3.0}{2.1}$		砂质泥岩：灰色，有细砂岩条带和薄层
$\dfrac{6.5～9.4}{7.3}$		泥岩：灰~深灰色，中部含大量鲕粒，下部夹薄层砂岩
$\dfrac{2.4～4.1}{3.4}$		粉细砂岩：灰~深灰色，上部含有豆状菱铁结核
$\dfrac{2.1～3.7}{2.9}$		砂质泥岩：灰~深灰色，含有大量植化碎片，上部发育1～2层薄煤层
$\dfrac{3.1～4.2}{3.6}$		粉细砂岩：灰~灰黑色，富含菱铁
$\dfrac{1.6～2.0}{1.8}$		11-2煤层：黑色，粉末状
$\dfrac{0.0～2.0}{1.5}$		砂质泥岩：灰色，含植物根化石

图 6-14 煤层综合柱状图

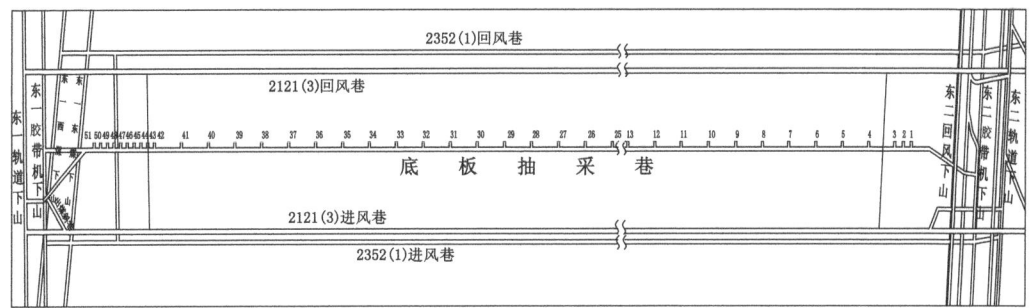

图 6-15 保护层工作面与被保护层工作面布置平面图

在卸压区内共布置有 4#~42# 共计 39 个钻场,沿煤层倾向每个钻场布置 4 个抽采钻孔,如图 6-16 所示,钻孔间距 40 m,钻孔间距以煤层中厚面的距离为准。钻孔开孔位置位于底板巷和钻场顶部,钻孔终孔位置为进入 C₁₃ 煤层顶板 0.5 m。

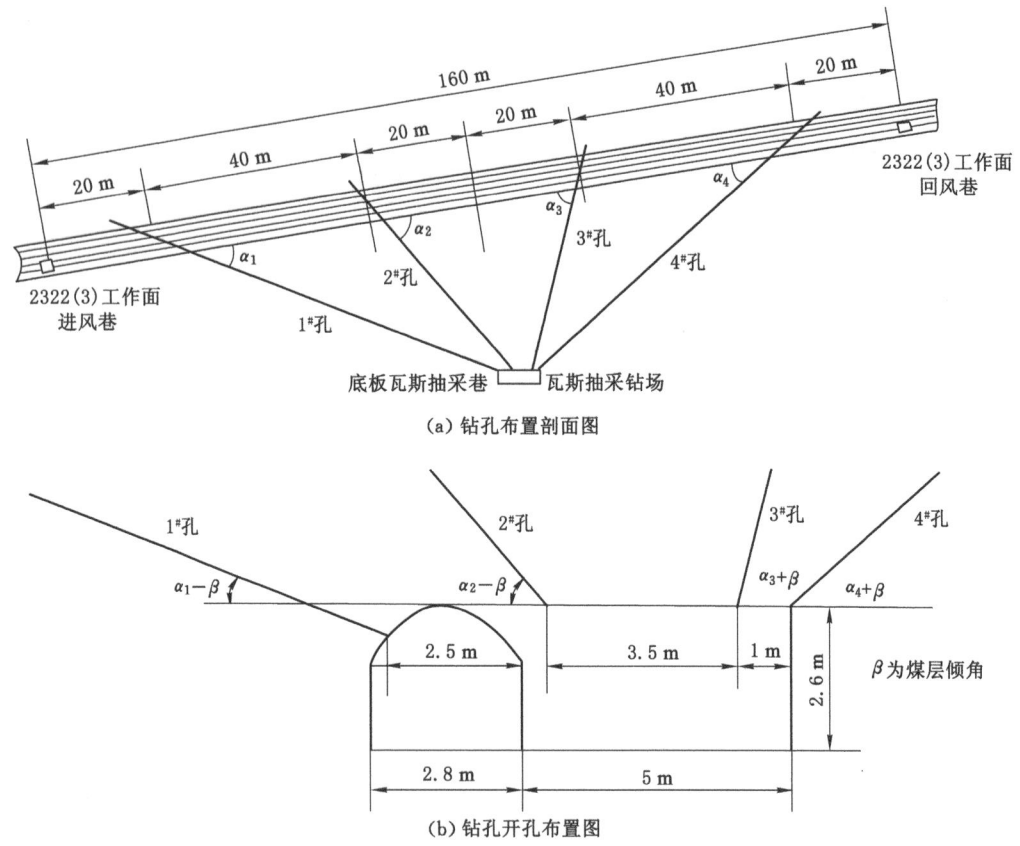

(a) 钻孔布置剖面图

(b) 钻孔开孔布置图

图 6-16 卸压范围内瓦斯抽采钻孔布置图

在未卸压区内,布置有 1#~3# 和 43#~51# 共计 12 个钻场,钻场间距为 10 m。每个钻场内沿煤层倾向布置 16 个抽采钻孔,钻孔间距 10 m,以煤层中厚面为准。钻孔开孔位置位于底板巷和钻场顶部,钻孔终孔位置为进入 13 煤层顶板 0.5 m。

6.4.2.3 被保护层卸压增透效果分析

测定 C₁₃ 煤层的变形,采用基点法,即通过深部钻孔,在煤层的顶、底板岩石中分别安设测点,通过观测两个测点之间的相对位移来确定煤层的变形,测定的结果如图 6-17 所示。由图中可以看出,在保护层 B₁₁ 煤层开采期间,C₁₃ 煤层先经历压缩变形,然后再经历膨胀变形。C₁₃ 煤层的压缩变形量最大达到 27 mm,最大膨胀变形量为 210.44 mm,最大相对压缩变形为 0.337%,最大的相对膨胀变形为 2.63%。说明保护层 B₁₁ 煤层的开采导致 C₁₃ 煤层地应力有大幅度的下降,煤层内裂隙有相应的增加,并引发煤层透气性系数的显著增加。

通过现场的测定及计算,C₁₃ 煤层的原始透气性系数为 0.011 35 $m^2/(MPa^2 \cdot d)$,保护层开采卸压之后,测得的被保护 C₁₃ 煤层的透气性系数为 32.687 $m^2/(MPa^2 \cdot d)$,它是原始透气性系数的 2 880 倍。

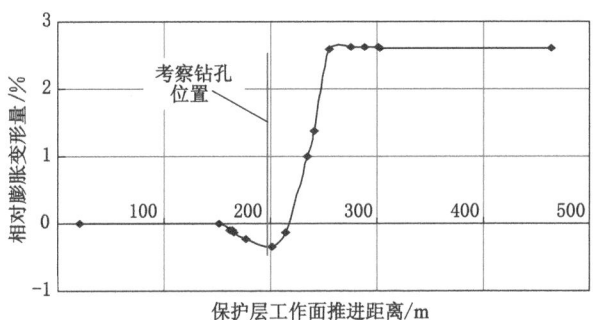

图 6-17　C_{13} 煤层相对变形随保护层工作面推进的考察结果

6.4.2.4　被保护层工作面瓦斯抽采效果分析

（1）单钻场瓦斯抽采量及底板巷道总瓦斯抽采量的考察分析

选择 34# 钻场作为卸压瓦斯抽采的考察钻场，考察钻场的瓦斯抽采量随时间的变化如图 6-18 所示。从图中可以看出，随着该钻场对应的 C_{13} 煤层卸压程度的提高瓦斯抽采量急剧增加，处于瓦斯抽采量的增长期；达到最大值并持续一定时间，此时成为卸压瓦斯流动活跃期；之后随着距保护层工作面推进距离的加大瓦斯抽采量呈负指数规律衰减，进入瓦斯抽采量衰减期。34# 钻场这三期累计时间长达 150 d，其中卸压瓦斯流动活跃期长达 2 个月以上，即该期走向长度超过 200 m，相当于 3 倍的层间距。处于瓦斯活跃带内的瓦斯抽采钻场有 4～5 个，钻孔总数为 16～20 个，单孔瓦斯流量平均值约为 1.0 m^3/min。

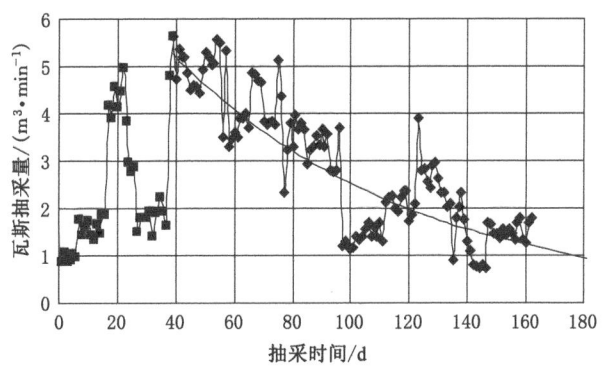

图 6-18　单钻场瓦斯抽采纯量随时间变化关系

另外对保护层 2352(1) 工作面开采过程中 C_{13} 煤层底板巷远程卸压瓦斯抽采总量进行了考察，瓦斯抽采总量随时间的变化如图 6-19 所示。从图中可以看出，在 C_{13} 煤层未卸压之前，瓦斯抽采量较小，平均为 1.5 m^3/min；在卸压之后瓦斯抽采量急剧增大，2121(3) 工作面在卸压后瓦斯抽采量计算时间大致分为三个时间段。前期几个月最大抽采量为 25 m^3/min，平均为 18 m^3/min；中期几个月最大抽采量为 17 m^3/min，平均为 12.5 m^3/min；后期几个月最大抽采量为 23 m^3/min，平均为 17 m^3/min。2121(3) 工作面瓦斯抽采量计算时间共计 366 d，累计瓦斯抽采量为 799 万 m^3。

（2）残余瓦斯压力和残余瓦斯含量考察

测压钻孔测定的瓦斯压力随保护层工作面推进距离的变化如图 6-20 所示。随着保护

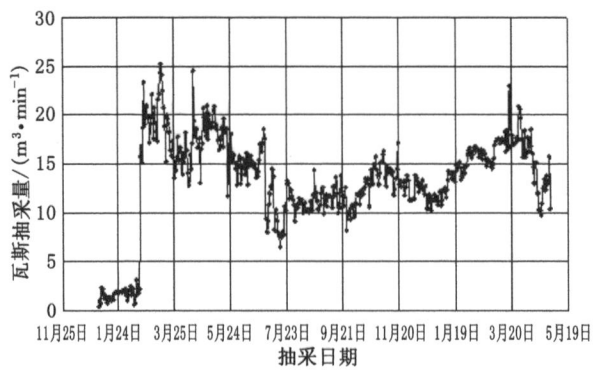

图 6-19 底板抽采巷与 2352(1) 工作面顶板钻孔瓦斯抽采量随时间的变化

层工作面向前推进,保护层工作面距离 4# 测压钻孔的走向投影距离为 100 m 时,钻孔的瓦斯压力从 4.4 MPa 开始下降,距测压钻孔 80 m 时开始剧烈下降,距钻孔 62 m 时,瓦斯压力表指针降至零。由于该测压钻孔采用水泥浆封孔,封孔深度 6 m,在采场的超前集中应力作用下,巷道围岩会发生断裂,致使测压孔与底板抽采巷沟通,造成测压钻孔漏气。因此该测压钻孔所示的瓦斯压力变化并非煤层瓦斯压力的真实变化,不能以此判断煤层卸压。当保护层工作面采过测压钻孔 400 m 时发现 4# 测压孔瓦斯压力表指针由零逐渐上升并长期稳定在 0.4 MPa。该值表示被保护层经抽排卸压瓦斯后的残余瓦斯压力值。

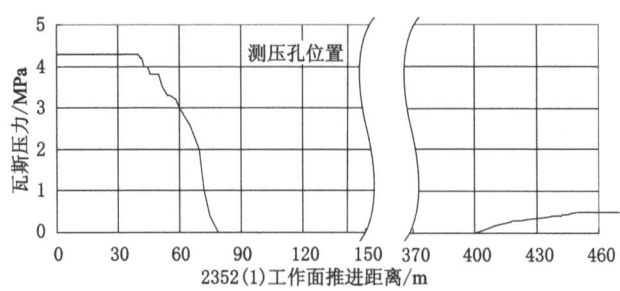

图 6-20 4# 测压孔瓦斯压力随保护层工作面推进距离的变化

通过上述多次测压后的综合分析认为,C_{13} 煤层被保护层 2121(3)/2322(3) 工作面的原始瓦斯压力为 4.4 MPa,经过卸压瓦斯抽采后煤层的残余瓦斯压力为 0.5 MPa。根据煤层煤样的等温吸附曲线,可获得煤层的原始瓦斯含量为 13 m³/t,卸压瓦斯抽采后煤层的残余瓦斯含量为 5.0 m³/t,即被保护层的瓦斯抽采率为 61.5%。从 C_{13} 煤层的残余瓦斯压力及瓦斯含量来看,通过 B_{11} 煤层的开采和网格式穿层钻孔的抽采,有效降低了煤层的瓦斯含量,彻底消除了煤层的突出危险性。

参 考 文 献

[1] 国家煤矿安全监察局.防治煤与瓦斯突出细则[M].北京:煤炭工业出版社,2019.

[2] 程远平.矿井瓦斯防治[M].徐州:中国矿业大学出版社,2017.

[3] 国家安全生产监督管理总局.保护层开采技术规范:AQ 1050—2008[S].北京:煤炭工

业出版社,2009.

[4] 俞启香.天府煤矿远距离解放层解放效果考察研究[M].徐州:中国矿业大学出版社,2005.

[5] 国家煤矿安全监察局.煤矿瓦斯治理经验五十条[M].北京:煤炭工业出版社,2005.

[6] 程远平,俞启香.煤层群煤与瓦斯安全高效共采体系及应用[J].中国矿业大学学报,2003,32(5):5-9.

[7] 钱鸣高,石平五,许家林.矿山压力与岩层控制[M].2 版.徐州:中国矿业大学出版社,2010.

[8] 朱岩华.底板岩层采动破坏影响范围的分带研究[D].徐州:中国矿业大学,2004.

[9] 袁亮.松软低透煤层群瓦斯抽采理论与技术[M].北京:煤炭工业出版社,2004.

[10] 国家安全生产监督管理总局,国家煤矿安全监察局.煤矿安全规程[M].北京:煤炭工业出版社,2016.

第7章 采煤工作面开采期间 井上下瓦斯抽采

矿井主采煤层在采用保护层开采或是预抽煤层瓦斯等区域性防突措施消除突出危险并抽采达标之后,便可掘进煤层巷道,进行工作面的准备工作。虽然煤层已消除突出危险性,但煤层中还残余部分可解吸瓦斯,特别是采用预抽煤层瓦斯技术,煤层中残余的可解吸瓦斯含量比采用保护层开采技术后的含量要高,该部分瓦斯在开采过程中要被解吸出来涌入采掘作业场所,工作面产量越大,从煤炭中解吸出的瓦斯也就越多。此外,开采层顶底板内赋存有不可采煤层时,工作面开采过程中,大量邻近层瓦斯将涌入工作面,给工作面带来极大的安全隐患。而单凭工作面的正常通风是无法解决工作面的大量瓦斯涌出问题的,因此在工作面开采过程中必须配合瓦斯抽采措施,进行随采随抽,提高工作面开采期间的瓦斯抽采量,减小、控制煤层残余瓦斯和邻近层瓦斯向采掘工作面的涌入,进而降低工作面风排瓦斯量,保证工作面的安全高效开采。

随着近半个世纪瓦斯治理技术的发展,特别是近 20 年来瓦斯治理的科技进步,针对不同情况发展了多种工作面开采过程中的瓦斯抽采方法。目前常用的有地面钻井瓦斯抽采、穿层钻孔瓦斯抽采、顺层钻孔瓦斯抽采、巷道瓦斯抽采和采空区瓦斯抽采等方法[1]。

7.1 瓦斯来源及分源治理

7.1.1 工作面瓦斯来源

对于突出煤层或高瓦斯煤层,在经过采前区域性瓦斯抽采后,工作面煤层具备了安全采掘条件,但煤层本身还残余有部分可解吸瓦斯,这是采煤工作面瓦斯涌出的主要来源。本煤层瓦斯主要通过煤壁、工作面落煤和采空区瓦斯涌出三种形式涌入工作面,其中采空区瓦斯涌出又分为丢煤瓦斯涌出和分层开始时下分层瓦斯涌出。在开采煤层顶底板内赋存有含瓦斯煤岩层时,邻近层瓦斯涌出将成为工作面瓦斯涌出的主要来源,在一些矿区邻近层瓦斯涌出远远高于本煤层瓦斯涌出,可占到工作面瓦斯涌出量的 70% 以上[2-3]。邻近层瓦斯涌出包括顶底板内煤层瓦斯涌出和含瓦斯岩层(围岩等)的瓦斯涌出。在工作面采动作用下,采空区顶底板煤岩层发生移动变形、煤岩层卸压,形成裂隙,位于顶底板内的含瓦斯煤岩层通过裂隙与工作面采空区导通,在瓦斯压力及工作面通风负压的双重作用下,大量邻近层卸压瓦斯涌入工作面采空区,再通过采空区涌入工作面,给工作面的安全生产带来隐患。由上述分析可知,采煤工作面瓦斯涌出包括本煤层瓦斯涌出和邻近层瓦斯涌出两部分,采煤工作面瓦斯涌出来源如图 7-1 所示。

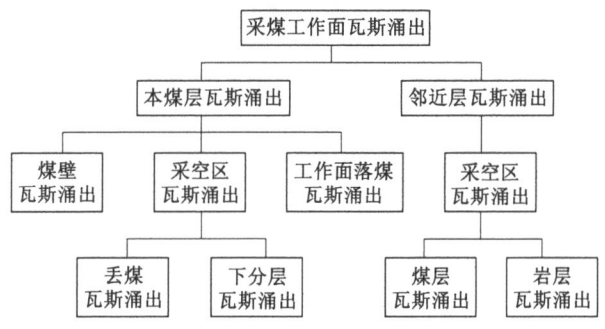

图 7-1　采煤工作面瓦斯涌出来源框图

在开采的煤层残余可解吸瓦斯量一定的情况下,工作面绝对瓦斯涌出量与工作面产量成正比,工作面产量越高,工作面落煤瓦斯越大,邻近层受采动影响的瓦斯越多,造成工作面绝对瓦斯涌出量越大。而工作面风排瓦斯量是一定的,为实现工作面的高产高效,首先是需要尽可能地降低煤层残余的可解吸瓦斯量,其次是在煤层开采过程中根据分源治理的原则,对各瓦斯来源进行瓦斯采中抽采,即随采随抽,尽可能地加大采中抽采的瓦斯量,从而减小工作面风排瓦斯量,提高工作面的安全开采程度[4-6]。

7.1.2　工作面采场瓦斯浓度分布

在高瓦斯矿区常见的通风方式包括 U 形通风和 Y 形通风[7-8]。U 形通风包括一条进风巷道和一条回风巷道,部分风量从工作面下部漏风进入采空区,然后从工作面上部携带瓦斯排出进入回风巷,造成上隅角附近瓦斯浓度较高。另外,由于采空区后部瓦斯没有排放通道,随着工作面的开采采空区后部积聚有大量高浓度瓦斯,如图 7-2 所示。为防止上隅角瓦斯超限,常采用采空区埋管、上隅角插管、顶板走向钻孔等措施抽采瓦斯。

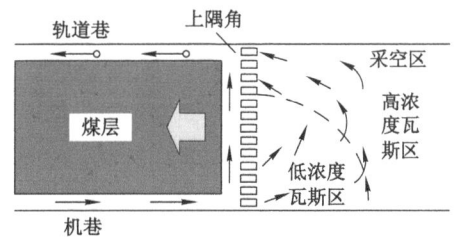

图 7-2　U 形通风采空区空气流动及瓦斯浓度分布

Y 形通风包括两条进风巷道和一条回风巷道,工作面侧机巷、轨道巷进风,采空区侧沿空留巷回风,沿空留巷尾部通风压力最低,则工作面漏风进入采空区后携带瓦斯向沿空留巷尾部方向运移,造成采空区沿空留巷侧及后部瓦斯浓度较高,而靠近工作面侧整体瓦斯浓度较低,不存在上隅角瓦斯浓度超限问题,有助于工作面的开采安全,如图 7-3 所示。

工作面开采后,采空区顶板形成垮落带、断裂带和弯曲带,随着时间的推移,采空区顶板岩层移动逐渐稳定,工作面采空区逐渐被压实,但在采空区的四周由于煤柱的支撑作用,顶板岩层内的压缩程度要小于采空区中部,就会在采空区顶板四周形成一个由裂隙组成的连续封闭的瓦斯储运通道,俗称"O"形圈[9]。"O"形圈可长期存在,内部存储了大量的高浓度瓦斯,该区域为顶板瓦斯的富集区,这对抽采邻近层瓦斯提供了理论指导,如图 7-4 所示。

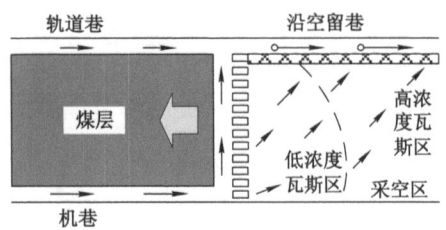

图 7-3　Y 形通风采空区空气流动及浓度分布

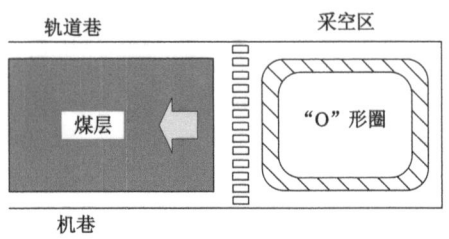

图 7-4　采空区顶板"O"形圈分布

7.1.3　采煤工作面瓦斯分源治理

通过前面的分析可知,工作面开采期间涌出的瓦斯有着不同的来源,大的方面包括邻近层瓦斯涌出和本煤层瓦斯涌出,其中邻近层瓦斯涌出和本煤层瓦斯涌出的部分瓦斯进入采空区,通过采空区涌入工作面。根据煤层瓦斯分源治理思想[5],针对不同的瓦斯来源,采取不同的瓦斯治理措施,对各源头进行瓦斯抽采,控制涌入采掘空间的瓦斯量,在一定通风量的情况下保证采煤工作面瓦斯浓度处于较低水平。采煤工作面分源治理瓦斯如图 7-5 所示,图中给出了各种采中瓦斯抽采方法。

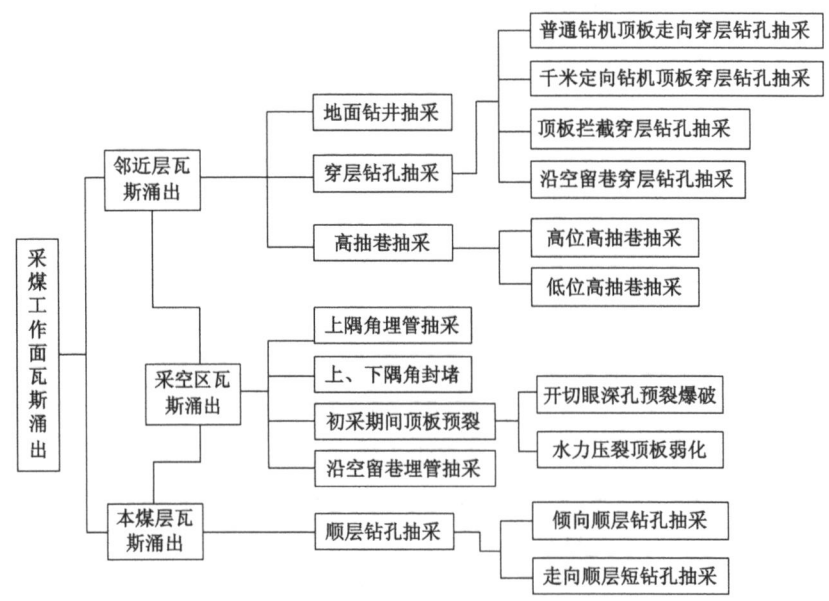

图 7-5　采煤工作面分源瓦斯治理方法

对于一个具体工作面的瓦斯治理并不需要所有措施都采用,而是要根据煤层瓦斯地质状况,并结合各方法的适用条件择优选取,最终实现采煤工作面的开采安全。

7.2　地面钻井瓦斯抽采方法

在高瓦斯突出矿井中,不可采煤层同主采煤层一样往往存在较高的瓦斯含量,而在主采煤层开采之前一般不对邻近的不可采煤层进行专门的采前瓦斯抽采。这样在不可采邻近层较多的矿区,工作面瓦斯涌出量中邻近层瓦斯涌出量所占的比例较高,有些矿井达到 70% 以上。因此,在不可采邻近层较多的矿区,为保证采煤工作面的安全生产,需在采煤工作面开采过程中对邻近的不可采煤层进行卸压瓦斯抽采。地面钻井抽采能力大、抽采期较长,可穿越开采煤层上部的所有煤层。在工作面采动作用下,邻近的不可采煤层获得了良好的卸压增透效果,瓦斯来源充足,采用地面钻井对邻近层进行卸压瓦斯抽采可获得良好的瓦斯抽采效果。通过对不可采的邻近煤层瓦斯进行卸压瓦斯抽采,减小邻近层瓦斯向采煤工作面的涌入,保证了工作面的开采安全。同时,地面钻井通过裂隙与采空区导通,还可抽采采空区的高浓度瓦斯,进一步提高矿井的瓦斯抽采率。图 7-6 为铁法大兴煤矿地面钻井结构示意图,钻孔尺寸如表 7-1 所列。

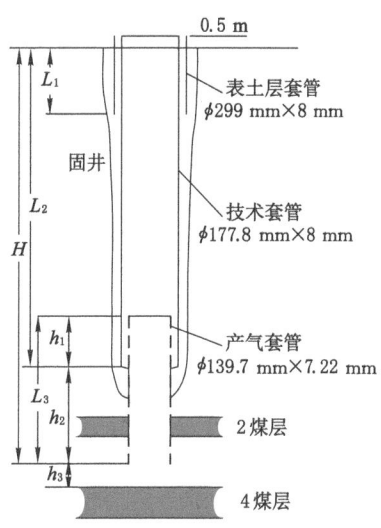

图 7-6　铁法大兴煤矿地面
钻井结构示意图

表 7-1　地面钻井结构表

各参数	1# 钻井	2# 钻井	3# 钻井	备注
H/m	532.13	533.40	537.69	钻井总长度
L_1/m	30.20	30.30	26.50	表土层套管
L_2/m	486.33	488.66	497.03	技术套管长度
L_3/m	54.54	54.76	49.46	产气套管长度
h_1/m	8.74	10.02	8.80	产气套管在技术套管中的长度
h_2/m	45.80	44.74	40.66	技术套管距孔底距离
h_3/m	3.83	8.19	6.64	钻井底部与 4 煤层顶板距离
2 煤层/m	1.20	1.22	2.56	

地面钻井分三次开井,第一次开井直径 349 mm,第二次开井直径 241 mm,第三次开井直径 180 mm。将地面钻井的终孔布置在垮落带内,与 4 煤层的顶板间距为 5 m 的位置,钻孔水可沿裂隙进入采空区,不影响地面钻井的抽采效果。工作面开采结束后,封闭采空区,

地面钻井又专门对采空区进行瓦斯抽采,且能长期保持较高的瓦斯浓度。根据效果考察,1#钻井平均产气量为 3.93 m³/min,共抽采瓦斯 65.12 万 m³;2#钻井平均产气量为 5.43 m³/min,共抽采瓦斯 39.91 万 m³;3#钻井平均产气量为 3.46 m³/min,共抽采瓦斯 59.78 万 m³。

7.3 穿层钻孔瓦斯抽采方法

7.3.1 普通钻机顶板走向穿层钻孔瓦斯抽采

根据矿山压力理论,随着工作面向前推进,在工作面周围将形成一个采动压力场,采动压力场及其影响范围在垂直方向上形成三个带,由下向上分别为垮落带、断裂带和弯曲带。在水平方向上形成三个区,沿工作面推进方向分别为重新压实区、离层区和煤壁支撑影响区[10]。随着工作面的向前推进,采动压力场是随时空变化的。在采动压力场中形成了大量裂隙,为瓦斯在采空区上覆岩层中的运移和存储提供了通道和空间,为顶板走向钻孔的随采随抽提供了条件[11-12]。

从风巷中每隔一定距离施工斜巷进入煤层顶板,在煤层顶板中开挖钻场。从钻场中向工作面采空区方向施工顶板走向钻孔,钻孔个数一般为 5~10 个,钻孔长度根据钻机的施工能力确定,但一般不小于 80 m,钻孔开孔位置距煤层顶板不小于 0.5 m,沿倾斜方向钻孔控制风巷向下 40 m 的范围。为保证工作面过钻场时顶板钻孔的抽采效果,前后钻场钻孔压茬不小于 30 m,见图 7-7。由于采空区顶板裂隙发育程度是时间的函数,因此在垂向上钻孔终孔所处层位与工作面推进速度有关,钻孔终孔一般布置在垮落带顶部和断裂带下部区域,当工作面推进速度较快时,需适当降低钻孔布置层位,否则瓦斯抽采效果不好。在工作面采动作用下,上覆岩层垮落,形成裂隙。在孔口负压和瓦斯浮力的作用下,大量采空区瓦斯进

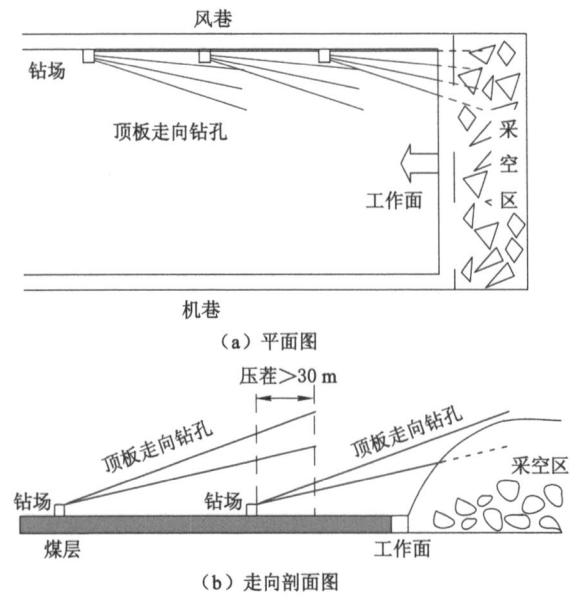

（a）平面图

（b）走向剖面图

图 7-7　顶板走向钻孔布置示意图

入顶板裂隙中,并沿顶板走向钻孔进入矿井抽采管网被抽出。该方法是防止 U 形通风工作面上隅角瓦斯积聚、超限的主要方法之一。

7.3.2　定向钻机顶板走向钻孔瓦斯抽采

普通钻机施工的顶板走向钻孔距离短,钻场布置个数多,工程量大。定向钻机逐渐普及,定向钻机施工的钻孔深、还可以定向,为施工顶板长距离钻孔抽采裂隙带瓦斯提供了可能。采用定向钻机可大量减少钻场个数,且长钻孔利用效率高。以山西晋城伯方煤矿 3302 工作面为例,该矿井采用定向钻机施工顶板穿层钻孔。设计钻场间距 400 m,回风平巷仅需布置 4 个钻场,钻场规格为:宽 4 m、高 2.5 m、长 10 m。每个钻场共设计 6 个钻孔,钻孔直径 96 mm,钻孔长度 500 m。钻孔终孔位置如图 7-8 所示,终孔层位控制在煤层顶板之上 18～26 m 处,倾向控制范围为距回风平巷 10～50 m,钻场间钻孔压茬距离为 100 m。

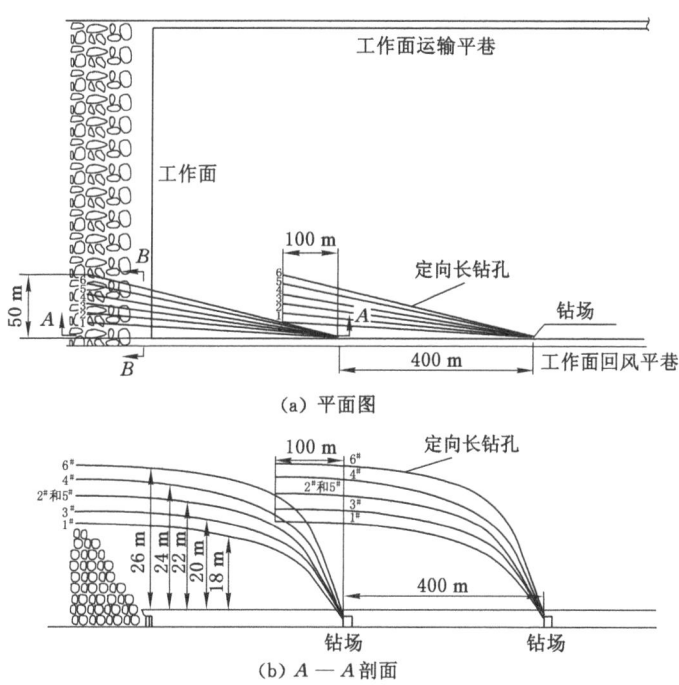

(a) 平面图

(b) A—A 剖面

图 7-8　定向钻机顶板穿层钻孔布置图

7.3.3　顶板拦截穿层钻孔瓦斯抽采

在保护层开采卸压瓦斯抽采时常采用地面钻井瓦斯抽采方法,地面钻井在工作面推进方向上间距一般为 100～200 m,沿工作面倾向一般布置 1～2 口地面瓦斯抽采钻井,抽采能力有限。在遇到被保护层瓦斯含量高、煤层层数多、瓦斯储量大的情况时,由于地面钻井的抽采能力有限,即对卸压瓦斯的抽吸能力有限,部分被保护层卸压瓦斯则会沿层间裂隙进入保护层工作面,有可能造成保护层工作面瓦斯超限。为此,在这种情况下需要施工层间拦截钻孔,拦截抽采卸压瓦斯,控制被保护层卸压瓦斯向保护层工作面的涌入。可采用普通钻机施工短钻孔,也可采用定向钻机施工长钻孔,该方法常与地面钻井抽采配合使用,钻孔布置如图 7-9 所示。拦截钻孔从钻场内施工,钻孔终孔位于被保护层下部距煤层 5～10 m 的位置,钻孔终孔在工作面平面上呈网格状均匀布置,钻孔终孔间距根据被保护层卸压瓦斯储量确定,一般为 30～40 m,钻孔直径不小于 90 mm,长度根据层间距远近、钻场位置及钻机性能确定。该方法与裂隙带顶板穿层钻孔抽采方法类似,但存在本质上的区别,不同之处如表 7-2 所列。

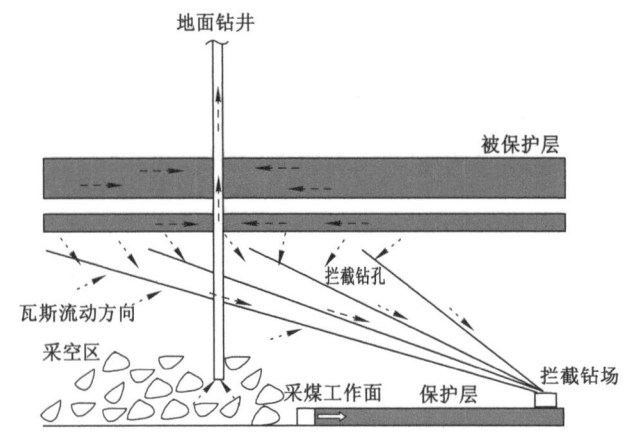

图 7-9　卸压瓦斯层间拦截钻孔布置示意图

表 7-2　卸压瓦斯拦截钻孔抽采与裂隙带穿层钻孔抽采不同之处汇总表

不同之处	卸压瓦斯拦截钻孔抽采	裂隙带穿层钻孔抽采
瓦斯抽采来源不同	被保护层卸压瓦斯	部分保护层瓦斯,部分被保护层瓦斯
钻孔终孔层位不同	层间靠近被保护层一侧,终孔层位较高	层间靠近保护层一侧,终孔层位较低
钻孔抽采范围不同	控制被保护层工作面下方全部范围	控制保护层工作面回风侧 30～50 m 的顶板范围
钻孔参数不同	钻孔倾角较大、长度较长	钻孔倾角较小、长度较短

7.3.4　沿空留巷穿层钻孔抽采

采中抽采的沿空留巷穿层钻孔抽采作用与顶板走向穿层钻孔抽采的作用类似,主要抽采的是采场顶底板煤岩层断裂带内的瓦斯,以减小采空区瓦斯涌出,保证开采工作面的安全生产[13]。在 Y 形通风工作面,沿空留巷穿层钻孔抽采用来替代顶板走向穿层钻孔抽采。在采煤工作面后方 20 m 之外的范围施工穿层钻孔,从沿空留巷的顶板位置开孔,向工作面方向施工,在平面上与风巷成 30°～45°,顶底板穿层钻孔成组布置,每组间距为 10～20 m,顶板钻孔分高低位布置,钻孔数量根据顶板煤层数及瓦斯含量的大小确定,钻孔直径不小于 90 mm,钻孔设计角度根据垮落带的高度设计,避开垮落带,避免钻孔破断、错位、失效,以保证能够抽采到断裂带内的瓦斯。若开采煤层底板有邻近煤层存在,同样需要施工底板穿层钻孔,拦截抽采底板邻近煤层瓦斯,减少底板邻近煤层瓦斯向采空区的涌入。下向钻孔成组布置,每组间距为 10～20 m,钻孔数量由底板邻近层瓦斯量大小确定,钻孔布置如图 7-10 所示。

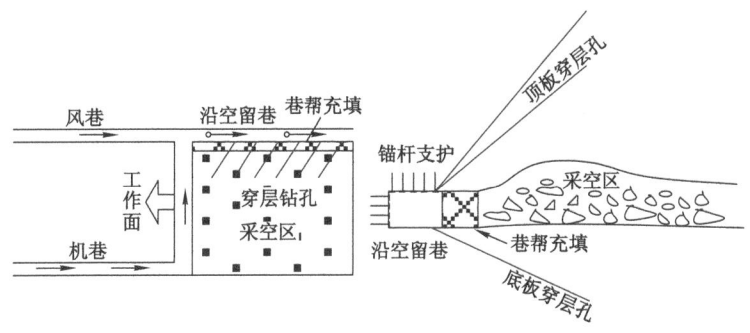

图 7-10　沿空留巷穿层钻孔抽采示意图

7.4　顺层钻孔瓦斯抽采方法

在采动作用下,采场周围的地应力重新分布,沿走向在采煤工作面前方,根据应力变化可划分为卸压区、应力集中区和原始应力区。应力集中区处于煤壁前方 6～20 m,其峰值在煤壁前方 6～10 m 处,为原始应力的 1～2 倍,卸压区处于煤壁前 2～6 m,卸压区和应力集中区统称为动压区。在集中应力作用下,工作面前方煤体破坏,发生膨胀扩容现象,产生大量裂隙并相互贯穿,导致煤层透气性系数显著提高。最常见的工作面前方动压区瓦斯抽采方式是从采煤工作面施工走向短钻孔进行瓦斯抽采,降低动压区内的瓦斯含量,减少煤层向工作面的瓦斯涌出量。走向顺层短钻孔间距为 2～4 m,对于较厚的煤层在垂向上可施工 2～3 排钻孔,钻孔直径不小于 75 mm,钻孔深度由动压区宽度决定,钻孔穿透应力高峰区,但不超出应力集中区,根据具体情况决定,一般取 10～15 m。钻孔施工结束后立即封孔,然后进行瓦斯抽采,抽采负压不得小于 13 kPa,钻孔的最短抽采时间不得小于 120 min,如图 7-11 所示。

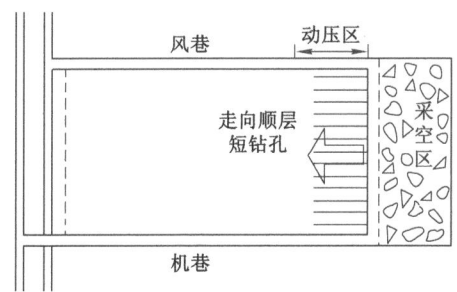

图 7-11　工作面短钻孔瓦斯抽采钻孔布置示意图

瓦斯抽采达标后便可进行回采作业,要求留有足够的钻孔超前距,钻孔施工与煤层开采交替进行。同时抽采结束后还可以对走向顺层短钻孔进行注水作业,软化煤体,增加煤层的含水量,一方面可使应力分布均匀,消除工作面突出危险,另一方面降低开采作业时产生的煤尘量,净化作业环境。另外,还可利用工作面原有的采前瓦斯抽采顺层钻孔对工作面前方 15～20 m 范围内的动压区瓦斯进行抽采及煤层注水工作。

7.5　高抽巷瓦斯抽采方法

7.5.1　高位高抽巷瓦斯抽采

在开采厚煤层或是顶板赋存有多层高瓦斯煤层条件下可考虑采用顶板走向高抽巷法抽采邻近煤层瓦斯,高抽巷瓦斯抽采法抽采能力强,抽采效果好,适用于瓦斯涌出量大的工作面。抽采原理是需要提前在顶板断裂带的层位内施工一条瓦斯抽采专用巷道(高抽巷),工作面开采过程中,顶板内形成大量的裂隙,邻近层瓦斯及采空区瓦斯在抽采负压作用下沿裂隙进入高抽巷内,经抽采管路将高浓度瓦斯抽出。为解决工作面初采期间瓦斯治理问题,可适当降低高抽巷末端的层位,还可在高抽巷的末端向工作面开切眼方向施工下向穿层钻孔,或是利用倾斜联络巷将高抽巷与回风巷联通,使高抽巷提前抽采到邻近层瓦斯,降低工作面初采期间邻近层瓦斯向工作面的涌入。

顶板走向高抽巷的巷道布置如图 7-12 所示,该方法在阳泉矿区应用较多。在阳泉矿区一般是从采区专用回风巷以 25°~30°斜坡施工一穿层斜巷到达距 15 煤层 60~70 m 的 9 煤层中,然后沿该煤层平行于工作面回风巷、距回风巷水平距离 60 m、向开切眼方向施工断面5 m² 的走向高抽巷,高抽巷末端距开切眼的水平距离为 25 m。瓦斯抽采纯量可达 40~60 m³/min,抽采率可达 90%以上。

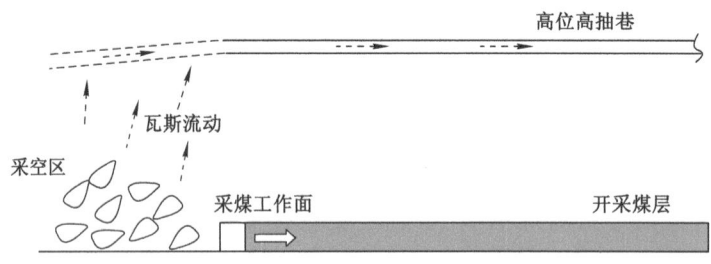

图 7-12　高位高抽巷瓦斯抽采示意图

高抽巷施工成本高、工期长,部分瓦斯涌出量不高的矿井采用高位大直径定向钻孔来替代高抽巷抽采瓦斯,也取得了不错的效果。潞安高河煤矿 E2306 工作面原计划采用高抽巷进行裂隙带抽采,后通过论证调整为高位大直径钻孔,以钻代巷。每组设计 6 个钻孔,钻孔直径 203 mm,钻孔成孔需要经过三次钻进扩孔。从抽采效果来看,单孔最大瓦斯浓度达17.40%,最大抽采量达 3.13 m³/min,总抽采纯量达 9.34 m³/min,抽采效果高于之前采用的高抽巷抽采。

7.5.2　高位高抽巷初采期间下向穿层钻孔抽采

该方法是配合顶板走向高抽巷一起使用,顶板走向高抽巷在正常开采初次来压之后瓦斯抽采效果很好,但是在工作面开采初期,顶板初次来压之前,顶板内裂隙发育还不充分,裂隙还未发育到顶板高抽巷的位置,高抽巷无法抽采到瓦斯,上邻近层瓦斯便会沿裂隙涌入采空区,给开采工作面带来安全隐患,为此,需要在顶板高抽巷内向工作面开切眼方向施工3~5 个下向穿层钻孔,钻孔直径不小于 90 mm,处理工作面开采初期上邻近层的瓦斯,弥补顶板走向高抽巷在工作面开采初期抽采效率低的问题,如图 7-13 所示。虽然该方法能使顶板走向高抽巷提前抽采到瓦斯,但随着顶板岩层的移动逐渐加大,钻孔易剪切破坏失去抽采作用。为了保证该方法的有效性,应在高抽巷内沿走向多施工几组下向穿层钻孔,各组钻孔之间接替抽采,以满足工作面初采期间的瓦斯治理要求。

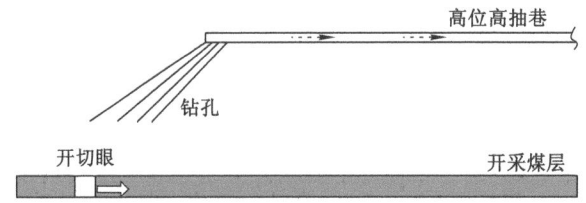

图 7-13 顶板走向高抽巷初采期间下向穿层钻孔瓦斯抽采示意图

7.5.3 特厚煤层低位高抽巷瓦斯抽采

低位高抽巷瓦斯抽采是在之前"U+I"形通风系统(内错尾巷)的基础上发展起来的一种抽采方式[14],该种抽采方式要求煤层厚度大(厚度大于 10 m),一般应用于放顶煤工作面。低位高抽巷要求内错布置,即在工作面倾向上位于回风巷内侧,沿煤层顶板掘进,如图 7-14 所示。由于巷道为煤层巷道,容易掘进,相比高位高抽巷,掘进费用低、工期短。巷道断面不需要过大,能够满足掘进要求即可,低位高抽巷随抽随塌。巷道口需要密闭,在密闭墙上埋管进行瓦斯抽采。

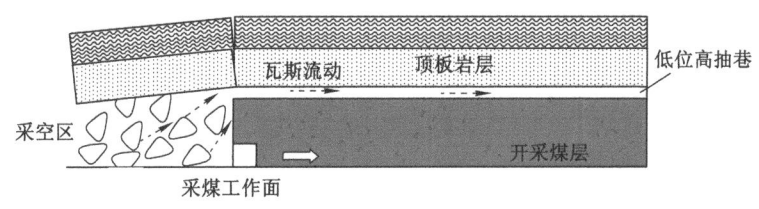

图 7-14 低位高抽巷瓦斯抽采示意图

7.6 采空区埋管瓦斯抽采方法

7.6.1 U 形通风采空区埋管抽采

在 U 形通风工作面中,工作面开采过后,采空区顶板岩层垮落,在采空区倾向上部由于区段煤柱的支撑作用,在一定时期内形成一个三角形空间,这为采空区瓦斯流动及汇集提供了条件。采空区埋管抽采一般为低负压大流量抽采方法。

采空区埋管瓦斯抽采如图 7-15 所示。首先沿采煤工作面的回风巷上帮铺设一条直径不小于 250 mm 的瓦斯管路(干管),在管路上每隔 25 m 安设一个三通,并安设阀门。在开切眼侧的第一个三通(1#三通)处将直径为 108 mm 橡胶埋吸管(支管)与主瓦斯抽采管连接,橡胶埋吸管长 30 m,橡胶埋吸管的末端连接瓦斯抽采器。抽采器由薄壁管加工而成,直径为 200 mm,高度为 1~2 m,垂直地面用木垛固定,抽采器顶端焊接铁板密闭,管壁上部均匀切割 5 mm(宽)×100 mm(长)×15 条×5 组的圈孔作为瓦斯入口,瓦斯入口用纱网包裹,防止掉落的碎石堵孔。橡胶埋吸管与瓦斯抽采器不可回收。

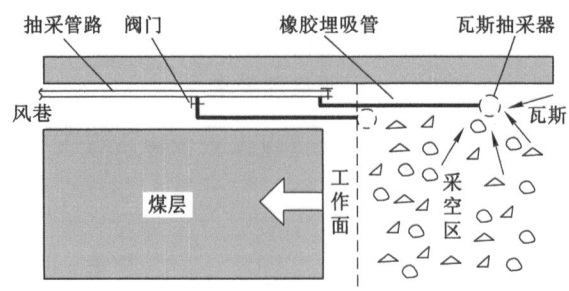

图 7-15 采空区埋管瓦斯抽采平面示意图

随着工作面的向前推进,橡胶埋吸管与瓦斯抽采器逐渐进入采空区内部开始抽采瓦斯,抽采范围为工作面后方 5～30 m 的范围。在 1# 三通抽采瓦斯的过程中,需准备下一个三通(2# 三通)的橡胶埋吸管与瓦斯抽采器的铺设安装工作,待 1# 支管及抽采器进入采空区 25 m 时,2# 支管的准备工作必须完成,并随着工作面的推进 2# 支管进入采空区,当 1# 支管全部进入采空区时,2# 支管进入采空区 5 m,此时关闭 1# 支管阀门,打开 2# 支管阀门利用 2# 支管进行采空区瓦斯抽采,依次类推实现采空区的交替迈步连续抽采。该方法是防止 U 形通风工作面上隅角瓦斯积聚、超限的主要方法之一。根据淮北祁南煤矿 3409 工作面采空区埋管瓦斯抽采统计可知,瓦斯的抽采浓度为 2.3%～4.7%,抽采量为 2.0～3.1 m³/min。

常规的采空区埋管吸气口高度为 1～2 m,无法直接抽采到顶板裂隙内的瓦斯,可采用长立管埋管瓦斯抽采方法抽采顶板裂隙内的瓦斯。其原理是向顶板施工垂直钻孔,安设长立管,提高吸气口高度,直接抽采顶板裂隙内瓦斯,提高采空区抽采效果。

7.6.2 Y 形通风采空区埋管抽采

对于沿空留巷 Y 形通风工作面,利用沿空留巷对采空区瓦斯进行埋管抽采。在进行巷帮充填过程中需要在墙体内铺设抽采支管。首先在开切眼位置的充填墙体内铺设 2 根抽采支管,然后沿工作面推进方向在充填墙体内每隔 20 m 铺设 1 根支管,将支管通过三通与主管路连通,每个支管上安设阀门,根据支管的抽采浓度、抽采量大小确定关闭相关阀门,减小抽采负压损失。抽采支管直径为 325 mm,长度为 3.5 m,抽采支管口距离充填垛内墙不大于 0.3 m,支管口采用花管及金属网罩防护,高度位于充填垛中上部。沿空留巷埋管瓦斯抽采如图 7-16 所示。该方法抽采能力大,特别适用于近距离煤层群开采条件。

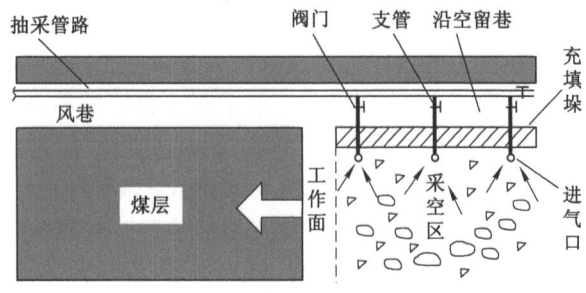

图 7-16 沿空留巷采空区埋管示意图

7.7　采煤工作面上、下隅角封堵

　　我国绝大多数采煤工作面采用 U 形通风方式,这种通风方式极易引起工作面上隅角瓦斯积聚,进而造成上隅角瓦斯超限,对安全生产构成严重威胁。治理 U 形通风上隅角瓦斯浓度超限除了采取高位钻孔裂隙带抽采,上隅角插(埋)管抽采等措施外,对上隅角进行封堵也是必要的一环[7],如图 7-17 所示。通过对上隅角封堵,一方面上隅角后方可以形成一个半封闭空间,有利于上隅角插(埋)管的抽采,另一方面,上隅角封堵以后,将上隅角与采空区隔离,采空区瓦斯异常涌出时遇到封堵墙,不会进入上隅角空间,可有效防范上隅角瓦斯超限。可选用煤矸石装袋作为封堵墙材料,也可采用大尺寸充气囊袋作为封堵墙,充气囊袋还可重复使用。无论用哪种材料均要求与帮顶接严接实,避免泄漏采空区瓦斯。

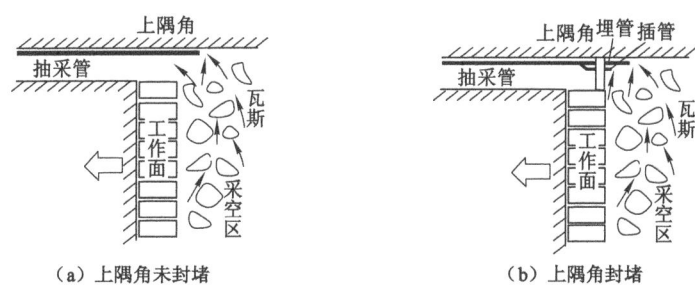

　　(a) 上隅角未封堵　　　　　　　　(b) 上隅角封堵

图 7-17　上隅角封堵抽采示意图

　　上隅角瓦斯超限原因是由于采空区漏风携带高浓度瓦斯进入上隅角造成的,另一个解决上隅角瓦斯超限的方法为减少工作面风流向采空区的漏风。减少采空区漏风的一个有效做法是对工作面下隅角进行封堵,如图 7-18 所示。封堵所用材料与上隅角封堵相同,不方便进行封堵时,可采用挂帘等方式进行临时性封堵,控制进入采空区的风量,减少从上隅角流出的风量,进而控制上隅角瓦斯超限。

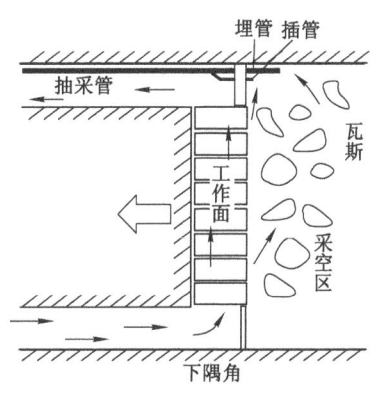

图 7-18　下隅角封堵抽采示意图

7.8 采煤工作面初采期间顶板预裂技术

采煤工作面初次来压前,随着工作面的向前推进,采空区悬顶面积越来越大,特别是遇顶板为坚硬厚岩的情况下,例如晋城地区 15 号煤层,顶板含有多层石灰岩,其中 K2 石灰岩厚度为 6~10 m,结构致密坚硬,为煤层的直接顶,初次垮落来压步距达 40~50 m,这种情况下采空区易积聚大量瓦斯。当顶板初次垮落时,采空区瓦斯挤入采煤工作面,极易导致工作面上隅角瓦斯超限。采用顶板预裂措施可弱化顶板的力学性质,缩短初次垮落步距,减小采空区悬顶空间,避免大量瓦斯积聚,在基本顶初次垮落时最大限度地避免上隅角瓦斯超限[15]。初采期间顶板预裂措施主要包括预裂爆破技术和水力致裂技术。

7.8.1 开切眼深孔预裂爆破技术

三级煤矿许用乳化炸药对开切眼顶板进行深孔预裂爆破是弱化坚硬顶板的有效方法之一。炸药爆炸时化学反应速度急快,同时伴随大量能量向外释放,瞬间孔内气体变为高温高压气体,孔壁周围岩体温度也随之升高,岩体强度减弱,高温高压气体以极高的功率向外界输出能量,周围岩体受其冲击、压缩影响而破碎。

开切眼掘好后、支架安装前,在开切眼内施工炮孔。炮孔轴线方向与开切眼轴线方向平行,炮眼间距 5~7 m,钻孔垂直深度根据顶板坚硬岩层的厚度确定,一般为 7~10 m,炮眼直径 70 mm,炮眼倾角 45°,为便于端头顶板垮落,可从运输平巷内向开切眼方向施工 2~3 个炮眼。待工作面布置完成并进行试运转割煤,支架后留有 1~2 m 空间便可开始进行装药,采用不耦合装药方式,单个炮眼装药量根据顶板岩层单位体积的炸药消耗量计算获得。

装药后采用黄泥进行封孔,确保封孔质量。雷管为煤矿许用电雷管,导爆索为煤矿许用导爆索。为确保炸药完全起爆,采用双雷管、双导爆索进行起爆。现场爆破使用矿用起爆器,分组装药、分次爆破。一茬炮联线采用"局部并联,总体串联"的方式进行。

现场应用表明,采用该方法可大幅度缩短工作面的初次来压步距,可由原来的 40~50 m 下降为 15~25 m。大面积缩减了初采期间采空区悬顶的面积,为初采期间治理工作面上隅角瓦斯超限提供了保障。

7.8.2 水力压裂弱化顶板技术

由于水力压裂弱化顶板技术具有安全性高、成本低、污染小、易控制等优点,越来越受到煤矿企业的青睐。水力压裂的原理是利用高压水泵提供高压水,高压水通过高压胶管、注水钢管传输至压裂位置对切缝进行压裂,高压水泵的压力表或水压仪的压力变化可直观反映预裂缝的起裂情况。一旦预裂缝起裂后,压力表读数先有所下降,继而进入相对稳定保压阶段,这一阶段裂纹开始扩展,并促使新裂纹的产生,同时利用流量计监测流量及注水量,保证顶板岩层充分弱化和软化[16]。

顶板水力压裂包括钻孔施工、封孔、高压水压裂、保压注水、压裂监测等多个工序。所需要的仪器设备包括钻机、钻杆、封孔器、注水钢管、三柱塞泵、高压胶管、矿用窥视仪等。

实施过程中首先需要选择大功率钻机以及专用钻头施工压裂钻孔。根据地质资料及工作面顶板的结构、厚度确定压裂钻孔参数及压裂次数。压裂钻孔一般分为高位、低位两类钻孔,钻孔长度一般为 30~50 m,钻孔倾角 25°~50°,钻孔直径不低于 50 mm,高、低位钻孔交错布置,钻孔间距 10~20 m,钻孔垂直于开切眼沿工作面推进方向布置。

钻孔施工后利用特殊的可开槽钻头,在钻孔底部开楔形槽(直径约为钻孔直径的 2 倍),最后用静压水冲洗钻孔。然后对切槽进行封孔,封孔采用跨式封孔器,封孔器注水压力不低于 10 MPa,确保封孔器胶管能够膨胀撑紧孔壁。从钻孔的底部向孔口方向分段逐次进行注水压裂,压裂间距 2~3 m,压裂水压为 15~25 MPa。压裂层位为顶板基本顶和直接顶,孔口 8 m 范围内不进行压裂。压裂过程中观测压裂孔周围顶板出水情况,压裂时间一般不少于 30 min,裂缝扩展范围可达 10~15 m。根据顶板情况,有时需要在工作面两侧巷道内施工长钻孔进行水力压裂。最后通过监测工作面前方煤体中的应力变化,来分析水力压裂对工作面的矿压影响。

通过水力压裂对顶板岩层预制裂缝,从而削弱顶板的强度和整体性,使采空区顶板能够分层分次垮落,缩短初次来压步距,减小初采期间采空区悬顶面积和瓦斯积聚,控制工作面上隅角瓦斯浓度超限。

参 考 文 献

[1] 程远平.矿井瓦斯防治[M].徐州:中国矿业大学出版社,2017.

[2] 俞启香,王凯,杨胜强.中国采煤工作面瓦斯涌出规律及其控制研究[J].中国矿业大学学报(自然科学版),2000,29(1):9-14.

[3] 国家安全生产监督总局.矿井瓦斯涌出量预测方法:AQ 1018—2006[S].北京:煤炭工业出版社,2006.

[4] 袁亮.松软低透煤层群瓦斯抽采理论与技术[M].北京:煤炭工业出版社,2004.

[5] 林柏泉,崔恒信.矿井瓦斯防治理论与技术[M].2 版.徐州:中国矿业大学出版社,2010.

[6] 程远平,付建华,俞启香.中国煤矿瓦斯抽采技术的发展[J].采矿与安全工程学报,2009,26(2):127-139.

[7] 林柏泉,张仁贵.U 型通风工作面采空区瓦斯涌出及其治理[J].煤炭学报,1998,23(2):155-160.

[8] 陈维民.Y 型通风试验的测试分析[J].煤炭科学技术,1993,21(12):26-29.

[9] 钱鸣高,许家林.覆岩采动裂隙分布的"O"形圈特征研究[J].煤炭学报,1998(5):20-23.

[10] 钱鸣高,石平五.矿山压力与岩层控制[M].徐州:中国矿业大学出版社,2004.

[11] 王海锋,程远平,沈永铜,等.高产高效工作面顶板走向钻孔瓦斯抽采技术[J].采矿与安全工程学报,2008,25(2):168-171.

[12] 刘泽功.开采煤层顶板抽放瓦斯流场分析[J].矿业安全与环保,2000,27(3):4-6,58.

[13] 袁亮.低透气性高瓦斯煤层群无煤柱快速留巷 Y 型通风煤与瓦斯共采关键技术[J].中国煤炭,2008,34(6):9-13.

[14] 史万青.中厚煤层内错尾巷布置治理综放面瓦斯技术与应用[J].中国煤炭工业,2012(10):50-51.

[15] 田鹏,康立勋,张百胜,等.工作面初采预裂爆破深度分析[J].煤矿安全,2013,44(7):205-207.

[16] 曾照凯,陈苏社,冯彦军.水力压裂技术在综采工作面初放顶板控制中的应用[J].陕西煤炭,2017,36(增刊 1):84-87,134.

第8章 井上下联合抽采瓦斯实践

经过十多年的瓦斯抽采实践,逐渐形成了以煤层群开采条件为背景的"两淮"模式和以单一煤层开采条件为背景的"晋城"模式。本章第一节以淮北矿区袁店一矿为例,介绍了该矿的瓦斯地质、试验工作面概况、井上下瓦斯抽采方法及瓦斯抽采效果等内容,随后阐述了"两淮"模式的井上下联合抽采瓦斯的内涵和实践过程。第二节以晋煤集团寺河煤矿为例,首先介绍了矿井瓦斯赋存、试验工作面概况、井上下瓦斯抽采方法及瓦斯抽采效果等,之后阐述了"晋城"模式的井上下联合抽采瓦斯的内涵和实践过程。

8.1 煤层群开采井上下联合抽采瓦斯实践

8.1.1 淮北袁店一矿概况

袁店一矿位于安徽省淮北市濉溪县五沟镇境内,东西长 6.9～13.6 km,南北宽1.2～3.4 km,井田面积约 37.22 km²。矿井总体上为一走向北北西,倾向北东的单斜断块,次级褶曲较发育,走向上地层线表现为波浪状。地层倾角较平缓,一般 5°～15°,浅部缓深部略陡。断层的走向以北东向为主,其次为近南北向,个别为北西向和近东西向。井田局部有岩浆活动,侵入层位从 10 煤层到 7 煤层,其中 7～8 煤层受影响稍大。构造复杂程度中等,小断层的构造裂隙较发育,矿井地质构造纲要如图 8-1 所示。本矿应属裂隙含水层充水、顶板进水为主的矿床,水文地质条件属中等类型。

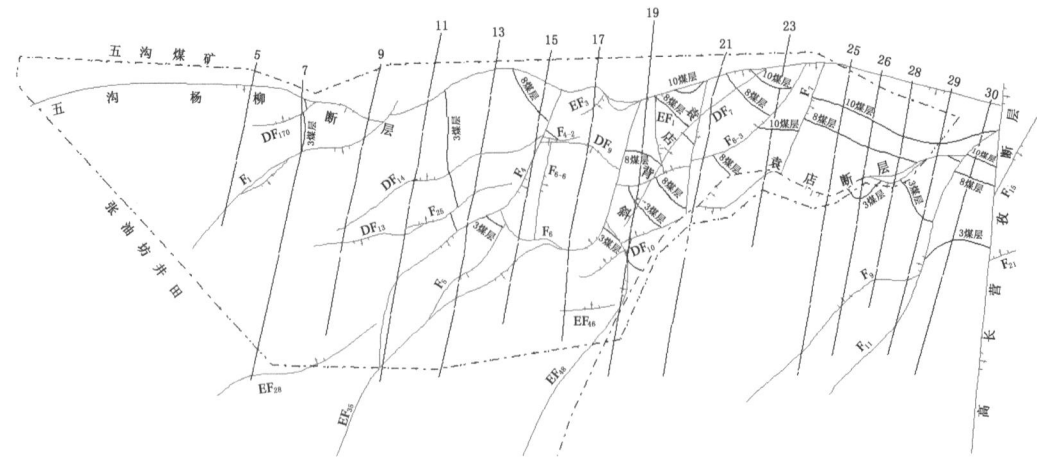

图 8-1 袁店一矿地质构造纲要图

矿井采用立井开拓方式,井田范围内按构造块段、分煤组划分采区。各构造块段分别以 F_1 断层、F_2 断层、F_4 断层、工业场地及 -748 m 水平南翼大巷煤柱为界,上、下煤组(3_2 煤层、10 煤层)分别划分采区,中煤组 5_1 煤层由于与本组其他煤层相距较远(平均 50 m),亦单独划分采区,其余煤层(6_3、7_2、8_1、8_2 煤层)联合划分采区。

袁店一矿 10 煤层正常区域破坏类型属于 Ⅲ～Ⅳ 类。测定的 10 煤层的瓦斯压力为 1.35 MPa,煤样的坚固性系数值最大为 0.24,瓦斯放散初速度 ΔP 最小值为 13 mmHg。结合 1011 风巷揭煤施工排放孔及在施工 1011 工作面底板巷上向穿层钻孔过程中出现的严重喷孔现象,袁店煤矿 10 煤层为煤与瓦斯突出危险煤层,矿井为煤与瓦斯突出矿井。根据煤层鉴定结果,3_2 煤层为 Ⅰ 类容易自燃煤层,7_2、8、10 煤层为 Ⅱ 类自燃煤层,各煤层均具有煤尘爆炸性。

8.1.2　煤层赋存

该井含煤地层为石炭-二叠系。石炭系煤层薄,不稳定,煤质差,并且顶板多为石灰岩,水文、工程地质条件复杂,故暂不作勘查对象。二叠系含煤地层分下统山西组、下石盒子组和上统上石盒子组,含 1、2、3、4、5、6、7、8、10、11 等十个煤层(组),含煤 20 余层,煤层总厚 14.38 m。1、2、4 等三个煤层(组)为不可采煤层,3_2、5_1、6_3、7_2、8_1、8_2、10 等七个煤层为可采煤层,可采煤层总厚 13.51 m,占含煤总厚的 94%;其中 3_2、7_2、8_2、10 为主采煤层,总厚 10.10 m,占可采煤层总厚的 75%。该井可采煤层自上而下为 3_2、5_1、6_3、7_2、8_1、8_2、10 等七层。

10 煤层位于山西组的中部,煤层厚 0～6.95 m,平均厚 3.60 m,属中厚～厚煤层,以中厚煤层为主。全层大部可采,发育较好,为较稳定的主要可采煤层。3_2 煤层位于上石盒子组下部,煤层厚 0～3.39 m,平均 1.74 m,为较稳定中厚煤层。煤层结构较简单,以单一煤层为主,顶、底板以泥岩为主,砂岩、粉砂岩零星分布。7_2 煤层位于下石盒子组下部,煤层厚 0～4.78 m,平均 2.02 m,为中厚煤层。煤层结构简单,以单一煤层为主,井田西部局部有岩浆侵蚀,为较稳定的主要可采煤层。8_1 煤层位于下石盒子组下部,煤层厚 0～5.05 m,平均 2.20 m,为中厚煤层。以单一煤层为主,部分点含有 1～2 层夹矸,为不稳定～区段较稳定的局部可采煤层。8_2 煤层位于下石盒子组下部,煤层厚 0.24～8.07 m,平均 2.76 m,为中厚煤层。煤层原生结构较简单,多以单一煤层出现,少部分含 1～2 层夹矸,与 8_1 煤层有分叉合并现象,为较稳定的主要可采煤层。煤层综合柱状图如图 8-2 所示。

8.1.3　试验工作面概况

该工作面开采 10 煤层,上覆中组煤有 7_2、8_1、8_2 煤层,与 10 煤层间距 81.2～106 m。1015 工作面为 101 采区最后一个块段,工作面煤层厚度 3.2～5.4 m,平均 4.8 m,属于赋存稳定厚煤层,煤层结构简单,煤层倾角 8°～20°,平均 11°。工作面里段走向长 80 m,倾斜宽 115 m;外段走向长 276 m,倾斜宽 225 m,可采储量 44.5 万 t,开采标高 -742.1～-658.1 m。

1015 工作面属突出危险区,在 1015 机巷底抽巷实测最大瓦斯压力 4 MPa(标高 -702.6 m),在 1015 机巷车场实测最大瓦斯含量 8.99 m^3/t(标高 -754.2 m)。

8.1.4　井上下联合抽采瓦斯方法

煤矿瓦斯灾害防治是一项系统工程,往往需要多种抽采方法的联合抽采才能确保煤矿的安全回采。基于应抽尽抽的理念,采用井上下立体全方位的瓦斯治理措施抽采煤层群瓦斯,1015 工作面为保护层工作面,保护层开采过程中还需要对中组煤(被保护层)进行瓦斯

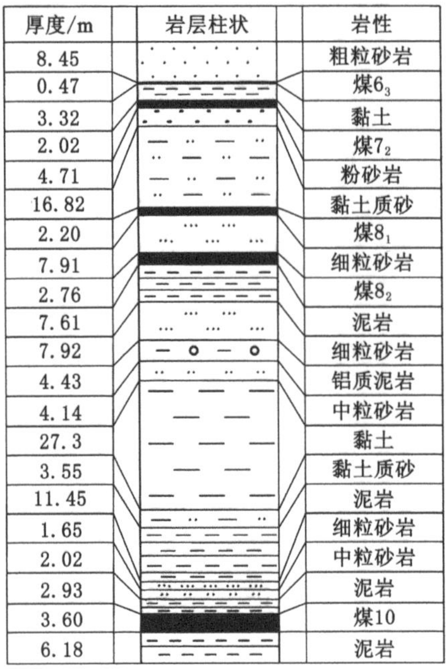

厚度/m	岩层柱状	岩性
8.45		粗粒砂岩
0.47		煤6_3
3.32		黏土
2.02		煤7_2
4.71		粉砂岩
16.82		黏土质砂
2.20		煤8_1
7.91		细粒砂岩
2.76		煤8_2
7.61		泥岩
7.92		细粒砂岩
4.43		铝质泥岩
4.14		中粒砂岩
27.3		黏土
3.55		黏土质砂
11.45		泥岩
1.65		细粒砂岩
2.02		中粒砂岩
2.93		泥岩
3.60		煤10
6.18		泥岩

图 8-2　煤层综合柱状图

抽采。因此本工作面的瓦斯抽采分为三个目标层次进行。第一目标层次为 1015 保护层工作面的本煤层预抽,其目的是消除煤层的突出危险性;第二目标层次为对中组煤(被保护层)卸压瓦斯进行的抽采,消除中组煤的突出危险性;第三目标层次为 1015 工作面开采期间的瓦斯抽采,确保保护层工作面的开采安全。抽采方式包括穿层钻孔、顺层钻孔、斜交孔、拦截钻孔、地面钻井和上隅角埋管抽采等,各目标层次具体的瓦斯抽采方法如表 8-1 所列。

表 8-1　井上下联合抽采瓦斯方法

目标层次	煤层	瓦斯治理方案				抽采目的
一	10 煤层	底板穿层钻孔预抽煤巷条带	底板穿层钻孔预抽工作面煤体	顺层钻孔预抽工作面煤体	/	消除 1015 保护层工作面突出危险性
二	中组煤	地面钻井	定向上向拦截钻孔	/	/	消除中组煤层(被保护层)工作面突出危险性
三	10 煤层	采空区埋管	斜交钻孔	定向高位钻孔	地面钻井	确保 1015 工作面开采安全

8.1.4.1　1015 保护层工作面瓦斯预抽

（1）底板穿层钻孔预抽煤巷条带瓦斯

底抽巷位于 10 煤层底板 20 m 左右,每隔 30 m 施工 1 个钻场,每个钻场设计施工 6 列穿层钻孔,每列施工 7 个钻孔,一个钻场共施工 42 个钻孔,钻孔直径 113 mm,穿层钻孔终孔间距 5 m×5 m,钻孔终孔穿过 10 煤层顶板 1 m,控制巷道两帮轮廓线外 15 m,见图 8-3。钻孔完成后进行合茬抽采,待抽采一定时间(不小于 3 个月)后测定待掘区煤层残余瓦斯含量及残余瓦斯压力,待煤层消除突出危险性后方可进行掘进作业。

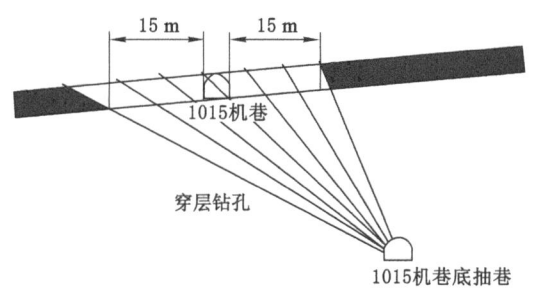

图 8-3　底抽巷穿层钻孔剖面图

（2）底板穿层钻孔预抽采煤工作面煤体瓦斯

在 1015 机巷底抽巷实测最大瓦斯压力 4 MPa，煤层突出危险性高，应采取穿层钻孔预抽煤层瓦斯。在机巷、风巷底抽巷中每隔 30～50 m 布置一个施工地点，穿层钻孔终孔间距 6 m×6 m，终孔穿过 10 煤层顶板 1 m，见图 8-4。

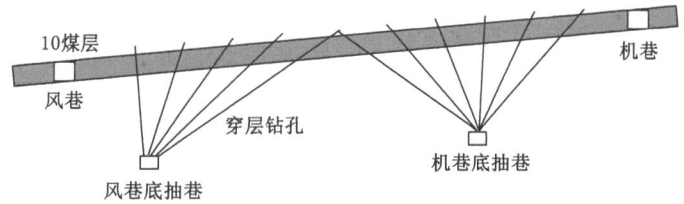

图 8-4　底抽巷卸压穿层钻孔布置图

（3）顺层钻孔预抽采煤工作面煤体瓦斯

在 1015 机巷施工顺层钻孔，对工作面内赋存瓦斯进行预抽，待消除突出危险后方可回采。工作面受断层影响，里段开切眼较短，外段开切眼较长。工作面里段顺层钻孔 1#～25# 钻孔间距 3 m，孔深 100 m。工作面外段顺层钻孔 26#～105# 钻孔间距 3 m，孔深 210 m，累计施工 19 300 m，见图 8-5。

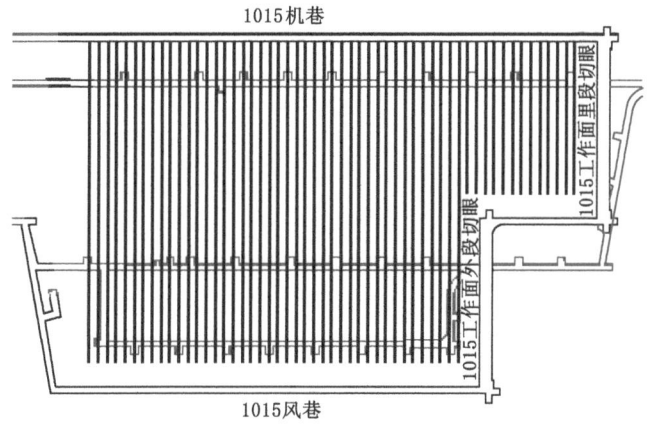

图 8-5　机巷顺层钻孔平面布置图

8.1.4.2 被保护层开采瓦斯治理措施

（1）地面钻井卸压抽采

1015 工作面设计施工 3 口地面瓦斯井，第一口瓦斯井距里段开切眼 50 m，距风巷 40 m；第二口瓦斯井距离外段开切眼 50 m，距风巷 90 m；第三口瓦斯井距第二口瓦斯井间距 140 m，距风巷 90 m；设计工程量 2 100 m，用于抽采中组煤卸压瓦斯，地面钻井布置如图 8-6 所示，地面井结构如图 8-7 所示。地面钻井重点抽采中组煤 7_2、8_1 和 8_2 煤层，其中 7_2 煤层厚度约 2.0 m，8_1 煤层厚度约 2.5 m，8_2 煤层厚度约 2.7 m。该区域中组煤瓦斯含量 13～14 m^3/t。地面钻井抽采效果如图 8-8 所示。地面钻井抽采浓度长期稳定在 80% 以上，前两个月抽采量为 10～20 m^3/min，后四个月抽采量提高至 40～55 m^3/min，地面钻井累计抽采量为 697.88 万 m^3。

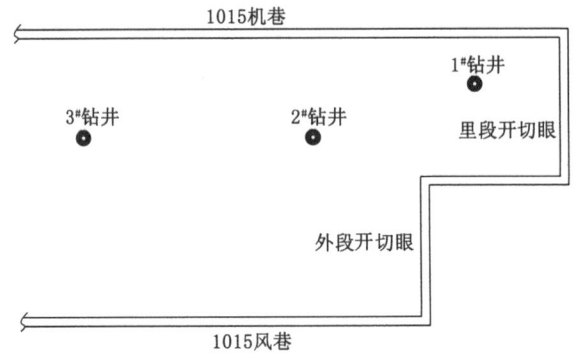

图 8-6　地面钻井布置图

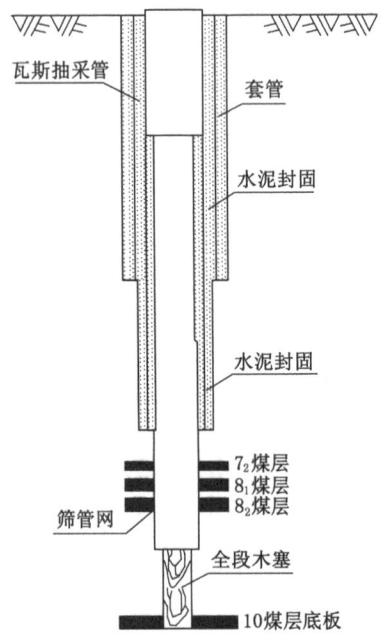

图 8-7　地面钻井结构图

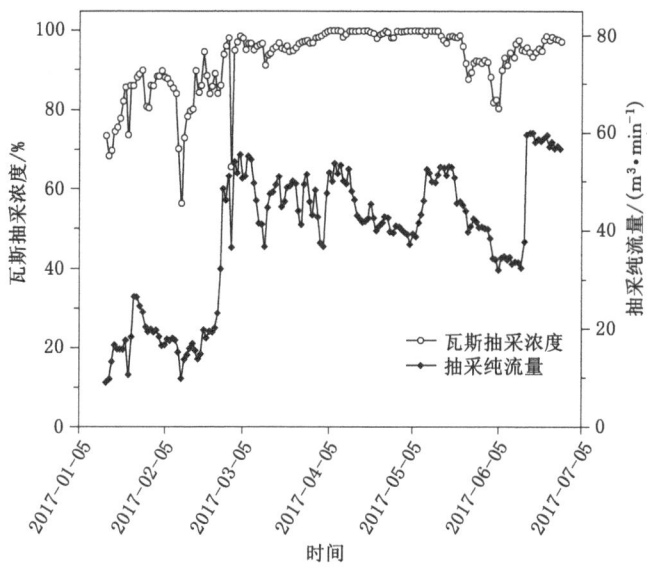

图 8-8　地面钻井抽采瓦斯曲线图

（2）定向上向拦截钻孔抽采

在拦截钻场和高位钻场（收作线外），利用大功率 ZDY6500LP 钻机按照 30 m×30 m 网格布置施工定向上向拦截钻孔拦截中组煤卸压瓦斯，共计施工钻孔 57 个，总工程量13 500 m，钻孔布置如图 8-9 所示，上向拦截钻孔瓦斯抽采量如图 8-10 所示，上向拦截钻孔瓦斯抽采浓度为 40%～80%，抽采纯量稳定在 30～60 m³/min，瓦斯抽采总量为 285.32 万 m³。

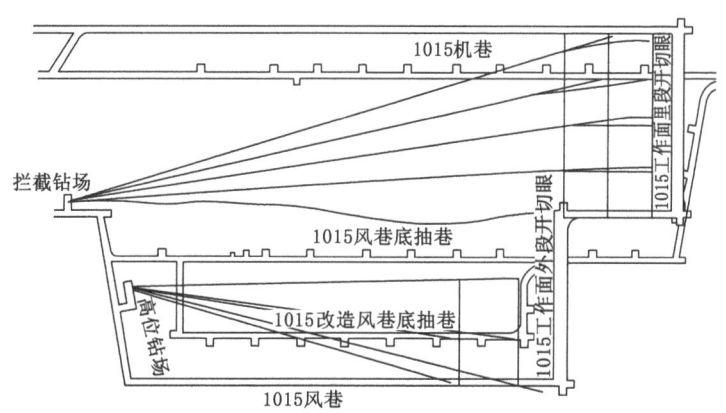

图 8-9　定向上向拦截钻孔布置图

8.1.4.3　1015 工作面回采期间瓦斯治理

在 1015 工作面回采过程中，为了确保工作面的开采安全，除继续采用工作面机巷顺层钻孔、底板穿层卸压钻孔抽采外，还需采用采空区埋管抽采、斜角钻孔抽采和定向高位钻孔抽采进行瓦斯抽采，降低保护层工作面开采期间涌出采掘场所的瓦斯量。用于主要抽采中组煤卸压瓦斯的地面钻井，也能够抽采部分保护层工作面采空区瓦斯。

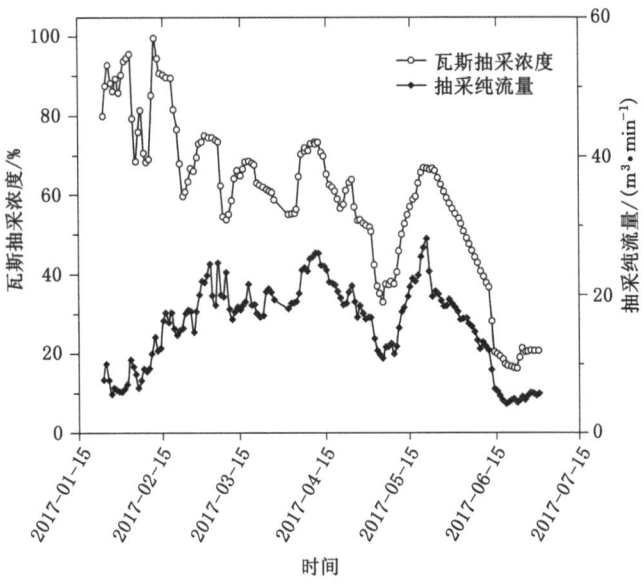

图 8-10　上向拦截钻孔抽采瓦斯曲线图

（1）采空区埋管抽采

沿工作面风巷上帮向采空区敷设一趟 8 英寸（1 英寸＝2.54 cm，下同）瓦斯管路，压茬 5～10 m 埋管，管路每隔 20 m 加设站管，管端距底板 1 m 以上，用木垛进行保护，见图 8-11。

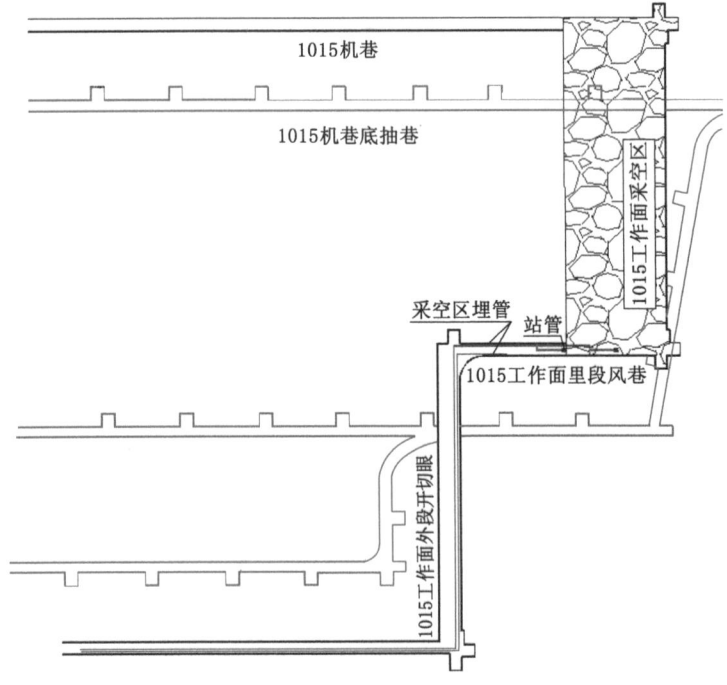

图 8-11　采空区埋管布置图

为保证里外工作面安全对接,在里段开切眼埋设一趟 8 英寸管路,在里段工作面距外段切眼 20 m 处埋设第二趟 8 英寸管路,抽采里段工作面采空区瓦斯。抽采效果见图 8-12,采空区埋管瓦斯抽采浓度变化较大,高浓度时有出现,但还是以低浓度为主,浓度高时可达 20%～40%,长期稳定在 3%～15% 之间。浓度高时抽采纯量可达 10～20 m³/min,浓度低时抽采纯量在 5 m³/min 以下,瓦斯抽采总量为 116.36 万 m³。

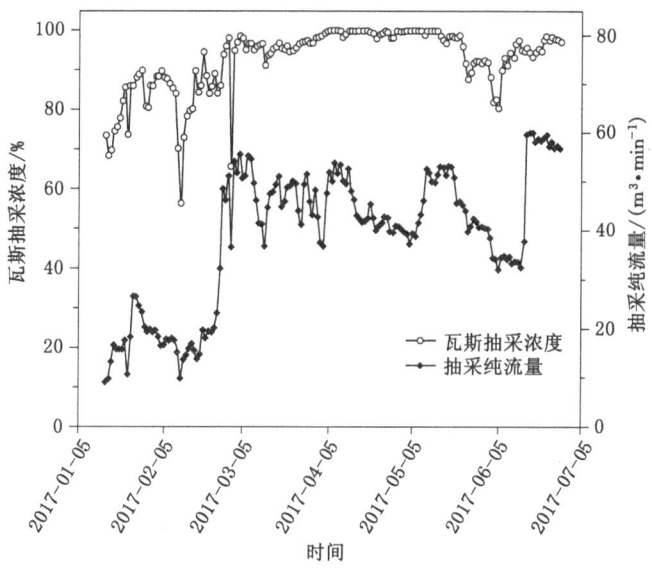

图 8-12　采空区埋管抽采瓦斯曲线图

(2) 斜交钻孔抽采

在风巷每隔 50 m 施工 1 组斜交钻孔,终孔点距离工作面顶板 15～19 m,用于抽采工作面采空区瓦斯。1015 工作面共施工 5 组斜交钻孔,钻孔压茬 30 m,采用直径 50 mm PE 管“两堵一注”封孔工艺进行封孔,封孔管长度不小于 18 m,封孔材料为聚氨酯、膨胀水泥,钻孔布置见图 8-13。瓦斯抽采效果见图 8-14,瓦斯抽采浓度为 25%～60%,抽采纯量为 10～35 m³/min 以下,瓦斯抽采总量为 214.08 万 m³。

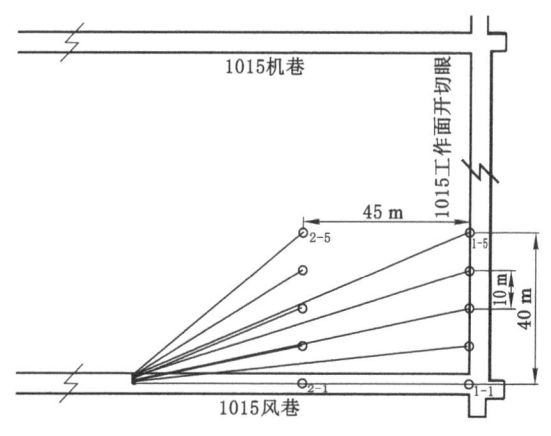

图 8-13　斜交钻孔布置图

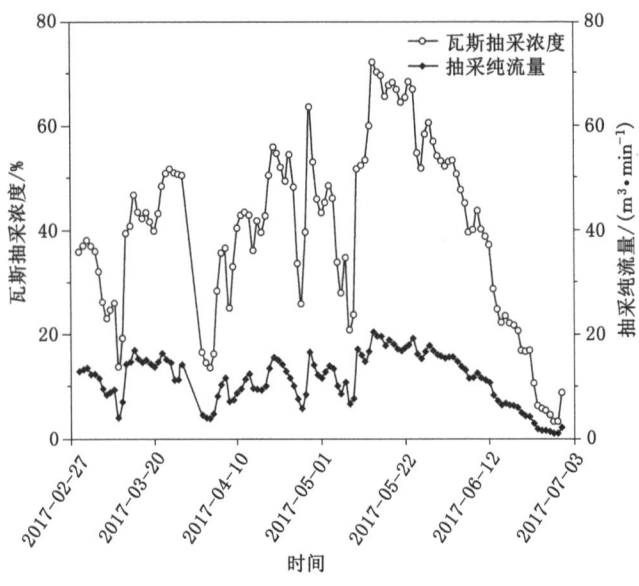

图 8-14 斜交钻孔抽采瓦斯曲线图

（3）定向高位钻孔抽采

在 1015 风巷联巷施工 1 个高位钻场（收作线外），施工 4 个长距离定向高位钻孔，终孔点距离 10 煤层顶板 19～35 m，用于抽采工作面采空区瓦斯，其中最长高位钻孔深度 315 m，总工程量 1 200 m，钻孔布置见图 8-15。瓦斯抽采效果见图 8-16，瓦斯抽采浓度长期稳定在 20%～65%，抽采纯量为 10～40 m³/min，瓦斯抽采总量为 184.38 万 m³。

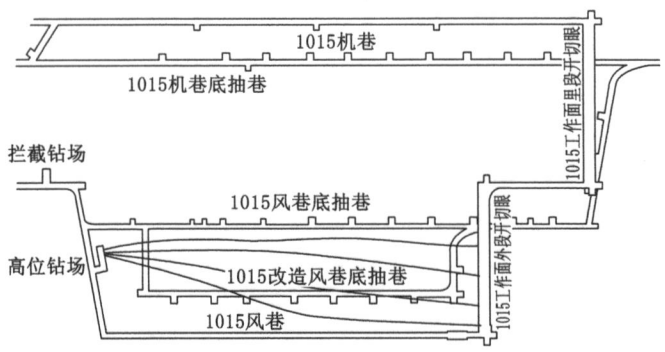

图 8-15 定向高位钻孔布置图

8.1.5 瓦斯抽采效果

8.1.5.1 1015 工作面预抽瓦斯治理效果

（1）回采巷道消突情况分析

工作面机巷、开切眼、风巷通过底抽巷穿层钻孔预抽煤层瓦斯，共计施工 1 637 个钻孔，累计抽采瓦斯 158.17 万 m³。以煤层残余瓦斯含量及残余瓦斯压力为评价指标，对该区域进行消突评价，具体参数见表 8-2。

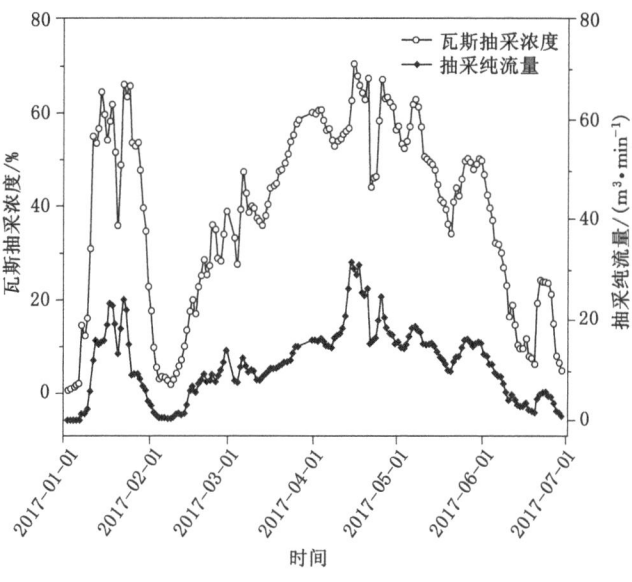

图 8-16　高位钻孔抽采瓦斯曲线

表 8-2　条带区域瓦斯消突评价表

类别	抽采时间/d	原始瓦斯含量/m³	抽采瓦斯总量/万 m³	最大残余瓦斯含量/(m³·t⁻¹)	最大残余瓦斯压力/MPa	预抽率/%
计算值	/	8.52	/	3.2	/	/
测定值	601	8.99	158.17	4.92	0.42	68.39

从表 8-2 可以看出，煤巷条带经过抽采后，经实测最大残余瓦斯含量 4.92 m³/t，最大残余瓦斯压力 0.42 MPa，煤层残余瓦斯压力远小于临界值 0.74 MPa，残余瓦斯含量远小于 8 m³/t，说明经过瓦斯抽采后，条带钻孔控制区域已消除突出危险性，可以进行安全掘进。

（2）工作面内消突情况分析

回采前对回采范围内煤层采用底板穿层卸压钻孔、顺层钻孔进行抽采，累计抽采时长 244 d，累计抽采瓦斯 114.33 万 m³，消突评价情况如表 8-3 所列。

表 8-3　工作面内瓦斯消突评价表

类别	抽采时间/d	原始瓦斯含量/(m³·t⁻¹)	抽采瓦斯总量/万 m³	最大残余瓦斯含量/(m³·t⁻¹)	最大残余瓦斯压力/MPa	预抽率/%
计算值	/	8.52	/	4.37	/	/
测定值	244	8.99	114.33	4.21	0.40	53.21

从表 8-3 可以看出，工作面回采煤体经过抽采后，经实测最大残余瓦斯含量 4.21 m³/t，最大残余瓦斯压力 0.40 MPa，煤层残余瓦斯压力远小于临界值 0.74 MPa，残余瓦斯含量远小于 8 m³/t，说明经过瓦斯抽采后，工作面开采区域已消除突出危险性，可以进行安全回采。

8.1.5.2 1015 工作面回采期间瓦斯治理效果

1015 工作面煤炭日产量 5 300 t,配风量 1 700 m^3/min,回风流瓦斯浓度 0.3% 以下,风排瓦斯控制在 5 m^3/min 以下,见图 8-17。截至 5 月底,工作面已累计回采 300 m,回采期间未发生瓦斯超限现象。

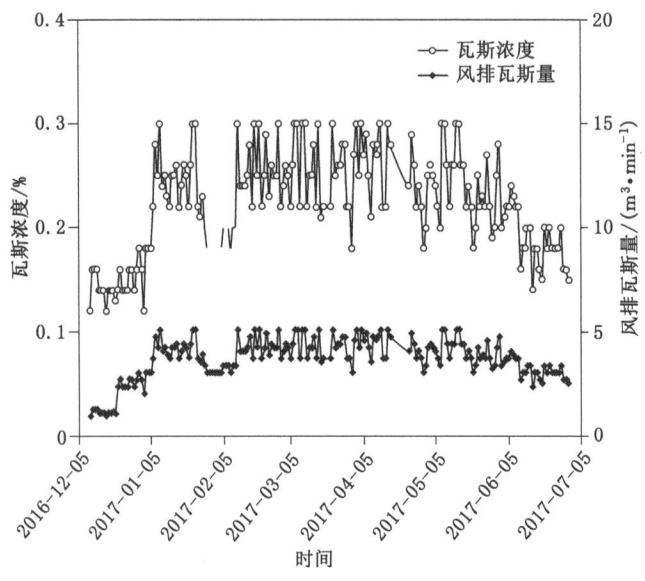

图 8-17　工作面风排瓦斯曲线

8.1.5.3 被保护层中组煤卸压瓦斯抽采效果分析

中组煤 7_2、8_1 和 8_2 煤层主要依靠地面钻井和上向拦截钻孔进行抽采,7_2 煤层厚约 2.0 m,8_1 煤层厚约 2.5 m,8_2 煤层厚约 2.7 m,该区域中组煤瓦数含量 13~14 m^3/t。地面钻井抽采瓦斯量为 697.9 万 m^3,上向拦截钻孔抽采瓦斯为 285.3 万 m^3,两者累计抽采瓦斯量为 983.2 万 m^3。根据测定,地面钻井和上向拦截钻孔抽采总量中,中组煤瓦斯占到 70%,则可知中组煤瓦斯抽采总量为 688.2 万 m^3。根据中组煤卸压范围及瓦斯储量,可推算出通过卸压瓦斯抽采后,中组煤瓦斯含量可在原来基础上下降 9.5 m^3/t,则中组煤残余瓦斯含量为 3.5~4.5 m^3/t。中组煤残余瓦斯含量远低于 8 m^3/t 的临界值,说明通过对中组煤的卸压瓦斯抽采,可有效降低中组煤瓦斯含量,彻底消除其突出危险性。

8.2 单一煤层开采井上下联合抽采瓦斯实践

8.2.1 晋城寺河煤矿西井概况

寺河煤矿隶属于晋煤集团,位于沁水煤田东南边缘,工业场地位于沁河西岸侯月铁路嘉峰站附近,距晋城市约 70 km。矿井核定生产能力为 9.0 Mt/a。寺河煤矿分为东井区和西井区两个独立的生产井区,西井区设计生产能力为 4.0 Mt/a。

本井田含煤地层为二叠系下统山西组、石炭系上统太原组,含煤 11~21 层,煤层平均总厚 11.49~13.87 m。稳定可采煤为 3 煤层和 15 煤层,9 煤层为大部分可采煤层。3 煤层倾角 2°~10°,一般 5° 左右,煤层平均厚 6.31 m;9 煤层位于太原组三段下部,煤层平均厚

1.34 m,局部含 1 层泥岩或碳质泥岩夹矸;15 煤层位于太原组一段上部,煤层较稳定,煤层平均厚 2.67 m,属结构简单煤层,矿井综合柱状图见图 8-18。西井区采用一个水平开拓 3 煤层,水平标高为+280 m,共划分 5 个盘区,工作面设计采用长壁后退式一次采全高采煤法。2007 年 5 月 20 日,寺河煤矿西井区在 3 煤层西回与西胶之间的 6 号联络巷掘进时发生了突出,经鉴定,寺河煤矿西井区为煤与瓦斯突出矿井。

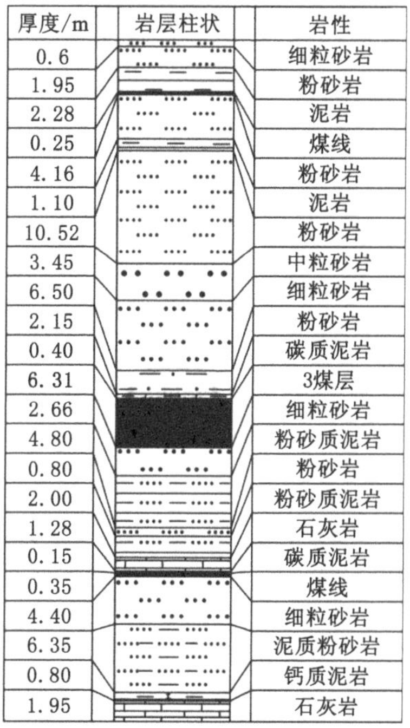

厚度/m	岩层柱状	岩性
0.6		细粒砂岩
1.95		粉砂岩
2.28		泥岩
0.25		煤线
4.16		粉砂岩
1.10		泥岩
10.52		粉砂岩
3.45		中粒砂岩
6.50		细粒砂岩
2.15		粉砂岩
0.40		碳质泥岩
6.31		3煤层
2.66		细粒砂岩
4.80		粉砂质泥岩
0.80		粉砂岩
2.00		粉砂质泥岩
1.28		石灰岩
0.15		碳质泥岩
0.35		煤线
4.40		细粒砂岩
6.35		泥质粉砂岩
0.80		钙质泥岩
1.95		石灰岩

图 8-18　煤层综合柱状图

西井区有 5 个井筒,其中 3 个进风井(西斜井、西副斜井、三水沟进风立井),2 个回风井(西回风立井、三水沟回风立井)。西井区采用机械抽出式分区通风方式,总风量为 40 000 m³/min 左右。

工作面设计采用长壁后退式一次采全高采煤法,工作面长度约为 300 m,平均回采高度为 6 m。综采工作面采用"三进一回"或"三进两回"通风方式;双巷平行掘进工作面均采用"一进一回"通风方式,双巷掘进工作面每隔 60 m 贯通一联络横川。根据 2017 年矿井瓦斯等级和二氧化碳涌出量鉴定结果,西井区瓦斯绝对涌出量为 694.5 m³/min,相对瓦斯涌出量 101.85 m³/t。

西风井抽采泵站内共安装 6 台 CBF-710A 水环式真空泵,运行方式为 3 开 3 备(1#~6# 真空泵),用于预抽系统和采空区系统,该泵站内主瓦斯抽采管路采用的是 DN700 螺旋焊管。三水沟瓦斯抽采泵站共安装 7 台 2BEC87 水环式真空泵,运行方式为 3 开 4 备。该泵站内主瓦斯抽采管路采用的是 DN1000 螺旋焊管(预抽)和 DN700 螺旋焊管(采空区)两种主管路。

8.2.2　试验工作面概况

试验工作面 W2303 工作面位于西二盘区,地面标高 606~768 m,工作面标高 251~

288 m,位于秦庄村以西,三水沟以东北,寺河煤矿工业场地以西北。工作面南为 W2302 中、西段工作面采空区,东为秦庄村保护煤柱,西为西二盘区北进风/北辅运输大巷,北为 W2304 工作面。

工作面整体处于马山背斜区域,东北高西南低,工作面自西向东总体西低东高,煤层整体倾向北北西,倾角变化 0°~8°,平均坡度约 4°,在工作面平巷掘进过程中部分巷道可能揭露 DF$_{19}$、DF$_{18}$、DF$_9$、FW2302X-2 断层,工作面内部发育 DF$_{12}$ 断层及陷落柱 X5,工作面内无岩浆倾入现象。

W2303 工作面共布置 5 条平巷,依次为 W23031、W23033、W23032、W23034 及 W2303 尾巷。W2303 工作面采用"三进一回"U 形通风方式,由西风井服务,其中 W23031 巷为主进风巷,W23033 和 W23034 巷为辅助进风巷,W2303 尾巷为回风巷。区域计划配风量为 5 200 m³/min 左右,其中主进风侧约 3 500 m³/min,辅助进风侧风量约 1 700 m³/min。

工作面走向长度 1 257 m,倾向宽度 276~295 m,面积 355 761 m²,煤层平均厚 6.3 m,平均倾角 5°。伪顶为 0.4 m 的碳质泥岩,直接顶为 2.15 m 的粉砂岩,基本顶为 6.5 m 的细粒砂岩。直接底为 2.66 m 的细粒砂岩,基本底为 4.8 m 的粉砂质泥岩。根据实测结果,西二盘区 3 号煤层瓦斯压力为 1.15~1.83 MPa,瓦斯含量为 19.33~21.8 m³/t。工作面煤层无爆炸性、无自燃倾向性。

8.2.3　工作面瓦斯抽采方法

（1）地面钻井瓦斯抽采

在矿井巷道开拓开采之前,施工地面钻井抽采 3 煤层瓦斯,降低煤层瓦斯含量。工作面内共布置了 5 个地面直井预抽钻孔,钻井间距在正常区域为 300 m×300 m,在地质构造带间距为 150 m×150 m。由于受到地面施工现场条件限制,钻井间距无法严格按照设计执行,地面钻井施工位置如图 8-19 所示。

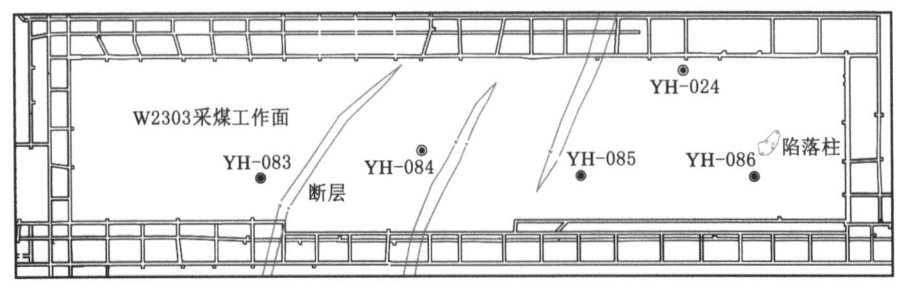

图 8-19　工作面地面钻井布置图

钻井开始施工时间为 2008 年,封井时间为 2018 年,钻孔抽采时间达 8~9 年。各钻井抽采量如表 8-4 所列。其中 YH-086、YH-024 和 YH-085 号三个钻井抽采量高,抽采量达 700.8 万~1 138.8 万 m³,YH-083 和 YH-084 号两个钻井抽采量较低,抽采量为 263 万 m³ 左右。究其原因,可能是这两个钻井受到附近断层影响,瓦斯提前大量释放所致。地面钻井瓦斯抽采总量为 3 232.6 万 m³。根据反算,通过地面钻井抽采,工作面内瓦斯含量可下降 7~8 m³/t,可确保将煤层瓦斯含量降至 16 m³/t 以下的抽采目标。

表 8-4　地面钻井瓦斯抽采数据统计

序号	钻井编号	钻井时间	封井时间	施工煤层	累计抽采量/万 m³
1	YH-086	2008 年 1 月	2018 年 3 月	3 煤层	1 138.8
2	YH-024	2008 年 11 月	2017 年 7 月	3 煤层	867.2
3	YH-083	2008 年 8 月	2014 年 5 月	3 煤层	262.8
4	YH-084	2008 年 9 月	2018 年 5 月	3 煤层	263.0
5	YH-085	2008 年 9 月	2018 年 5 月	3 煤层	700.8
总计					3 232.6

（2）千米定向钻机扇形水平羽状钻孔抽采

从 W23031 巷和 W23022 巷的千米钻场中施工了约 70 个水平羽状钻孔,施工工程量约 21.6 万 m,钻孔覆盖采煤工作面煤体及另一侧巷道条带煤体,瓦斯抽采时间为 1.5～2 年,见图 8-20。

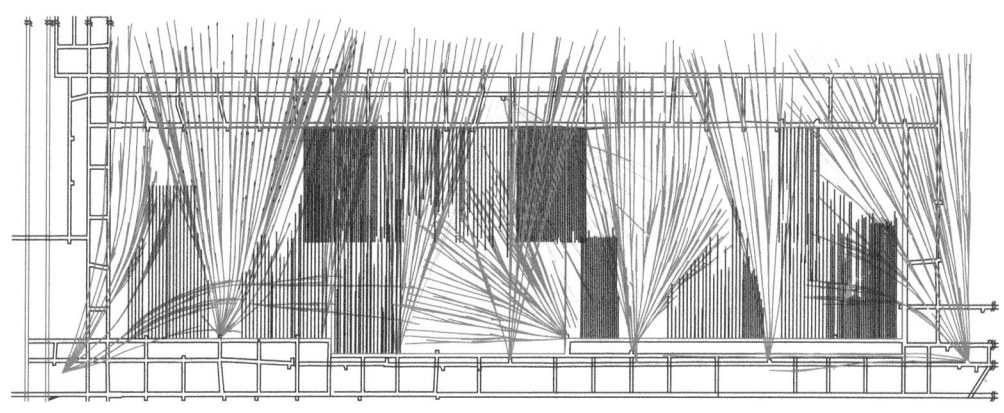

图 8-20　工作面顺层钻孔布置图

（3）普通顺层钻孔瓦斯抽采

采用千米定向钻机施工扇形水平羽状钻孔后,在钻场一侧形成了三角形的抽采空白带,该区域无钻孔覆盖,为此还需要施工大量普通顺层钻孔进行补充抽采。在 W23031 巷和 W23033 巷掘进过程中便开始补充施工普通顺层钻孔。

W23031 巷从工作面开切眼口开始由东向西依次施工,钻孔倾角 4°～7°,相邻钻孔设计倾角不同,确保钻孔覆盖全煤厚,钻孔长度最深 150 m,间距 3～6 m,该巷道共施工 372 个。W23033 巷顺层钻孔重点在 8# ～11# 、18# ～19# 横川施工,钻孔由西向东依次施工,倾角 −2°～−4°,相邻钻孔倾角不同,保证钻孔覆盖全煤厚,设计钻孔长度最深 200 m,间距 3 m,共施工 299 个。钻孔工程总量约 11.8 万 m,如图 8-19 所示。根据统计,本工作面吨煤钻孔率达 0.102 7 m。

8.2.4　采煤工作面预抽瓦斯效果

本工作面采取了井上下联合抽采瓦斯方法,包括地面钻井抽采、千米钻机井下羽状钻孔抽采和普通顺层钻孔抽采。地面钻井抽采 8～9 年,井下顺层钻孔抽采 1.5～2 年,取得了良好的瓦斯抽采效果。

根据瓦斯抽采量核算,煤层瓦斯含量由 21.8 m³/t 下降至 7.52 m³/t。根据现场残余瓦斯含量测定,测定值为 6.42~7.39 m³/t,平均 6.96 m³/t。核算值与测定值均小于《抽采指标》、2019 版《防突细则》和《抽采达标》给定的参考临界值 8 m³/t;该工作面不可解吸瓦斯量为 3.52 m³/t,则可解吸瓦斯量为 2.90~3.87 m³/t,均低于 4 m³/t,且满足《抽采达标》第二十七条规定。因此可以判定,经过长时间的区域预抽后,W2303 工作面瓦斯预抽效果达标。

8.2.5 工作面开采期间瓦斯抽采及涌出情况

8.2.5.1 工作面开采期间瓦斯抽采方案

W2303 工作面开采过程中,采取顶板走向高位定向钻孔抽采、采空区横川闭墙插管抽采等措施。定向高位钻孔从西二北进 15# 横川钻场、W23033/34 巷 5#、11#、15# 横川钻场开口施工,抽采裂隙带瓦斯,共施工 4 组高位定向钻孔,每组设计 4~5 个钻孔,钻孔长度 400~500 m,钻孔层位控制在煤层顶板 35~55 m 范围,钻孔布置如图 8-21 所示。采空区横川闭墙插管抽采也是抽采采空区瓦斯的重要方法之一,在 W23034/33 巷横川封闭后预埋 ϕ400 mm 管路用于抽采瓦斯,采空区埋管如图 8-22 所示。另外,为了解决初采期间的瓦斯问题,在 W2303 尾巷内向采空区方向施工了低位、中位、高位和穿透钻孔。

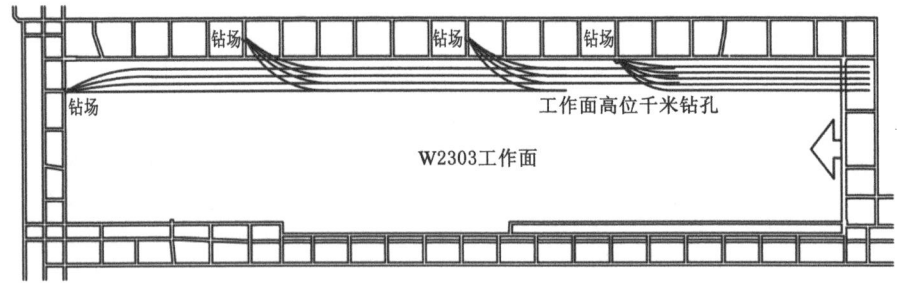

图 8-21 顶板走向高位定向钻孔布置图

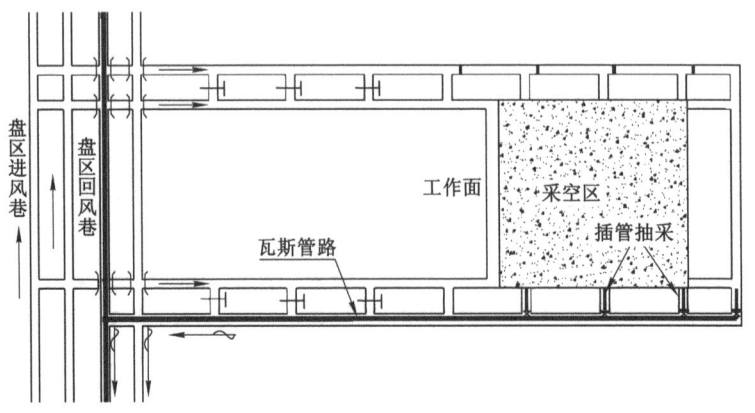

图 8-22 采空区横川闭墙插管抽采示意图

8.2.5.2 工作面回采期间瓦斯涌出及产量情况

通过上述措施的瓦斯抽采,取得了良好的瓦斯抽采效果,确保了工作面的安全生产。正常生产期间,工作面供风量 7 600 m³/min,工作面回采初期回风瓦斯浓度较高,为 0.3%~0.5%,